水 準

問 題 集

JN025254

中3理科

文英堂

本書のねらい

▶ みなさんは，"定期テストでよい成績をとりたい"とか，"希望する高校に合格したい"と考えて毎日勉強していることでしょう。そのためには，**どんな問題でも解ける最高レベルの実力**を身につける必要があります。では，どうしたらそのような実力がつくのでしょうか。それには，よい問題に数多くあたって，自分の力で解くことが大切です。

▶ この問題集は，最高レベルの実力をつけたいという中学生のみなさんの願いに応えられるように，次の3つのことをねらいにしてつくりました。

| **1** | 教科書の内容を確実に理解しているかどうかを確かめられるようにする。 |

| **2** | おさえておかなければならない内容をきめ細かく分析し，問題を1問1問練りあげる。 |

| **3** | 最高レベルの良問を数多く収録し，より広い見方や深い考え方の訓練ができるようにする。 |

▶ この問題集を大いに活用して，どんな問題にぶつかっても対応できる最高レベルの実力を身につけてください。

本書の特色と使用法

① すべての章を「標準問題」→「最高水準問題」で構成し，段階的に無理なく問題を解いていくことができる。

▶ 本書は，「標準」と「最高水準」の2段階の問題を解いていくことで，各章の学習内容を確実に理解し，無理なく最高レベルの実力を身につけることができるようにしてあります。
▶ 本書全体での「標準問題」と「最高水準問題」それぞれの問題数は次のとおりです。

標 準 問 題 ……88題　　最 高 水 準 問 題 ……57題

豊富な問題を解いて，最高レベルの実力を身につけましょう。
▶ さらに，学習内容の理解度をはかるために，編ごとに「**実力テスト**」を設けてあります。ここで学習の成果と自分の実力を診断しましょう。

② 「標準問題」で，各章の学習内容を確実におさえているかが確認できる。

▶ 「標準問題」は，各章の学習内容のポイントを1つ1つおさえられるようにしてある問題です。1問1問確実に解いていきましょう。各問題には[タイトル]がつけてあり，どんな内容をおさえるための問題かが一目でわかるようにしてあります。

▶ どんな難問を解く力も，基礎学力を着実に積み重ねていくことによって身についてくるものです。まず，「標準問題」を順を追って解いていき，基礎を固めましょう。

▶ その章の学習内容に直接かかわる問題に 重要 のマークをつけています。じっくり取り組んで，解答の導き方を確実に理解しましょう。

③ 「最高水準問題」は各章の最高レベルの問題で，最高レベルの実力が身につく。

▶ 「最高水準問題」は，各章の最高レベルの問題です。総合的で，幅広い見方や，より深い考え方が身につくように，難問・奇問ではなく，各章で勉強する基礎的な事項を応用・発展させた質の高い問題を集めました。

▶ 特に難しい問題には， 難 マークをつけて，解答でくわしく解説しました。

④ 「標準問題」にある〈ガイド〉や，「最高水準問題」にある〈解答の方針〉で，基礎知識を押さえたり適切な解き方を確認したりすることができる。

▶ 「標準問題」には， ガイド をつけ，学習内容の要点や理解のしかたを示しました。

▶ 「最高水準問題」の下の段には， 解答の方針 をつけて，問題を解く糸口を示しました。ここで，解法の正しい道筋を確認してください。

⑤ くわしい〈解説〉つきの別冊解答。どんな難しい問題でも解き方が必ずわかる。

▶ 別冊の「解答と解説」には，各問題のくわしい解説があります。答えだけでなく， 解説 もじっくり読みましょう。

▶ 解説 には ⑦ 得点アップ を設け，知っているとためになる知識や高校入試で問われるような情報などを満載しました。

もくじ

別冊 解答と解説

1 水溶液とイオン

標 準 問 題 ──────────────────────────── 解答 別冊 p.3

001 [電解質とイオン]

塩化ナトリウム(食塩)とその水溶液について，次の問いに答えなさい。

(1) 塩化ナトリウムのように，水に溶かしたとき，できた水溶液が電気を通す物質を何という

か。 [   ]

(2) 塩化ナトリウムが水に溶けるときに起こる変化を表した次の式において， ア と

イ にあてはまる化学式を書け。

$$\boxed{ア} \longrightarrow Na^+ + \boxed{イ}$$ ア[   ] イ[   ]

002 [非電解質]

電気を通さないものを次のア〜キからすべて選び，記号で答えなさい。

[   ]

ア 食塩水 　　　イ PET ボトル

ウ 銅片 　　　　エ 塩化カリウムの結晶

オ 塩酸 　　　　カ 砂糖水

キ 水酸化ナトリウム水溶液

003 [原子とイオン]

次の文を読み，あとの問いに答えなさい。

　原子の中心には＋(プラス)の電気をもつ(a)があり，そのまわりを−(マイナス)の電気
をもつ(b)が運動している。(a)は，一般に＋の電気をもつ(c)と，電気をもたな
い(d)からできている。1個の(c)がもつ＋の電気量と，1個の(b)がもつ−の電
気量は等しい。原子では(c)の数と(b)の数が等しいので，原子全体は電気を帯びてい
ない。しかし，原子が(b)を失ったりもらったりすると，全体で電気を帯びるようになる。
これがイオンである。固体の塩化ナトリウム(化学式 NaCl)は，ナトリウムイオン Na^+ と塩化
物イオン Cl^- が結びついてできている。ナトリウムの原子は11個の(b)をもち，塩素の原
子は17個の(b)をもつので，ナトリウムイオンの(b)の数は塩化物イオンの(b)
の数よりも[A]個少ない。

(1) (a)〜(d)にあてはまる語句を漢字で答えよ。

a[   ] b[   ] c[   ] d[   ]

(2) [A]にあてはまる整数を答えよ。 [   ]

ガイド (2)電子の個数は，Na^+ が(11 − 1)個，Cl^- が(17 + 1)個。

004 ［塩化銅水溶液の電気分解］

次の文は，塩化銅の水溶液の電気分解での変化について説明したものである。これを読み，あとの問いに答えなさい。

> 塩化銅の水溶液を電気分解すると，（　A　）では塩化物イオン1個が電子1個を（　B　），それが2個集まって塩素分子になる。また，（　C　）では銅イオン1個が電子（　X　）個を（　D　），銅になる。

(1) （　A　）〜（　D　）に適する語句の組み合わせとして最も適当なものを，右のア〜カのなかから1つ選び，記号で答えよ。

[　　　　　]

	（　A　）	（　B　）	（　C　）	（　D　）
ア	陽極	受け取って	陰極	受け取って
イ	陽極	受け取って	陰極	失って
ウ	陽極	失って	陰極	受け取って
エ	陰極	受け取って	陽極	失って
オ	陰極	失って	陽極	受け取って
カ	陰極	失って	陽極	失って

(2) （　X　）に適する数値を答えよ。

[　　　　　]

ガイド　陽極では $2Cl^- \longrightarrow Cl_2 + 2e^-$，陰極では $Cu^{2+} + 2e^- \longrightarrow Cu$

重要 005 ［水の電気分解，気体の量，燃料電池］

右図は電気分解の装置である。この装置では電極をそれぞれ試験管 A および B で囲み，発生する気体を集める。電極は陽極側，陰極側ともに白金めっきをほどこしたチタン電極を使用している。発生した気体は電極と反応せず，水溶液に溶けないものとする。次の問いに答えなさい。

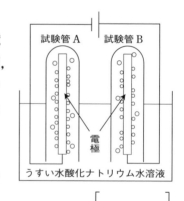

試験管 A　　試験管 B

電極

うすい水酸化ナトリウム水溶液

電源装置を接続し電流を流すと，水の電気分解が起こった。

(1) 試験管 A と試験管 B に集まる気体の体積比はどれか。ア〜オから選べ。

[　　　　　]

　ア　3：1　　イ　2：1　　ウ　1：1　　エ　1：2　　オ　1：3

(2) 試験管 A に集まる気体はどれか。ア〜オから選べ。　　　[　　　　　]

　ア　酸素　　イ　水蒸気　　ウ　水素　　エ　ナトリウム　　オ　二酸化炭素

　電気分解により試験管 A および B の中に気体が十分にたまってから，電源装置をはずして代わりに電子オルゴールをつないだら，電子オルゴールが鳴った。

(3) このとき起こった化学変化を化学反応式で書け。

[　　　　　　　　　　　　　　　　　　　　　　　]

(4) 次の文の　①　，　②　に入る最も適当な語を，ア〜カからそれぞれ選べ。

　(3)では，装置の中で　①　エネルギーから　②　エネルギーへの変換が起こっている。

　ア　位置　　イ　運動　　ウ　化学　　エ　電気　　オ　熱　　カ　力学的

①[　　　　　] ②[　　　　　]

ガイド　(3)白金は燃料電池のはたらきを助ける触媒として使われている。

006 〉[ダニエル電池]

Sさんは電池について興味をもち，次の実験を行った。あとの問いに答えなさい。

右図のように，ビーカーに硫酸亜鉛水溶液と亜鉛板を入れ，さらに，セロハンチューブの先を結んで閉じ，その中に硫酸銅水溶液と銅板を入れたものもビーカーの中に入れて電池をつくった。電子オルゴールを亜鉛板と銅板に接続したところ，音が鳴った。

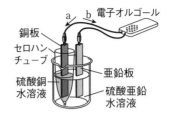

(1) 次の文中の［　　］から適切なものを1つずつ選び，記号で答えよ。

図において，電子の流れる向きは①［ア　aの向き　　イ　bの向き］であり，電池の＋極は②［ウ　銅板　　エ　亜鉛板］である。　　　　①［　　　　］②［　　　　］

(2) 次の文は，Sさんが実験についてまとめたレポートの一部である。　　　　に入れるのに適している式（②の式）を，①の式で表したように化学式を用いて答えよ。ただし，①の式のなかの⊖は電子1個を表している。

電池を電子オルゴールにつなぐと，一方の電極からもう一方の電極へ電子が移動する。電子が移動することにより，電子オルゴールが鳴り，銅板表面において水溶液中の銅イオンが銅になって付着した。銅板表面における反応は次の式のように表すことができる。

$$Cu^{2+} + ⊖⊖ \longrightarrow Cu ………①$$

また，亜鉛板表面における反応は次の式のように表すことができる。

　　　　　　　　　　　　　………②

　　　　　　　　　　　　　　　　　　　　［　　　　　　　　　　　　　　　］

ガイド　(2) Zn がイオンになると，Zn^{2+} になる。

007 〉[備長炭電池]

次の文を読み，あとの問いに答えなさい。

右図のように，備長炭（木炭）に，濃い食塩水でしめらせたろ紙を巻き，その上からアルミニウムはくを巻いて電子オルゴールをつなぐと鳴りはじめた。その後，数時間鳴り続け，実験後にはアルミニウムはくはぼろぼろになっていた。

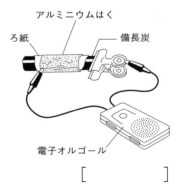

次のア〜エのうち，この実験について正しく述べているものはどれか。1つ選び，その記号で答えなさい。

　　　　　　　　　　　　　　　　　　　　　　　　　［　　　　　　　　　　］

ア　備長炭に電流を流して，化学変化を起こさせる実験である。

イ　備長炭の化学変化を利用して，電気エネルギーをとり出す実験である。

ウ　アルミニウムはくに電流を流して，化学変化を起こさせる実験である。

エ　アルミニウムはくの化学変化を利用して，電気エネルギーをとり出す実験である。

ガイド　アルミニウムはくは，$Al \longrightarrow Al^{3+} + 3e^-$ と変化する。

008 ▷[電気を通す物質とダニエル電池]

次の文中の空欄に入る語句の組み合わせを，それぞれア〜エから選び，記号で答えなさい。

(1) ビーカーに硫酸（　①　）水溶液と（　①　）板を入れ，さらに，セロハンチューブの先を結んで閉じ，その中に硫酸（　②　）水溶液と（　②　）板を入れたものもビーカーの中に入れて，図のようにつなぐと，電流が流れて豆電球が点灯した。このようなはたらきをする装置を電池という。　　　　　　　　　　　　　　　　　　　　　　　　　[　　　　　]

　　ア　①銅　　　　②ガラス　　イ　①銅　　　　②亜鉛
　　ウ　①亜鉛　　　②ガラス　　エ　①亜鉛　　　②亜鉛

(2) 図の電池において，イオンはセロハンを透過し，(1)の水溶液と金属板を入れて電流が流れはじめると，チューブの中の（　①　）は外へ，外の（　②　）は中へ移動する。　　　　　　　　　　　　　[　　　　　]

　　ア　①$SO_4{}^{2-}$　②Zn^{2+}　　イ　①Zn^{2+}　②$SO_4{}^{2-}$
　　ウ　①$SO_4{}^{2-}$　②Cu^{2+}　　エ　①Cu^{2+}　②$SO_4{}^{2-}$

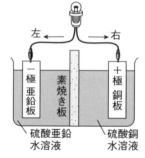

ガイド　(1)①と②の板の間に電流が流れる条件を知っておこう。

◆重要　009 ▷[ダニエル電池，電子を用いた反応式]

容器の中央を素焼き板で仕切り，左側は硫酸亜鉛水溶液の中に亜鉛板（−極）を，右側は硫酸銅水溶液の中に銅板（＋極）を入れ，電池をつくった。図はこの電池を説明したモデルである。これについてあとの問いに答えなさい。

	電流の向き	電子の流れる向き
ア	右	右
イ	右	左
ウ	左	右
エ	左	左

(1) 図の豆電球の導線を流れる電流の向きと，電子の流れる向きは図中の矢印「右」「左」のどちらか。その組み合わせとして適切なものを上の表のア〜エから1つ選び，記号で答えよ。
　　　　　　　　　　　　　　　　　　　　　　　　　　　　　　[　　　　　]

(2) 銅板（＋極）の表面で起こる変化として適切なものを，次のア〜エから1つ選び，記号で答えよ。ただし，e^-は電子を表す。　　　　　　　　　[　　　　　]

　　ア　$Cu \longrightarrow Cu^{2+} + 2e^-$　　　イ　$Zn \longrightarrow Zn^{2+} + 2e^-$
　　ウ　$Cu^{2+} + 2e^- \longrightarrow Cu$　　エ　$2H^+ + 2e^- \longrightarrow H_2$

ガイド　(2)Cu板には電子が流れこむので，硫酸銅水溶液中の陽イオンがこの電子と結合する。

重要 010 [電解質とイオン，塩酸の電気分解]

Sさんは，いろいろなものに電流が流れるかどうか調べるため，次の実験1，2を行った。これについて，あとの問いに答えなさい。

〔実験1〕 図1のように，ステンレスでできた電極，電源装置，電子オルゴールで回路をつくった。電極の先端を銅板に接触させ，電子オルゴールの音で電流が流れるか確かめた。次に，電極を変えずに炭素棒，

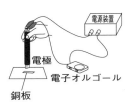

図1

表1

調べたもの	電流
銅板	流れた
炭素棒	流れた
ショ糖	流れなかった
塩化ナトリウム	流れなかった

ショ糖，塩化ナトリウムで実験を行った。**表1**は調べた結果をまとめたものである。

〔実験2〕 図2のように，精製水を入れたビーカーで実験1と同様に実験を行い，電流が流れないことを確認した。次に，4つのビーカーを用意し，砂糖水，食塩水，エタノール水溶液，うすい塩酸をそれぞれ

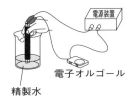

図2

表2

調べたもの	電流
砂糖水	流れなかった
食塩水	流れた
エタノール水溶液	流れなかった
うすい塩酸	流れた

入れ，実験1と同様に実験を行ったところ，表2の結果が得られた。このうち，うすい塩酸で実験を行ったとき，塩酸の電気分解が起こり，両方の電極から気体の発生が観察された。

(1) 実験2で，水溶液の入ったビーカーを変えて実験をするたびに，必ず行わなければならない操作がある。どのような操作か，簡潔に書け。

[   ]

(2) 実験2の下線部の化学反応式を書け。

[   ]

(3) 実験2で用いた4つの水溶液のうちには，溶質が電解質のものがある。その溶質の名称をすべて答えよ。 [   ]

(4) 次の各文は，実験1，2から，電流が流れる理由と流れない理由を説明したものである。これに関して，あとの(i)，(ii)の問いに答えよ。

① 銅板や炭素棒では，一部の $_a$電子が動くことで図1の回路に電流が流れる。

② 非電解質は，水に溶けても分子のままでイオンにはならないので，電流が流れない。

③ 電解質は，$_b$水溶液中で電気をもった陽イオンと陰イオンに分かれ，それぞれ自由に動けるので，図2の回路に電流が流れる。

(i) ①の下線部aがもつ電気の種類を答えよ。 [   ]

(ii) ③の下線部bのことを何というか。最も適当な言葉を答えよ。 [   ]

ガイド (3)塩酸は HCl の水溶液である。

▶ 011 [HCl と NaOH の水溶液の電気分解]

水溶液に電流を流したとき，それぞれの電極から発生する気体について調べるため，次の実験を行った。あとの問いに答えなさい。

〔実験1〕　うすい塩酸を満たした装置と，同じ量のうすい水酸化ナトリウム水溶液を満たした装置を直列につなぎ，電流を流した。右図は，30分後にスイッチを切ったときのようすを示したものである。また，表1は，この30分間にガラス管A～Dに集まった気体の体積を測定した結果を示したものである。

〔実験2〕　実験1のあと，電極の陽極と陰極を変えずに，装置をすばやく並列につなぎ変え，さらに10分間電流を流した。表2は，この10分間にガラス管A～Dに集まった気体の体積を測定した結果を示したものである。

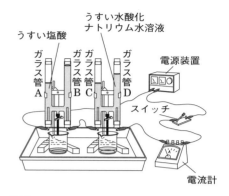

〔実験3〕　実験1，2で，ガラス管AとDに集まった気体をすべて透明のビニル袋に入れ，電気の火花で点火した。このとき，「ボッ」という音とともに反応が起こり，反応後のビニル袋の中はくもって，少量の水滴がついた。

表1

ガラス管	A	B	C	D
体積〔cm³〕	20.4	0.2	20.4	10.2

表2

ガラス管	A	B	C	D
体積〔cm³〕	22.8	0.7	15.2	7.6

(1)　うすい塩酸に電流を流したときに起こる化学変化を，化学反応式で書け。

[　　　　　　　　　　　　　　　　　　　　]

(2)　実験1，2で，表1，2のガラス管Bに集まった気体の体積が，ガラス管Aに集まった気体に比べて少ないのはなぜか。ガラス管Bに集まった気体名を書き，その理由を説明せよ。

気体名[　　　　　　　　　]

理由[　　　　　　　　　]

(3)　実験1，2で，電流を流したとき，ガラス管Aの電極で起こっていることを説明したものはどれか。次のア～エから1つ選び，記号で答えよ。　　　　[　　　　]

ア　陽極となり，陽イオンが電子を失っている。
イ　陰極となり，陽イオンが電子を受けとっている。
ウ　陽極となり，陰イオンが電子を失っている。
エ　陰極となり，陰イオンが電子を受けとっている。

(4)　実験3で起こった化学変化を図で表したものはどれか。次のア～エから1つ選び，記号で答えよ。ガラス管AとDに集まった気体の原子をそれぞれ○と●，分子をそれぞれ○○と●●とする。　　　　[　　　　]

ア　○○ + ● → ○○●

イ　○ + ●● → ●○●

ウ　○○ + ●● / ●● → ○○● / ○○●

エ　○○ + ●● → ●○ / ●○

(5) 実験3で，ガラス管AとDに集まった気体が完全に反応したとすると，反応後のビニル袋の中に，反応しないで残っている気体は何か。また，その気体の体積は何 cm^3 か。

　　　　　　　気体名[　　　　　　　　　]　体積[　　　　　　　　　]

> **ガイド** (5) O_2 の $7.6\,cm^3$ と反応する H_2 は，O_2 の2倍の $15.2\,cm^3$ である。

---

012 **[水の電気分解，分子モデル，燃料電池]**

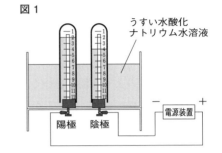

図1

うすい水酸化ナトリウム水溶液

陽極　陰極　電源装置

明雄が図1のように，白金めっきした電極を用いた電気分解装置を電源装置につないで水を電気分解したところ，陽極側と陰極側のいずれか一方に水素が，他方に酸素が発生した。

(1) この実験では，うすい水酸化ナトリウム水溶液を使った。水酸化ナトリウムのような電解質が水に溶けて①(ア 原子　イ 分子　ウ イオン)になることを ② という。水酸化ナトリウムが ② すると，水に電気が通りやすくなる。

　　①の(　)のなかから正しいものを1つ選び，記号で答えよ。また， ② に適当な語を入れよ。　　　　　　　　　　　　①[　　　　]　②[　　　　]

(2) 図1を参考にして，図2に，水素分子と酸素分子ができるときの化学変化をモデルで表せ。ただし，酸素原子は○で，水素原子は●で表すものとして，下の図中にかき入れよ。

図2

　　[　　　]　→電気分解→　[　　　]　+　[　　　]

　　水　　　　　陽極側の気体　　　陰極側の気体

　その後，明雄が電源装置をはずして，下の図3のように電気分解装置に電子オルゴールをつないだところ，メロディが鳴った。

(3) 図1において水が電気分解されると，電気エネルギーは水素と酸素の ① になる。

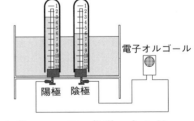

図3

電子オルゴール

陽極　陰極

　図3では ① が ② に変わり，さらに電子オルゴールが ② を ③ に変える。

　 ① 〜 ③ にあてはまるエネルギーの名称を，次のア〜エから選び，記号で答えよ。

ア 熱エネルギー　　イ 電気エネルギー　　ウ 音エネルギー　　エ 化学エネルギー

　　　　　　　　　①[　　　]　②[　　　]　③[　　　]

(4) 図3において，電気分解装置は燃料電池としてはたらいている。燃料電池で走る車は，環境への影響が少ないことから注目されているが，その理由を書け。ただし，ガソリンエンジンで走る車と燃料電池で走る車から排出されるそれぞれの物質の物質名を使うこと。

　　[　　　　　　　　　　　　　　　　　　　　　　　　　　　　　　　　　　]

> **ガイド** (4) 燃料電池での反応は，$2H_2 + O_2 \longrightarrow 2H_2O$ である。

最高水準問題
解答 別冊 p.4

013 金属板(亜鉛板と銅板)，液体(硫酸銅水溶液と蒸留水)，硫酸亜鉛水溶液，透析膜チューブ，ビーカー，導線，プロペラつきモーターを使って実験を行い，電池のしくみについて考えた。あとの問いに答えなさい。

(東京・筑波大附駒場高🔂)

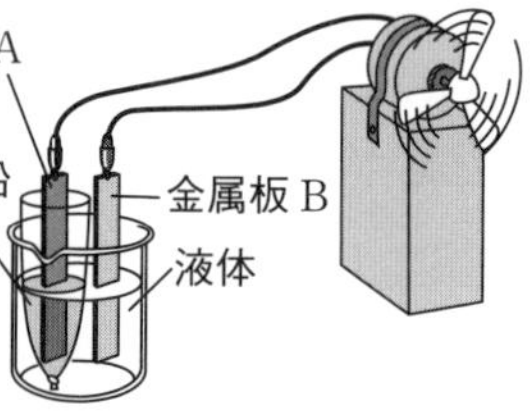

〔実験1〕　うすい硫酸を入れたビーカーを2つ用意し，それぞれに亜鉛板と銅板を入れた。(　①　)板では激しく気体が発生したが，(　②　)板ではほとんど反応が起こらなかった。

〔実験2〕　図のような装置をつくり，次のア～カの組み合わせで，プロペラが回転するかどうかを観察した。

(1)　実験1の文中の(　)に適切な語を入れよ。

①[　　　　　]　②[　　　　　]

(2)　実験2で，プロペラが回転した組み合わせはどれか。ア～カから1つ選び記号で答えよ。

[　　　　　]

	液体	金属板A	金属板B
ア	硫酸銅水溶液	亜鉛板	亜鉛板
イ	硫酸銅水溶液	亜鉛板	銅板
ウ	硫酸銅水溶液	銅板	銅板
エ	蒸留水	亜鉛板	亜鉛板
オ	蒸留水	亜鉛板	銅板
カ	蒸留水	銅板	銅板

014 砂糖，塩化水素，エタノール，塩化銅，水酸化ナトリウム，塩化ナトリウムの6種類の物質を用意し，これらを用いて次の実験を行った。あとの問いに答えなさい。　(東京・お茶の水女子大附高🔂)

〔実験〕　6種類の物質をそれぞれ水に溶かして約10%の水溶液をつくり，炭素を電極とした図1や図2のような装置を用いて，約6Vの電圧で各水溶液の電気分解を試みた。

この実験で，電極に変化が見られた水溶液のうち，3種類((あ), (い), (う))については表1のような物質が各電極で生じた。

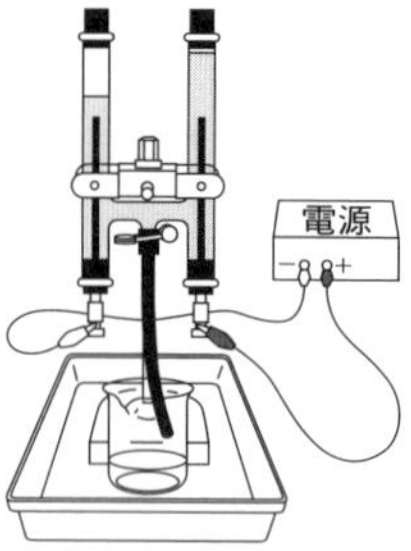

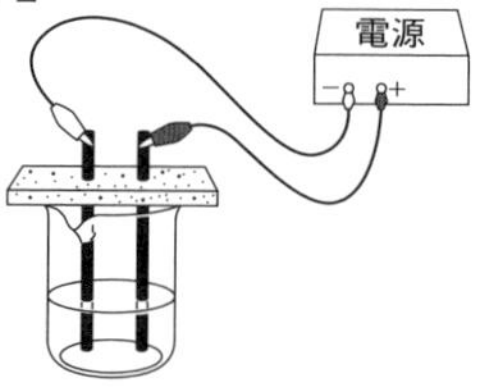

(1)　6種類の水溶液のうち，電極に変化が見られなかったのは，次のどの物質の水溶液か，すべて選び記号で答えよ。

[　　　　　]

ア　砂糖　　　イ　塩化水素　　ウ　エタノール
エ　塩化銅　　オ　水酸化ナトリウム
カ　塩化ナトリウム

(2)　水溶液が電気分解できるのは，電流が流れるからであるが，水に溶かして電流が流れる物質を何というか，漢字で答えよ。また，なぜ電流が流れるのか，その理由も答えよ。

物質[　　　　　]

理由[　　　　　]

(3)　表1の気体XとZの，色とにおいをそれぞれ答えよ。

気体X：色[　　　　　]　におい[　　　　　]

気体Z：色[　　　　　]　におい[　　　　　]

表1

	陽　極	陰　極
水溶液(あ)	気体X	気体Z
水溶液(い)	気体X	固体W
水溶液(う)	気体Y	気体Z

015 白金めっきした電極を取りつけた電気分解装置を用いて，次の実験を行った。あとの問いに答えなさい。

(広島大附高)

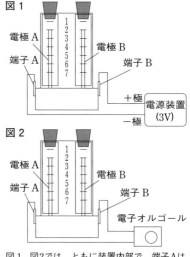

図1

〔**実験1**〕 図1のように，電気分解装置にうすい塩酸を入れて電流を流し，電極付近の変化を観察した。すると両方の電極から気体が発生しているのが観察された。

〔**実験2**〕 実験1と同様に，電気分解装置にうすい水酸化ナトリウム水溶液を入れて電流を流し，電極付近の変化を観察した。すると，両方の電極から気体が発生するのが観察された。電源装置をはずし，図2のように，端子Aと端子Bに電子オルゴールを接続すると，オルゴールが鳴った。

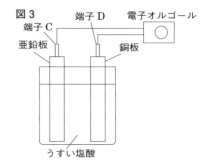

図2

図1, 図2では，ともに装置内部で，端子Aは電極Aと，端子Bは電極Bと接続されている。

〔**実験3**〕 図3のように，うすい塩酸を入れたビーカーに亜鉛板と銅板を浸し，端子Cと端子Dに電子オルゴールを接続すると，オルゴールが鳴った。

図3

(1) 実験1で，電極Aと電極Bから発生した気体は何か。それぞれ化学式で答えよ。

$$A[\qquad] \quad B[\qquad]$$

(2) 実験1で，電気分解装置内で起きた反応を，化学反応式で表せ。

$$[\qquad]$$

(3) 実験1で，電極Aで起きている化学反応として最も適切なものを右のア〜エから選び，記号で答えよ。 [ ]

(4) 実験2で，発生する気体について正しく述べたものを，次のア〜ウから選び，記号で答えよ。 [ ]

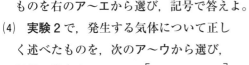

ア 原子を，⊖ は電子を表す。
⊖ ⊕ はそれぞれ陰イオン，陽イオンを表す。

ア 電極Aより電極Bの側に発生する気体の体積が大きい。

イ 電極Bより電極Aの側に発生する気体の体積が大きい。

ウ 電極Aおよび電極Bで発生する気体の体積は，ほぼ等しい。

(5) 実験2で，オルゴールが鳴っているとき，電気分解装置の中で起こっている反応を，化学反応式で表せ。 [ ]

(6) 化学物質を供給することで，継続的に電力を取り出すことができる電池の名称を答えよ。

[電池]

(7) 実験3で，オルゴールが鳴っているとき，亜鉛板の表面で起こる反応を化学反応式で表したい。次の反応式の①と②に適切な化学式や電子の記号を答えよ。電子は⊖の記号を用いること。

$$Zn \longrightarrow \boxed{①} + \boxed{②} \qquad ①[\qquad] \quad ②[\qquad]$$

解答の方針

014 (3)Cl⁻を含むときは陽極にCl₂が，Na⁺を含むときは陰極にH₂が発生する。

015 (7)反応式のなかにイオンや電子があるときは，＋の数と−の数を前後で同じにすること。

016 ある学級の理科の授業で，図1に示した装置を用いて，うすい塩酸に入れた亜鉛板と銅板から電流を取り出す実験をした。表は，この実験後の亜鉛板と銅板の表面のようすをまとめたものである。下の文章は，このときの生徒の会話の一部であり，図2は，図1の装置で，電流が流れる仕組みをモデルで表したものである。あとの問いに答えなさい。 (広島県)

【実験後の亜鉛板と銅板の表面のようす】

亜鉛板	うすい塩酸に入っていた部分は，ざらついていた。
銅板	うすい塩酸に入っていた部分に変化は見られなかった。

図1

海斗：この実験で，モーターが回ったことから，電流が流れたことがわかるね。①うすい塩酸に亜鉛板と銅板を入れると電池ができるんだね。

直樹：そうだね。でも，どうして電流が流れたんだろう。何か化学変化が起こっているのかな。

奈美：そうだと思うよ。モーターが回っているとき，どちらの金属板の表面にも泡が発生していたもの。

直樹：そうだね。亜鉛板と銅板の表面でどのような化学変化が起こって電流が流れるのか，図2を使って仕組みを説明してみようよ。

奈美：私が説明してみるね。図2で，モーターが回っているとき，□□□□□。

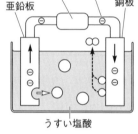

優花：なるほどね。化学変化によって電流が流れる仕組みはわかったよ。【実験後の亜鉛板と銅板の表面のようす】から，化学変化によって，亜鉛板は溶けて表面に泡が発生して，②銅板は溶けないで表面に泡が発生するということだよね。説明してくれた化学変化では，亜鉛板の表面に泡が発生することはわからないよ。

海斗：そうだよ。亜鉛板の表面に泡が発生したのは，③酸性の水溶液の性質によるものだからね。

(1) 下線部①について，この電池で，＋極となっている電極は，亜鉛板と銅板のどちらか。その名称を書け。また，選んだ方が電池の＋極であることを確認するためにモーターの代わりに用いる電気器具として適切なものを，次のア～ウのなかから選び，その記号を書け。

＋極 [   ] 記号 [   ]

ア 豆電球　　イ 電熱線　　ウ 電子オルゴール

(2) 文章中の□□□にあてはまる内容を，「イオン」，「電子」，「移動」の語を用い，下線部②と関連付けて簡潔に書け。 [   ]

(3) 下線部③について，酸性の水溶液の性質には，亜鉛などの金属を入れると泡が発生するほかに，どのようなものがあるか。酸性の水溶液の性質を1つ，簡潔に書け。

[   ]

(4) 図1の装置に対して，次のア～エのような変更をした。このとき，その変更を行ってもモーターに電流が流れるものはどれか。その記号をすべて書け。 [   ]

ア うすい塩酸を砂糖水に変える。　　イ うすい塩酸を食塩水に変える。

ウ 銅板をマグネシウムリボンに変える。　　エ 銅板を亜鉛板に変える。

(5) この実験のあと，海斗さんたちの班は，図1の装置でモーターを速く回したいと考え，電池の電圧と電流を大きくする条件について調べる実験をして，それぞれでレポートにまとめた。次に示したものは，海斗さんのレポートの一部である。あとの問いに答えよ。

〔仮説〕

　塩酸の濃度を高くすると，電圧と電流が大きくなるのではないだろうか。また，亜鉛板と銅板の塩酸に入れる面積を広くしても，電圧と電流が大きくなるのではないだろうか。

〔準備物〕

　濃度が0.3％と3％の塩酸，ビーカー，亜鉛板，銅板，発泡ポリスチレン，モーター，導線，電圧計，電流計

〔方法〕

　右の図のように装置を組み立て，塩酸の濃度及び亜鉛板と銅板の塩酸に入れる面積を次の表のように変えて電池A～電池Dとし，それぞれのときの亜鉛板と銅板の間の電圧及びモーターを流れる電流の大きさを測定する。

【装置】

亜鉛板　銅板
塩酸

	電池A	電池B	電池C	電池D
塩酸の濃度〔％〕	0.3	3	0.3	3
亜鉛板と銅板の塩酸に入れる面積〔cm²〕	15	15	30	30

〔結果〕

	電池A	電池B	電池C	電池D
電圧〔V〕	0.11	0.22	0.17	0.27
電流〔mA〕	18.7	40.3	26.5	45.3

〔考察〕

　〔結果〕の電池Aと電池Dを比べると，電池Dの方が電圧と電流のどちらとも大きくなっている。したがって，〔仮説〕は正しく，塩酸の濃度を高くしたり，亜鉛板と銅板の塩酸に入れる面積を広くしたりすると，電圧と電流が大きくなるといえる。

---

① レポートのなかの方法について，【装置】の□□□□□内には，亜鉛板と銅板の間の電圧及びモーターを流れる電流の大きさが測定できるように，右に示した電気用図記号を用いて回路の図がかかれている。その回路の図をかけ。

② レポートのなかの考察について，班で話し合ったところ，班員の1人が下線部の内容では〔仮説〕が正しいことを示す根拠にならないと指摘した。下線部の内容では〔仮説〕が正しいことを示す根拠にはならないのはなぜか。その理由を簡潔に書け。

モーター	電圧計	電流計
Ⓜ	Ⓥ	Ⓐ

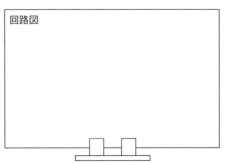

回路図

017 次の文を読み，あとの問いに答えなさい。

（兵庫・灘高）

(a)①塩化アンモニウムと②水酸化カルシウムの混合物を(b)試験管に入れてガスバーナーで加熱するとアンモニアが発生し，これを(c)上方置換法により丸底フラスコに捕集した。次に右図のように，このアンモニアの入ったフラスコに，長いガラス管と水を入れたゴムキャップつきの短いガラス管がさしてあるゴム栓をとりつけ，さらにこれらを，フェノールフタレイン溶液を3滴入れた水の中に入れた（フラスコ等を固定する器具は省略してある）。そして，水を入れたゴムキャップを押してフラスコ内に水を入れると，長いガラス管の先端から(d)赤色の水が噴き出し続けた。

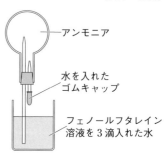

アンモニア
水を入れたゴムキャップ
フェノールフタレイン溶液を3滴入れた水

(1) 下線部(a)の2つの物質①・②は，いずれも陽イオンと陰イオンが集まってできた固体である。それぞれの化学式を記せ。

① 陽イオン［　　　　　］　陰イオン［　　　　　　　］

② 陽イオン［　　　　　］　陰イオン［　　　　　　　］

(2) 下線部(c)のような捕集方法を取るのは，アンモニアがどのような性質をもつためか。15字以内で答えよ（句読点を含む）。

［　　　　　　　　　　　　　　　　　　　　　　　　］

(3) 下線部(d)について，

① フェノールフタレイン溶液が「赤色」を示すのは，どのようなイオンが生じたからか，その名称を記せ。　　　　　　　　　　　　　　　　　　　　　　　　　　［　　　　　　　　　　］

② アンモニアが水に溶けてそのイオンが生じる電離式（電離のようすを表す式）は次のように表される。

　　　あ　＋ H_2O ⟶　い　＋　う

　あ　～　う　にあてはまるイオンまたは分子の化学式を記せ。

　　　　　　あ［　　　　　］　い［　　　　　］　う［　　　　　　　］

③ 水が噴き出しはじめた理由を，「大気圧」という語を使って簡潔に説明せよ。

［　　　　　　　　　　　　　　　　　　　　　　　　　　　　　　　］

(4) 下線部(b)の操作でアンモニアが発生するとき，変化しないイオンを省いて表すと，次のような反応が起こっている。

　　　え　＋　お　⟶　か　＋　き

　え　～　き　にあてはまるイオンまたは分子の化学式を記せ。

　　　　え［　　　　　］　お［　　　　　］　か［　　　　　］　き［　　　　　］

(5) アンモニアを500 mL捕集するためには，①塩化アンモニウムと②水酸化カルシウムは少なくともそれぞれ何g必要か。ただし，アンモニアの密度は0.68 g/Lとし，原子の質量比は右表の値とする。

原子	H	N	O	Cl	Ca
質量比	1	14	16	35	40

　　　　　　　　　①［　　　　　　　］　②［　　　　　　　］

解答の方針

017 (5)塩化アンモニウム2分子と水酸化カルシウム1分子から，アンモニア2分子と塩化カルシウム1分子ができることから考える。

018 金属板と水溶液を用いた装置をつくり，電流が流れる条件を調べるために，次の実験1～3を行った。この実験に関して，あとの問いに答えなさい。ただし，実験で用いる金属板は磨いてあるものとする。

（新潟県改）

〔実験1〕 右図のように，硫酸亜鉛水溶液の中に，亜鉛板を入れ，さらにセロハンチューブの先を結んで閉じ，その中に硫酸銅水溶液と銅板を入れたものも入れ，それぞれを導線でモーターとつないだところ，プロペラが回転した。

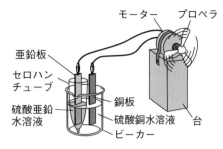

〔実験2〕 実験1と同じ実験装置で，硫酸亜鉛水溶液と硫酸銅水溶液のかわりに，うすい塩酸を入れたところ，プロペラが回転した。

〔実験3〕 実験1と同じ実験装置で，硫酸亜鉛水溶液と硫酸銅水溶液のかわりに，砂糖水を入れたところ，プロペラは回転しなかった。

(1) 実験1について，次の①～③の問いに答えよ。

① 次の　X　，　Y　のなかに化学式を書き入れて，水溶液中の硫酸亜鉛の電離を表す式を完成させよ。

X [　　　　　] Y [　　　　　]

$ZnSO_4 \longrightarrow$ 　X　 + 　Y　

② ＋極がどちらの金属板であるかを調べるとき，モーターのかわりに用いる実験器具として，最も適当なものを，次のア～オから1つ選び，その記号を書け。

[　　　　　]

ア 豆電球　　イ 電圧計　　ウ 抵抗器　　エ 電熱線　　オ 乾電池

③ 実験1で，プロペラが回転したのは，電流が流れたからである。このとき，亜鉛板と銅板で起こる化学変化について述べた次の文中の　a　，　b　にあてはまる数字をそれぞれ書け。

a [　　　　　] b [　　　　　]

　亜鉛板の表面では，亜鉛原子1個が電子を，　a　個放出し，亜鉛イオンになる。放出された電子は，導線とモーターを通って銅板に流れる。銅板の表面では，銅イオン1個が流れてきた電子を　b　個うけ取って銅原子となる。

(2) 実験2，3について，実験2では，電流が流れ，プロペラが回転し，実験3では，電流が流れず，プロペラが回転しなかったのはなぜか，その理由を，「水溶液」という語句を用いて書け。

[　　　　　　　　　　　　　　　　　　　　　　　　　　　　　　　　　　　]

解答の方針

018 (1)③亜鉛板の表面では，$Zn \rightarrow Zn^{2+} + 2e^-$，銅板の表面では，$Cu^{2+} + 2e^- \rightarrow Cu$ の反応が起こっている。

2 酸・アルカリとイオン

019 [イオンの移動]

図のように，ガラス板の上に食塩水をしみ込ませたろ紙を置き，その上に青色リトマス紙 A と B，赤色リトマス紙 C と D，中央に水酸化ナトリウム水溶液をしみ込ませたろ紙を重ねた。食塩水をしみ込ませたろ紙の両端をクリップで留めて電流を流したとき，色が変化したリトマス紙として適切なものを下のア〜エから 1 つ選び，記号で答えなさい。 　　　[　　　　　]

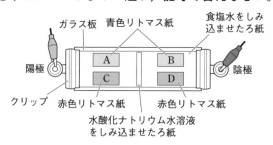

ア A　　イ B　　ウ C　　エ D

> **ガイド** 水酸化ナトリウム（NaOH）が電離して生じた水酸化物イオンの移動に着目する。

020 [HCl と NaOH の中和]

水溶液の性質を調べるために次の実験をした。あとの問いに答えなさい。

〔実験〕　うすい塩酸 10cm³ をビーカーにとり，BTB 溶液を 2 〜 3 滴加えた。これに，水酸化ナトリウム水溶液を 2cm³ ずつ加えてよくかき混ぜ，水溶液が青色になるまで加えた。そのあと，うすい塩酸を 1 滴ずつ加え，水溶液の色が緑色になったところでやめた。緑色になった水溶液をスライドガラスに 1 滴とり，おだやかに加熱して水を蒸発させると，白い固体が残った。

(1) 塩酸は，ある気体の物質が水に溶けたものである。その物質は何か。物質名を書け。
　　　　　　　　　　　　　　　　　　　　　　　　　　　　　[　　　　　]

(2) BTB 溶液を加えた水溶液が中性のとき，水溶液の色は何色か。　[　　　　　]

(3) 次の文は，実験で起こった化学変化について述べたものである。文中の[　　　　]内にあてはまる最も適当な言葉を書け。　　　　　　　　　　　　　[　　　　　]

　　塩酸に水酸化ナトリウム水溶液を加えると中和が起こり，塩化ナトリウムと[　　　　]ができた。

> **ガイド** (3)中和は，水素イオンと水酸化物イオンが結びついて，酸とアルカリが互いの性質を打ち消し合う反応である。

◆重要 021 ［Mg と塩酸の反応量］

うすい塩酸にマグネシウムを加えたとき，発生する気体の体積とマグネシウムの質量との関係を調べるために，次の実験 1 〜 3 を行った。この実験に関して，あとの問いに答えなさい。

〔実験 1〕　右図のように，うすい塩酸 50 cm³ を入れた三
　角フラスコに，マグネシウム 0.10 g を入れて，発生し
　た気体をメスシリンダーに集めて体積を測定したとこ
　ろ，100 cm³ であった。

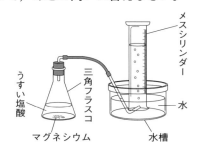

〔実験 2〕　実験 1 と同じ手順で，三角フラスコに入れる
　マグネシウムの質量を 0.20 g，0.30 g，0.40 g，0.50 g，0.60 g
　に変えてそれぞれ実験を行い，発生した気体の体積を
　測定した。

　　次の表は，実験 1，2 の結果をまとめたものである。

マグネシウムの質量〔g〕	0.10	0.20	0.30	0.40	0.50	0.60
発生した気体の体積〔cm³〕	100	200	300	400	400	400

〔実験 3〕　実験 1 と同じ濃度のうすい塩酸 50 cm³ を三角フラスコに入れ，さらにうすい水酸
　化ナトリウム水溶液 5 cm³ を加えた。この三角フラスコにマグネシウム 0.60 g を入れて，発
　生した気体の体積を測定したところ，300 cm³ であった。

(1)　実験 1 について，発生した気体は何か。その気体の化学式を書け。　　　［　　　　　　　］

(2)　実験 1，2 について，次の①，②の問いに答えよ。

　①　表をもとにして，マグネシウムの質量と発生
　　した気体の体積との関係を表すグラフを，右図
　　にかけ。

　②　実験 1 と同じ濃度のうすい塩酸 120 cm³ に，
　　マグネシウム 1.00 g を入れて反応させたとき，
　　発生する気体の体積は何 cm³ か求めよ。

　　　　　　　［　　　　　　　　　　　］

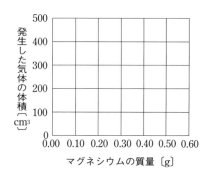

(3)　実験 3 で発生した気体の体積が，実験 2 でマグ
　ネシウム 0.60 g を入れたときに発生した気体の体
　積と比べて，少なかったのはなぜか。その理由を書け。

　　　　　　［　　］

ガイド　(2)②塩酸 120 cm³ に溶ける Mg を x〔g〕とすると，50：0.40 = 120：x である。この x は 1.00 g より
　　　　多いか少ないか。

重要 022 [中和反応と塩]

うすい塩酸とうすい水酸化ナトリウム水溶液を混ぜ合わせたときの，水溶液の性質を調べる実験を行った。下の □□□□□ 内は，その実験の内容の一部である。あとの問いに答えなさい。

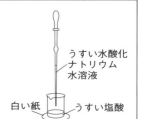

　うすい塩酸 $10\,cm^3$ をビーカーにとり，BTB 溶液を数滴加えたところ，ビーカー内の液の色が（　　　）色になった。ビーカー内の液に，こまごめピペットを使い，うすい水酸化ナトリウム水溶液を少しずつ加えながら，ビーカーを軽く動かして液を混ぜ，液の色の変化を観察した。うすい水酸化ナトリウム水溶液を $15\,cm^3$ 加えたとき，ビーカー内の液の色が緑色になった。

　次に，この緑色になった液をスライドガラスに少量とり，水分を蒸発させると，白い固体が残った。この固体を双眼実体顕微鏡で観察すると結晶が見えた。

(1)　文中の（　　　）に，あてはまる色を書け。

[　　　　　　]

(2)　下線部は何の結晶か。その物質の化学式を書け。また，その結晶の形を，下の模式図ア〜エから1つ選び，記号で答えよ。

化学式 [　　　　　]　　記号 [　　　　　]

(3)　下の □□□□□ 内は，この実験について生徒がまとめたレポートの一部である。

　塩酸などの酸性の水溶液と水酸化ナトリウム水溶液などのアルカリ性の水溶液を混ぜ合わせると，たがいの性質を打ち消し合う反応が起こる。この反応を（　　　）といい，このときできる物質を塩という。

①　文中の（　　　）に入る適切な語句を答えよ。

[　　　　　　]

②　下線部について，うすい硫酸にうすい水酸化バリウム水溶液を加えたときにできる塩の名称を答えよ。

[　　　　　　]

ガイド (3)②この実験でできた塩は，硫酸 H_2SO_4 が電離して生じた硫酸イオン SO_4^{2-} と，水酸化バリウム $BaSO_4$ が電離して生じたバリウムイオン Ba^{2+} が結びついたものである。

023 [酸・アルカリ・塩の判別]

A～Eの5つのビーカーには，蒸留水，塩化ナトリウム水溶液，うすい塩酸，うすい水酸化ナトリウム水溶液，うすい水酸化バリウム水溶液のいずれかが入っている。次の問いに答えなさい。

A～Eそれぞれのビーカーにどの液体が入っているかを調べるために，実験1～3を行った。実験の結果から，BとEのビーカーに入っている液体を，下のア～オのなかからそれぞれ1つずつ選んで，記号で答えよ。

B[　　　　] E[　　　　]

〔実験1〕 それぞれの液体を試験管にとり，緑色のBTB溶液を数滴加えて色を観察したところ，AとBが青色，Cが黄色，DとEが緑色であった。

〔実験2〕 AとBの液体を試験管にとって，こまごめピペットでうすい硫酸を数滴加えたところ，Aの液体だけ図のような白い物質ができた。

〔実験3〕 DとEの液体をそれぞれスライドガラスに少量とって乾燥させたところ，Dの液体だけ白い結晶が現れた。

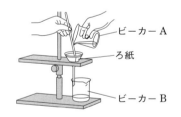

ア 蒸留水　　イ 塩化ナトリウム水溶液　　ウ うすい塩酸
エ うすい水酸化ナトリウム水溶液　　オ うすい水酸化バリウム水溶液

ガイド $BaSO_4$ は水に溶けない。

024 [H_2SO_4 と $Ba(OH)_2$ の中和]

酸性やアルカリ性を示す水溶液の性質をBTB溶液を使わずに調べた。あとの問いに答えなさい。

うすい水酸化バリウム水溶液が入ったビーカーAに，うすい硫酸を加えると，白い沈殿ができた。右図の実験装置で，ビーカーAの沈殿をとり除き，ビーカーBにろ紙を通った水溶液をとった。

ビーカーA
ろ紙
ビーカーB

次に，ビーカーBの水溶液を2つの試験管にとり，うすい水酸化バリウム水溶液，うすい硫酸をそれぞれ加えると，うすい水酸化バリウム水溶液を加えたほうだけに白い沈殿ができた。

(1) ビーカーAの白い沈殿は何か，その物質名を答えよ。 [　　　　]

(2) 図のように，ろ紙を使って液体と固体を分ける操作を何というか，答えよ。

[　　　　]

(3) ビーカーBの水溶液の性質として適切なものを次のア～ウから1つ選び，記号で答えよ。

[　　　　]

ア 酸性　　イ 中性　　ウ アルカリ性

(4) 次の文の ① ， ② に入る適切な語句を答えよ。

酸性の水溶液とアルカリ性の水溶液を混ぜ合わせると，それぞれの性質をたがいに打ち消し合う反応が起こる。この反応を ① といい，このとき，塩と ② ができる。

①[　　　　] ②[　　　　]

重要 025 〉[H₂SO₄ と Ba(OH)₂ の中和, Mg との反応量]

うすい硫酸にうすい水酸化バリウム水溶液を加えたときの変化を調べるために, 次の実験を行った。あとの問いに答えなさい。ただし, 実験では, 沈殿はろ過によりすべて集められたものとする。

〔実験〕　①　ビーカー A ～ D のそれぞれに, うすい硫酸を 8 cm³ とり, BTB 溶液を少量加えた。

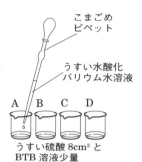

②　右図のように, こまごめピペットを用いてビーカー A ～ D のそれぞれに, うすい水酸化バリウム水溶液を 10 cm³, 14 cm³, 18 cm³, 22 cm³ 加えてかき混ぜると, すべてのビーカーに白い沈殿ができた。

③　ビーカー A ～ D の水溶液の色を調べて, 表に記入した。ビーカー C, D の水溶液の色は同じになった。

④　ビーカー A ～ D の水溶液をろ過して, ②でできた白い沈殿を集めて十分に乾燥してから, それぞれの質量をはかり, 表に記入した。

⑤　ビーカー A の水溶液をろ過した液から試験管に 10 cm³ とり, マグネシウムリボンを入れて, 気体が発生するか調べた。ビーカー B ～ D の水溶液をろ過した液について, 同様の操作をして, 気体が発生するか調べた。

ビーカー	A	B	C	D
加えたうすい水酸化バリウム水溶液の体積〔cm³〕	10	14	18	22
白い沈殿ができたあとの水溶液の色	黄色	ⓐ	ⓑ	ⓒ
できた白い沈殿の質量〔g〕	0.13	0.18	0.22	0.22

(1)　②でできた沈殿の物質名を答えよ。また, この沈殿とともにできた物質の化学式を答えよ。

物質名[　　　　　　　　]　化学式[　　　　　　　　]

(2)　表のなかのⓐ, ⓑにあてはまる色を答えよ。　　ⓐ[　　　　　]　ⓑ[　　　　　]

(3)　⑤の操作で, 気体が発生したのはどの液か, 適切なものを次のア～エからすべて選び, 記号で答えよ。　　　　　　　　　　　　　　　　　　　　　　[　　　　　]

ア　ビーカー A の水溶液をろ過した液　　イ　ビーカー B の水溶液をろ過した液

ウ　ビーカー C の水溶液をろ過した液　　エ　ビーカー D の水溶液をろ過した液

(4)　④でビーカー D の水溶液をろ過した液から, ビーカーに 10 cm³ とり, 水を 50 cm³ 加えると何性になるか, 適切なものを次のア～ウから 1 つ選び, 記号で答えよ。　[　　　　　]

ア　酸性　　　イ　中性　　　ウ　アルカリ性

(5)　②で加えたうすい水酸化バリウム水溶液の体積を, 次のア～エのように変えて実験すると, できた沈殿の質量が表のビーカー C にできた沈殿の質量と同じになるのはどれか。適切なものを次のア～エからすべて選び, 記号で答えよ。　　　　　　　　　　[　　　　　]

ア　9 cm³　　　イ　13 cm³　　　ウ　19 cm³　　　エ　23 cm³

ガイド　(5)表の数値から, 中和が完了するときの Ba(OH)₂ 水溶液の体積を求める。それ以上の量を加えても沈殿量はふえない。

026 [HCl と NaOH の反応量]

塩酸を用いて，次のような実験を行った。あとの問いに答えなさい。

〔実験〕 3つのうすい塩酸(塩酸 a，塩酸 b，塩酸 c とする)をそれぞれ別々のビーカーにはかりとった。これらの塩酸は電流を通した。また，これらの塩酸に BTB 溶液を 2, 3 滴加えると黄色になった。

　次に，それぞれの塩酸にこまごめピペットを用いて水溶液が緑色になるまで，うすい水酸化ナトリウム水溶液を少しずつ加えた。下の表は，はかりとった塩酸の体積と，水溶液が緑色になるまで加えた水酸化ナトリウム水溶液の体積を示したものである。ただし，この実験では，うすい水酸化ナトリウム水溶液はすべて同じものを用いた。

	はかりとった塩酸の体積〔 cm^3 〕	水溶液が緑色になるまで加えた水酸化ナトリウム水溶液の体積〔 cm^3 〕
塩酸 a	10	10
塩酸 b	20	10
塩酸 c	10	20

(1) 上記の下線部の変化を示す原因となる塩酸中に含まれるイオンは何か。そのイオンの名称と化学式を答えよ。　　　　　　　　名称[　　　　　　]　化学式[　　　　　　]

(2) $10 cm^3$ の塩酸 a に水酸化ナトリウム水溶液を $5 cm^3$ 加えたときと，$10 cm^3$ 加えたときの溶液の性質としてあてはまるものを，それぞれ次のア～エのなかからすべて選び，その記号で答えよ。　　　　　　　　　　　　　　　　　　　　$5 cm^3$ のとき[　　　　　　]
　　　　　　　　　　　　　　　　　　　　　　　　　$10 cm^3$ のとき[　　　　　　]

ア　フェノールフタレイン溶液を加えると，無色を示す。

イ　フェノールフタレイン溶液を加えると，赤色を示す。

ウ　電流を通す。

エ　電流を通さない。

(3) 塩酸 a，塩酸 b，塩酸 c の濃さの関係を示したものはどれか。次のア～オのなかから正しいものを 1 つ選び，その記号で答えよ。ただし，塩酸 a ＝塩酸 b は，塩酸 a と塩酸 b の濃さが等しいことを表し，塩酸 a ＞塩酸 b は，塩酸 a のほうが塩酸 b より濃いことを表しているものとする。また，同じ濃さで体積が 2 倍になると，その溶液に含まれる溶質の質量は 2 倍になり，同じ体積で濃さが 2 倍になると，その溶液に含まれる溶質の質量は 2 倍になる。
　　　　　　　　　　　　　　　　　　　　　　　　　　　　　　[　　　　]

ア　塩酸 a ＝塩酸 b ＝塩酸 c

イ　塩酸 c ＞塩酸 a ＝塩酸 b

ウ　塩酸 b ＞塩酸 a ＝塩酸 c

エ　塩酸 c ＞塩酸 a ＞塩酸 b

オ　塩酸 b ＞塩酸 a ＞塩酸 c

ガイド (3) $10 cm^3$ の NaOH 水溶液で中和される塩酸の体積を比べる。

最高水準問題 ——————————————————— 解答　別冊 p.9

027 うすい塩酸とうすい水酸化ナトリウム水溶液を試験管の中で反応させ，完全に反応する体積を調べる実験を行った。あとの問いに答えなさい。　　　　　　　　　　（東京・筑波大附駒場高國）

〔実験〕　① 塩酸 5cm³ をメスシリンダーではかり，試験管に移した。

　② 水酸化ナトリウム水溶液 10cm³ をメスシリンダーではかり，ビーカーに移した。

　③ ①の試験管に少量の A を加えた。

　④ ③の試験管に，②のビーカーからピペットで水溶液を少しずつ加えていき，A の反応が止まったりはじまったりするなど，何か変化が見られたところで水溶液を加えるのをやめた。

　⑤ ④でピペットに残った水溶液を②のビーカーに戻したあと，ビーカーの水溶液の体積 V 〔cm³〕をメスシリンダーではかった。

(1) A として使用できる物質を次のア～オからすべて選べ。　　　　　　　　　[　　　　　]

　ア　アルミニウムの小片　　イ　銅の小片　　ウ　鉄の小片　　エ　BTB 溶液　　オ　赤インク

(2) (1)の物質を A として A と水溶液の体積 V との関係について述べた次の文ア～クのうち，正しいものをすべて選べ。　　　　　　　　　　　　　　　　　　　　　　[　　　　　]

　ア　操作④を短時間で終わらせたとき，A の種類により，体積 V が変化することがある。

　イ　操作④を短時間で終わらせたとき，A の種類により，体積 V が変化することはない。

　ウ　A として何を用いても，水溶液を加え終わるまでの時間が長くなると，体積 V は多くなる。

　エ　A として何を用いても，水溶液を加え終わるまでの時間が長くなると，体積 V は少なくなる。

　オ　A として何を用いても，水溶液を加え終わるまでの時間にかかわらず，体積 V は変化しない。

　カ　A の種類によっては，水溶液を加え終わるまでの時間が長くなると，体積 V が多くなるものがある。

　キ　A の種類によっては，水溶液を加え終わるまでの時間が長くなると，体積 V が少なくなるものがある。

　ク　A の種類によっては，水溶液を加え終わるまでの時間にかかわらず，体積 V が変化しないものがある。

(3) 塩酸 5cm³ に A を加えず，水酸化ナトリウム水溶液を 2, 4, 6, 8, 10cm³ 加えたあとの水溶液をそれぞれ蒸発皿に移し，弱火で水をすべて蒸発させ，残った物質の質量 W 〔g〕を測定した。実験結果を表すグラフとして考えられるものを次のア～カからすべて選べ。　　　　　[　　　　　]

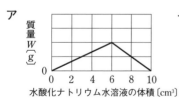
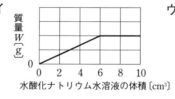
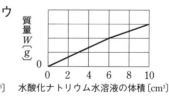

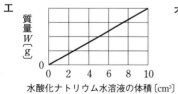
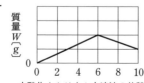
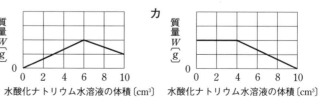

難 028 ある濃度の水酸化ナトリウム水溶液（X液とする）10cm³ に，ある濃度の塩酸（Y液とする）5cm³ を混合したものに BTB 溶液を加えたら，混合溶液の色が黄色になった。また，この混合溶液を加熱して水を完全に蒸発させたら，あとに 1.0g の塩化ナトリウムが残った。X 液 20cm³ に Y 液 15cm³ を混合したものを加熱して水を完全に蒸発させると，あとに何 g の塩化ナトリウムが残るか。次のア～オのなかから適当なものを 1 つ選びなさい。　　　(長崎・青雲高)

[　　　　　]

ア　2.0g　　イ　2.5g　　ウ　3.0g　　エ　4.0g　　オ　5.0g

029 うすい塩酸 X とうすい水酸化ナトリウム水溶液 Y を用意し，A～E の各ビーカーに次の表に示す量をそれぞれ入れてよくかき混ぜた。そして，各ビーカーの水溶液を青色リトマス紙につけて色の変化を調べた。また，各ビーカーの水溶液をそれぞれ少量ずつ別の試験管にとり，フェノールフタレイン溶液を数滴加えて色の変化を調べた。その結果を次の表にまとめた。

(三重・高田高)

	A	B	C	D	E
うすい塩酸 X	10cm³	15cm³	20cm³	25cm³	30cm³
うすい水酸化ナトリウム水溶液 Y	50cm³	40cm³	30cm³	20cm³	10cm³
青色リトマス紙の色の変化	変化なし	変化なし	変化なし	赤色になった	赤色になった
フェノールフタレイン溶液を加えたときの色の変化	赤色になった	赤色になった	変化なし	変化なし	変化なし

(1) フェノールフタレイン溶液を加えたとき，ビーカー A の水溶液と同じ色の変化を示すものはどれか。次のア～カから 1 つ選べ。　　　[　　　　　]

ア　石灰水　　イ　レモンの汁　　ウ　砂糖水
エ　食酢　　オ　炭酸水　　カ　食塩水

(2) ビーカー D の水溶液を別の新たな試験管にとり，緑色の BTB 溶液を加えたとき，何色になるか。次のア～オから 1 つ選べ。　　　[　　　　　]

ア　赤　　イ　青　　ウ　黄　　エ　黒　　オ　白

難 (3) ビーカー E の水溶液を別の新たな試験管に 16cm³ とった。この試験管の中の水溶液を中性にするためには，何をどれだけ加えたらよいか。次のア～カから 1 つ選べ。　　　[　　　　　]

ア　うすい塩酸 X を 14cm³
イ　うすい水酸化ナトリウム水溶液 Y を 14cm³
ウ　うすい塩酸 X を 18cm³
エ　うすい水酸化ナトリウム水溶液 Y を 18cm³
オ　うすい塩酸 X を 22cm³
カ　うすい水酸化ナトリウム水溶液 Y を 22cm³

(4) ビーカー C の水溶液に電極を入れて電気を流したら，陽極側からプールの消毒薬のようなにおいのする気体が発生した。この気体の性質として正しいものを次のア～オから 1 つ選べ。

[　　　　　]

ア　空気より密度が大きく，漂白作用がある。　　イ　空気より密度が小さく，よく燃える。
ウ　石灰水を白くにごらせる。　　エ　空気中で燃えると水ができる。
オ　水によく溶け，アルカリ性を示す。

030 水 100 cm³ に塩化水素分子が *m* 個溶けた水溶液 W，水 100 cm³ に硫酸分子が *m* 個溶けた水溶液 X，水 100 cm³ に水酸化ナトリウムを溶かし，ナトリウムイオンが *n* 個生じた水溶液 Y，水 100 cm³ に水酸化バリウムを溶かし，バリウムイオンが *n* 個生じた水溶液 Z がある。これらの水溶液を用いて，次の実験 1 ～ 3 を行った。あとの問いに答えなさい。ただし，水に溶質を溶かしたときの体積変化はないものとする。

(愛媛・愛光高改)

〔**実験 1**〕ビーカーに水溶液 W を 10 cm³ 入れ，これにこまごめピペットで水溶液 Y を 2 cm³ ずつ加えていった。このときの pH を pH メーターで測定した。その結果を図 1 に示す。

〔**実験 2**〕ビーカーに水溶液 X を 10 cm³ 入れ，これにこまごめピペットで水溶液 Y を 2 cm³ ずつ加えていった。このときの pH を pH メーターで測定した。その結果を図 2 に示す。

〔**実験 3**〕ビーカーに水溶液 X を 10 cm³ 入れ，これにこまごめピペットで水溶液 Z を 2 cm³ ずつ加えていった。このときの pH を pH メーターで測定した。その結果を図 3 に示す。

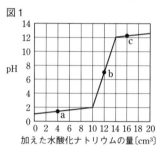
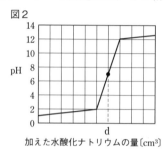
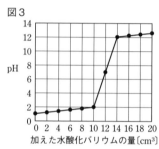

(1) 図 1 の a, b, c 点における混合溶液に BTB 溶液をそれぞれ加えると，どのような色になるか。漢字 1 字で書け。

a[　　　]　b[　　　]　c[　　　]

(2) 図 1 の a, b, c 点における混合溶液にアルミニウム片を加えると，どのような変化が観察されるか。a, b, c 点それぞれの変化について説明せよ。

[　　　　　　　　　　　　　　　　　　　　　　　　　　　　　　　　　　　　]

(3) *m* は *n* の何倍か，小数点第一位まで答えよ。　　　　　　　　[　　　　]

(4) 図 2 の d は何 cm³ か，整数で答えよ。　　　　　　　　　　　[　　　　]

(5) 下のア～カは，加えたアルカリ水溶液の量を横軸に，ビーカー中のイオンの数を縦軸にとったグラフである。実験 1 の①ナトリウムイオンと②塩化物イオン，実験 3 の③バリウムイオンと④硫酸イオンの数の変化を表すグラフとして適当なものをア～カからそれぞれ 1 つずつ選び，記号で答えよ。

①[　　　]　②[　　　]　③[　　　]　④[　　　]

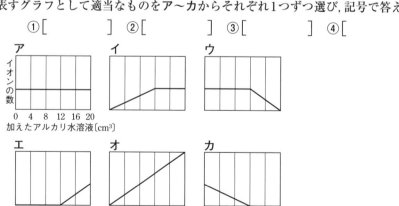

031 水溶液の性質を調べるために，うすい塩酸とうすい水酸化ナトリウム水溶液を使って，次の実験を行った。これらをもとに，あとの問いに答えなさい。 (石川県)

[実験Ⅰ] 図1のように，ふたまたになった試験管に，紙やすりで磨いたマグネシウムリボン0.15gとうすい塩酸4.0cm³を入れ，この試験管を傾けて塩酸をマグネシウムリボン側にすべて流し込んで，発生する気体の体積を調べた。

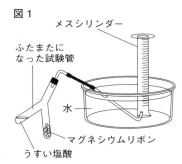

図1

次に，うすい塩酸の体積を変えて同様の操作を行ったところ，発生した気体の体積は表1のような結果になった。なお，この塩酸の体積が6.0cm³のとき，メスシリンダー内の水面は図2のようになった。

表1

塩酸〔cm³〕	4.0	6.0	8.0	10.0	12.0	14.0	16.0
発生した気体〔cm³〕	49.7		99.8	125.2	150.0	150.0	150.0

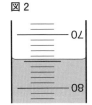

図2

[実験Ⅱ] 塩酸10.0cm³に水酸化ナトリウム水溶液を体積を変えて混ぜ合わせ，A〜Eの溶液をつくった。これらにBTB溶液を加えたときの溶液の色を調べたところ，表2のような結果になった。また，Cの溶液をスライドガラスに1滴とり，ガスバーナーで加熱したところ，白い物質が残った。

表2

	A	B	C	D	E
塩酸〔cm³〕	10.0	10.0	10.0	10.0	10.0
水酸化ナトリウム水溶液〔cm³〕	10.0	8.0	6.0	4.0	2.0
BTB溶液を加えたときの溶液の色	青	青	緑	黄	黄

(1) 図1のように，発生した気体を集める方法を何というか。 [　　　　　]

(2) 図2を見て，表1の[　　]に入る体積の値を読みとって，答えよ。 [　　　　　]

(3) 図3は実験Ⅰで起こった反応をモデルで表したものである。図の●はマグネシウム原子，○は水素原子を表している。このとき，◎は何を表すか。また，実験Ⅰで発生した気体が燃焼するときの化学反応式を書け。 ◎[　　　　] 化学反応式[　　　　　]

図3

(4) マグネシウムリボンの質量を変えて実験Ⅰで用いたうすい塩酸を14.0cm³加えると，発生する気体の体積は120.0cm³になった。このとき，使用したマグネシウムリボンの質量は何gか，求めよ。 [　　　　　]

(5) 実験Ⅱでできた白い物質は，塩酸と水酸化ナトリウム水溶液が反応してできたものである。この物質の名称を答えよ。 [　　　　　]

(6) 実験ⅡでつくったA〜Eの溶液にそれぞれマグネシウムリボン0.15gを加えたとき，発生する気体の体積が最も大きくなる溶液はどれか，記号で答えよ。 [　　　　　]

解答の方針

031 (4)Mg 0.15gと過不足なく反応する塩酸は12.0cm³で，そのときH₂が150.0cm³発生する。

032　次の問いに答えなさい。　　　　　　　　　　　　　　　　　　　　　　　（鹿児島・ラ・サール高）

(1)　塩酸に水酸化ナトリウム水溶液を加えたときに起こる反応を化学反応式で答えよ。

[　　　　　　　　　　　　　　　　　　　　　　　　　　]

(2)　塩酸 10 mL に水酸化ナトリウム水溶液 20 mL を少しずつ加えていった。水酸化ナトリウム水溶液を 10 mL 加えたところで，ちょうど中和した。塩酸 10 mL 中の水素イオンの数を n 個とすると，水酸化ナトリウム水溶液を 20 mL まで加えていったときの，水溶液中の①水素イオン，②塩化物イオン，③ナトリウムイオン，④水酸化物イオンの数の変化はどのようなグラフで表されるか。ア～ケよりそれぞれ選べ。　　　①[　　　]　②[　　　]　③[　　　]　④[　　　]

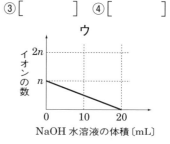

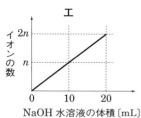

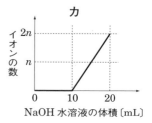

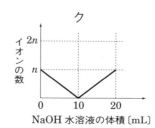

(3)　水酸化バリウム水溶液 10 mL に希硫酸を少しずつ加えていくと，白色沈殿を生じる。希硫酸を 10 mL 加えたところで，沈殿の量は最大となり，それ以上加えても沈殿は増加しなかった。水酸化バリウム水溶液 10 mL 中に含まれていたバリウムイオンの数を m 個とする。加えた希硫酸の体積が x〔mL〕のとき，0 mL ≦ x ≦ 10 mL における水溶液中のイオンの総数 y 個を m と x を用いて表せ。

[y =　　　　　　　　　　　　]

033 液体中の物体は，それが押しのける液体の重さに等しい力を上向きにうける。この原理をもと
に，あとの問いに答えなさい。

（奈良・東大寺学園高）

常温において，濃度60%の硫酸1000gがある。
図1のような3cm×4cm×5cmの直方体の
形をした物体Aを，図2のように上記の硫酸
に浮かべたところ，①液面上に1.6cm出た状態
になった。

図1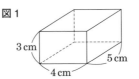

図2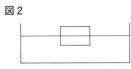

次に，この硫酸に②17%水酸化バリウムBa(OH)₂水溶液を何gか加
えたところ，白色の沈殿が生じ，物体Aの液面から上の高さが1.5cm
となった。さらに17%水酸化バリウム水溶液を加え続けたところ，③物
体Aが液面から出る高さが最小となった。この実験において，液面から
の高さの測定は，水酸化バリウム水溶液を加えて十分に時間がたち，溶
液が常温に戻ったのちとし，H_2SO_4と$Ba(OH)_2$とH_2Oの1個の粒子の
質量比は10：17：2とする。また，物体Aは硫酸と反応しないものとし，
必要ならば右表にある硫酸の密度を利用せよ。

硫酸の濃度と密度	
濃度〔%〕	密度〔g/cm³〕
60	1.50
50	1.40
40	1.31
30	1.22
20	1.14
10	1.07
0	1.00

(1) 物体Aの質量は何gか。下線部①を用いて求めよ。

[   ]

(2) 下線部②について，水酸化バリウム水溶液を硫酸に加える反応の化学反応式を記せ。

[   ]

(3) 17%水酸化バリウム水溶液100gと10%硫酸100gを混合すると，水は合計何gになるか。

[   ]

(4) 下線部②について，加えた水酸化バリウム水溶液は何gか。解答は小数第1位を四捨五入し，整
数値で答えよ。 [   ]

(5) 下線部③の状態になるまでに，最初から加えた水酸化バリウム水溶液は合計何gか。また，物体
Aは液面から何cm出るか。

水酸化バリウム水溶液[   ] 液面からの高さ[   ]

解答の方針

032 (3)ちょうど中和するH_2SO_4水溶液10mL中には，H^+は$2m$個，SO_4^{2-}はm個含まれる。

033 (4)②のときの溶液の全質量は，1000−反応したH_2SO_4＋$Ba(OH)_2$水溶液中の水＋中和で生じた水

1 次の文を読み，あとの問いに答えなさい。

（富山県）(各6点，計30点)

　図1のように，2本の炭素棒ア，イを電極とした装置Aと，銅板，アルミニウムはくを電極とした装置Bをつくり，導線でつないだ。そのあと，装置Aには塩化銅水溶液を，装置Bにはうすい塩酸を注ぎ，すべての電極を同時に溶液につけた。アルミニウムはくを溶液からとり出すまでの5分間，電極付近のようすを観察したところ，装置Aの片方の炭素棒の表面には銅が付着し，装置Bのアルミニウムはくは，ぼろぼろになった。

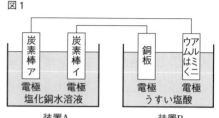

図1

装置A　塩化銅水溶液　炭素棒ア（電極）　炭素棒イ（電極）

装置B　うすい塩酸　銅板（電極）　アルミニウムはく（電極）

(1) 電池となっているのは装置A，Bのどちらか，記号で答えよ。

(2) 装置Bでは，アルミニウムはく中の原子が1個につき電子3個を失ってアルミニウムイオンとなり，銅板では，水素イオンが電子をうけ取って水素分子となる。4個のアルミニウム原子がイオンになるとき，何個の水素分子が発生すると考えられるか，求めよ。

(3) 炭素棒アの表面で起こる化学変化を化学式で書け。ただし，電子1個を e^- と表すものとする。

(4) 装置Aにおいて，銅イオンの数の変化が図2のようになったとすると，装置Aの塩化物イオンの数はどのように変化するか，グラフにかき入れよ。

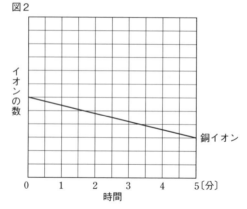

図2

イオンの数

0　1　2　3　4　5〔分〕

時間

銅イオン

(5) 装置Aの電極で，銅が0.030g生じたとすると，何gの塩化銅が分解したと考えられるか，求めよ。ただし，銅原子と塩素原子の質量比は20：11とする。

(1)		(2)		(3)	
(4)	（図に記入）	(5)			

2 次の文を読み，あとの問いに答えなさい。　　　　(愛媛・愛光高改)(各5点，計25点)

　図1は備長炭に食塩水をしめらせたろ紙を巻き，その上にアルミニウムはくを巻いた備長炭電池である。端子Aはアルミニウムはくに，端子Bは備長炭につながっている。

　図2はうすい塩酸に銅板と亜鉛板を浸した電池である。

　図3はうすい水酸化ナトリウム水溶液を満たした簡易電気分解装置である。この電気分解装置の電極は白金めっきした特別なものを使用している。

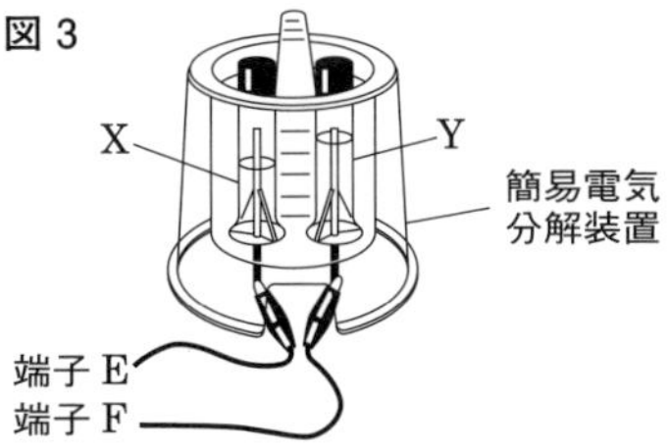

　電源装置の−極を端子Eに，＋極を端子Fに接続すると，XとYから気体が発生した。発生した気体の体積比はX：Y＝2：1であった。

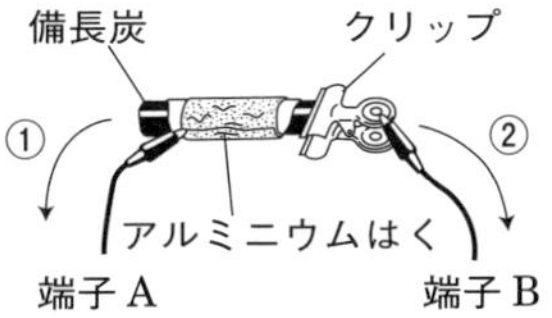

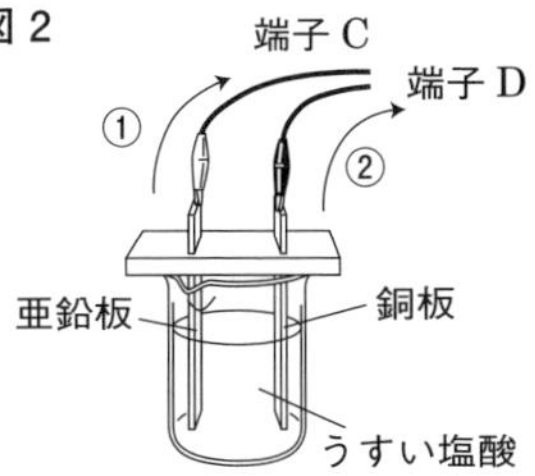

図1

図2

図3

(1) 図1と図2で電流が流れる向きの組み合わせとして正しいものを，右のア～エから1つ選び，記号で答えよ。

	ア	イ	ウ	エ
図1	①	①	②	②
図2	①	②	①	②

(2) 図3のX，Yで発生する気体の名称をそれぞれ答えよ。

(3) 図3で電気分解したあと，端子Eと端子Fを電子オルゴールにつなぐと，電子オルゴールが鳴った。このように，水の電気分解とは逆に，物質が酸素と結びつく化学反応を利用する電池を何電池というか。漢字2字で答えよ。

(4) 電池に関する次の記述ア～エのなかで，誤っているものをすべて選び，記号で答えよ。

　ア　図1で長時間電流を流すと，アルミニウムはくがぼろぼろになるが，備長炭は変化しない。

　イ　図1で備長炭のかわりに鉄の棒を用いても，電池になる。

　ウ　図2でうすい塩酸のかわりに，濃いレモン水を用いても電池になる。

　エ　図2で銅板と亜鉛板の表面積を2倍にすると，電圧は2倍になる。

(1)		(2) X		Y	
(3)	電池	(4)			

3　次の文を読み，あとの問いに答えなさい。　　　　　　　　　　（東京・開成高）(各5点，計25点)

　（　a　）の水溶液を塩酸という。塩酸と水酸化ナトリウム水溶液をそれぞれ適量とって混合し，完全に中和すると，混合水溶液は中性になる。この中性の水溶液は（　b　）の水溶液になっており，この中には（　a　）と水酸化ナトリウムのどちらも残っていない。

　2.0%の塩酸10cm³と2.2%の水酸化ナトリウム水溶液10cm³を混合すると，溶液は中性となり，（　b　）が0.32g生成した。

　ただし，ここでは文中の（　a　）と水酸化ナトリウムの反応以外の化学変化は起こらないものとし，用いた水溶液の密度はすべて1.0g/cm³とせよ。また，文中の%はすべて質量パーセント濃度を表している。

(1)　上の文中の（　a　）と（　b　）に該当する物質の化学式を記せ。

(2)　次の文中の（　c　）には適当な語句を記入し，（　d　）には正しい数値を記入せよ。

　　5.0%の塩酸30cm³と2.0%の水酸化ナトリウム水溶液55cm³を混合したとき，混合水溶液は（　c　）性を示す。この混合水溶液を加熱して，液体を完全に蒸発させたとき残る固体の質量を小数第1位まで表すと，（　d　）gとなる。

(3)　3.0%の塩酸10cm³と2.0%の水酸化ナトリウム水溶液20cm³を混合したものを加熱して，液体を完全に蒸発させたとき残る固体の質量はいくらになるか。最も近い値を次のア〜カから1つ選び，記号で答えよ。

　ア　0.41g　　イ　0.44g　　ウ　0.48g　　エ　0.51g　　オ　0.55g　　カ　0.58g

(1)	a		b	
(2)	c		d	
(3)				

4　次の実験に関する文を読み，あとの問いに答えなさい。　　　（北海道・函館ラ・サール高）

（各5点，計20点）

　質量パーセント濃度が8.4%，密度が1.07g/cm³の希硫酸10cm³と少量のBTB溶液をビーカーに入れ，2本の炭素電極を浸し，そこに導線によって電池とブザーをつないだ。このビーカーに水酸化バリウム飽和水溶液を少しずつ加えていくと，水にほとんど溶けない硫酸バリウム$BaSO_4$が生成して水溶液は白くにごった。そこで，加えた水酸化バリウム水溶液の体積とブザーの音量との関係を調べた。

　硫酸や水酸化バリウムは，水に溶けるとイオンと呼ばれる電気を帯びた粒に分かれ，水溶液中にイオンが多く含まれるほど，その水溶液は電気を通しやすくなる。

　イオンが生じるようすを次ページに示す。イオンの右肩に記してある「＋」，「－」，「2－」は，イオンが帯びている電気の種類と大きさを表している。

（ブザー）

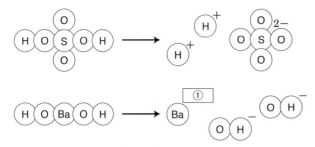

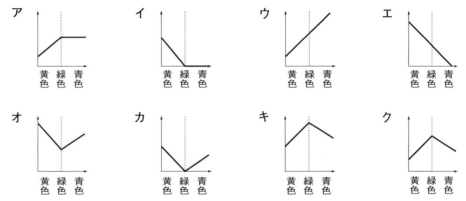

(1)　上図のなかの空欄　①　に適するものを次のア～カから1つ選び，記号で答えよ。

　　ア　3+　　イ　2+　　ウ　+　　エ　-　　オ　2-　　カ　3-

(2)　硫酸 H_2SO_4 と水酸化バリウム $Ba(OH)_2$ の中和反応を化学反応式で表せ。

(3)　横軸に加えた水酸化バリウム水溶液の体積，縦軸にブザー音の聞こえ方（音量）をとってグラフで表現したとき，その形はどのようになるか。最も近いグラフの形を次のア～クから1つ選び，記号で答えよ。

ア　　　　　　　　　イ　　　　　　　　　ウ　　　　　　　　　エ

黄　緑　青　　　　黄　緑　青　　　　黄　緑　青　　　　黄　緑　青
色　色　色　　　　色　色　色　　　　色　色　色　　　　色　色　色

オ　　　　　　　　　カ　　　　　　　　　キ　　　　　　　　　ク

黄　緑　青　　　　黄　緑　青　　　　黄　緑　青　　　　黄　緑　青
色　色　色　　　　色　色　色　　　　色　色　色　　　　色　色　色

(4)　十分に水酸化バリウム水溶液を加え，水溶液の色が変化しなくなってからビーカー内の物質をろ過したところ，硫酸バリウムが2.14g得られた。原子の質量比が，

　　　　水素原子：酸素原子：硫黄原子：バリウム原子 = 1：16：32：x

であるとしたとき，x の値を整数で答えよ。必要があれば，小数第1位を四捨五入すること。

(1)		(2)	
(3)		(4)	

1 生物の成長とふえ方

034 [無性生殖]

まきさんはジャガイモ農家での職場体験学習に参加した。次の会話は，まきさんとジャガイモ農家の田中さんとのものである。会話の下線部について，あとの問いに答えなさい。

会話

ジャガイモ

まきさん	田中さんの畑では，どうやってジャガイモを育てているのですか。
田中さん	私の畑では，いもから育ててジャガイモを収穫しています。
まきさん	いもから育てているということは，<u>無性生殖</u>を利用しているのですね。
田中さん	そうですね。でも，ジャガイモは有性生殖もできるので，品種によっては，ジャガイモも花が咲いて，果実ができて，その中に種子ができるのですよ。

(1) ジャガイモのように，植物においてからだの一部から新しい個体をつくる無性生殖のことを何というか，答えよ。

[   ]

(2) 無性生殖にあてはまるものを，ア〜エから1つ選び，記号で答えよ。

[   ]

ア　ヒメダカは，精子と卵が受精してできた受精卵から新しい個体をつくる。

イ　ヒキガエルは，オタマジャクシが成長することで，成体となる。

ウ　スギは，風に運ばれた花粉が，むき出しの胚珠につくことによってできた種子から新しい個体をつくる。

エ　オランダイチゴは，親のからだから伸びた茎(ほふく茎)の先端で，根や葉が成長し，その茎がちぎれることで，親から分離した新しい個体をつくる。

◆重要 035 [カエルの生殖]

Sさんは，カエルの卵が変化するようすを観察するとともに，生殖について調べた。これについて，あとの問いに答えなさい。

〔観察〕1　3月10日の朝に川原の水たまりでカエルの卵のかたまりを見つけ，それを持ち帰った。

　　2　持ち帰った卵を観察した。卵は細胞分裂をくり返しながら変化してオタマジャクシになり，やがて，カエルになった。その間，1つの卵の変化についてスケッチするとともに，そのようすを観察した。図1のA〜Fはその一部を示したものである。月日は観察日を，（　　）内の数値は全長を示している。

図1

A. 3月10日朝
卵は透明な
ゼリー状の
管の中にあ
った。(3mm)

B. 3月10日夕
細胞の数が
多くなった。
(3mm)

C. 3月13日
透明なゼリー状の管の
外に出ていた。オタマ
ジャクシのような形が
できてきた。(5mm)

D. 3月19日
えさを与えたら，
はじめて食べた。(16mm)

E. 4月19日
あしが出そろった。
(23mm)

F. 4月24日
尾がなくなり，
カエルになった。
(10mm)

〔調べてわかったこと〕

図2

精子　　卵

①　図1のAの卵は，精子が中に入り精子の核と卵の核が合体してできたものである。

②　図2は，カエルの精子や卵を模式的に表したものである。精子や卵といった生殖細胞がつくられるときは，特別な細胞分裂が行われる。

③　精子や卵といった生殖細胞の核の合体により子孫をつくる有性生殖の他に，親のからだが分裂したり，からだの一部が分かれたりして子孫をつくる無性生殖がある。

(1)　図1の卵を何というか。〔調べてわかったこと〕の①をもとにその名称を書け。
　　　　　　　　　　　　　　　　　　　　　　　　　　　　　　　　[　　　　　　　　]

(2)　図1で，Aの卵は細胞分裂をくり返し，BやCのスケッチのように変化した。BやCのスケッチで表される時期のものを何というか。その名称を書け。　　[　　　　　　　　]

(3)　右の図は，雄親と雌親の細胞の染色体を模式的に表したものである。これらの染色体をもつ細胞から，〔調べてわかったこと〕の②の特別な細胞分裂により，精子と卵がつくられる。この精子の核と卵の核の合体によりできた細胞の染色体を模式的に表すとどうなるか。右の図にかき入れよ。

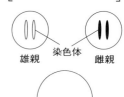

雄親　　染色体　　雌親

(4)　〔調べてわかったこと〕の③で，親のからだが分裂したり，からだの一部が分かれたりして子孫をつくる無性生殖では，子に親と同一の形質が現れる。これはなぜか。形質の伝わり方から，その理由を簡潔に書け。

[　　　　　　　　　　　　　　　　　　　　　　　　　　　　　　　　　　　　　　]

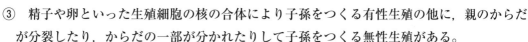

ガイド　(3)精子や卵がつくられるときは，減数分裂により染色体が体細胞の半分の数になり，それが受精により合体する。

036 〉[植物の生殖]

ホウセンカの花粉管が伸びるようすを観察するために，次の実験を行った。これについて，あとの問いに答えなさい。

〔実験〕

　水100cm³に砂糖10gを加えた砂糖水を，中央にくぼみのあるスライドガラスに1～2滴落とした。次に筆の先にホウセンカの花粉をつけて，砂糖水の上にまばらになるように落とした。これを，<u>図1のように水の入ったペトリ皿の中に入れ，ふたをしてしばらく置いた</u>。30分後に顕微鏡で観察したところ，花粉管が伸びているようすが見られた。図2はその模式図である。

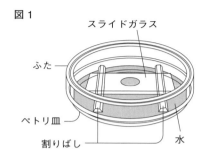

図1

(1)　下線部のようにするのはなぜか。その理由を書け。
　　[　　　　　　　　　　　　　　　　　　　　]

(2)①　よく伸びた花粉管に酢酸オルセイン溶液(または酢酸カーミン溶液)をたらすと，図2のように，花粉管内の細胞Aが染色された。細胞Aの名称を書け。

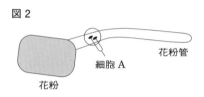

図2

　　　　　　　　　　　　　　[　　　　　　　　]

②　花粉管のはたらきを説明した次の文の(　　)にあてはまる適切なことばを書け。

　　　　　　　　　　　　　　[　　　　　　　　]

　　花粉管により，細胞Aが子房内にある(　　　　　)のなかの卵細胞まで運ばれ受精し，受精卵ができる。

(3)　ホウセンカでは，からだをつくっている細胞の染色体の数は14本である。ホウセンカの卵細胞と受精卵の染色体の数はそれぞれ何本になるか書け。

　　　　　　　　　　卵細胞[　　　　　]　受精卵[　　　　　]

(4)　花粉管がよく伸びる条件を調べるために，同様の実験を100cm³の水に溶かす砂糖の質量を変えて行ったところ，表のようになった。花粉が水だけでも花粉管を伸ばした理由として適切なものを次のア～エから1つ選び，記号で答えよ。　[　　　　]

100cm³の水に溶かす砂糖の質量〔g〕	0	10	20
花粉10個の花粉管の平均の長さ〔mm〕	0.4	0.7	0.1

ア　花粉が光合成をしたから。

イ　花粉が花粉中の養分を使ったから。

ウ　花粉が細胞の数をふやしたから。

エ　花粉が減数分裂したから。

ガイド　(4)砂糖水中の砂糖と同じはたらきをするものは何か。

037 ▷ [細胞とその成長]

植物の成長に関する次の文を読み，あとの問いに答えなさい。

　　タマネギを使って，植物の根が成長するしくみを調べた。

〔観察〕　図1のタマネギの根に，先端から3mm間隔に油性のペンで印をつけて，24時間後の印の位置を観察した。図2は，その印の位置を模式的に表したものである。また，下の表は，24時間後の根のA～Cの部分を切りとり，酢酸オルセイン溶液をたらし，3枚のプレパラートを顕微鏡で観察したときの記録をまとめたものである。

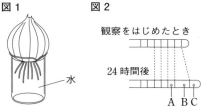

(1)　表の下線部のまるいつくりは何か，その名称を書け。
　　　[　　　　　　　　　]

(2)　プレパラートYで，ひも状のつくりが見えた。このことから，プレパラートYをつくるために切りとった部分では，どのようなことが起こっていると考えられるか，書け。
　　[

プレパラート	X	Y	Z
顕微鏡で観察した細胞のスケッチ（400倍）			
細胞の形や大きさなど	細長い形の大きい細胞が見えた。	小さい細胞がたくさん見えた。	四角い形の細胞が見えた。
細胞の中のようす	赤く染まったまるいつくりが見えた。	赤く染まったひも状のつくりが見えた。	赤く染まったまるいつくりが見えた。

(3)　プレパラートX～Zは，それぞれ図2のA～Cのどの部分からつくったものか，適切なものを，A～Cから1つずつ選んで，その記号を書け。
　　　　　　　　　　　　X[　　　　]　Y[　　　　]　Z[　　　　]

(4)　図2の「観察をはじめたとき」と「24時間後」で，Aを含む部分の両側の印が変化しなかったのはなぜか，その理由を書け。
　　[　　　　　　　　　　　　　　　　　　　　　　　　　　　　　　　　　　]

(5)　植物のからだの成長に関する次の文の（　①　）～（　③　）に入る適切な語を書け。
　　　　　　①[　　　　　　　]　②[　　　　　　　]　③[　　　　　　　]

　　ミカヅキモのような単細胞生物は，からだが1個の細胞でできている。一方，タマネギのような（　①　）生物の植物では，まず，からだの一部分で細胞の数が（　②　）し，つづいて，その1つ1つの細胞が（　③　）することで，からだ全体が成長している。

ガイド　(4) どのようなときに印は移動するか。

最 高 水 準 問 題 ——————————————————— 解答 別冊 p.14

038 タマネギの種子を用いて，次の①〜⑦の順に操作して細胞分裂のようすを観察した。これについて，あとの問いに答えなさい。

(三重・高田高國)

① 水でしめらせた脱脂綿の上に種子をまいて，発芽させる。

② 根の先端から約5mmのところで切りとって，これを材料とする。

③ （　い　）

④ （　ろ　）

⑤ （　は　）

⑥ （　に　）

⑦ 顕微鏡を用いて観察する。

(1) 次のA〜Dの文は，空欄（　い　）〜（　に　）にあてはまる操作を述べたものである。その組み合わせとして正しいものを，右の表のア〜カから1つ選べ。　[　　　]

A　材料をうすい塩酸に浸す。

B　親指で強く押しつぶす。

C　カバーガラスをかける。

D　材料を染色する。

	ア	イ	ウ	エ	オ	カ
（　い　）	A	A	B	B	D	D
（　ろ　）	D	D	D	D	A	A
（　は　）	B	C	A	C	B	C
（　に　）	C	B	C	A	C	B

(2) (1)でAの操作を行う理由は何か。正しいものを次のア〜カから1つ選べ。　[　　　]

ア　細胞壁をなくして，核を観察しやすくするため。

イ　細胞を脱色するため。

ウ　1つ1つの細胞をかたくして，変形させないため。

エ　細胞どうしを離れやすくするため。

オ　アルカリ性になっている材料を酸性にするため。

カ　細胞内の水分を取りのぞくため。

難(3) タマネギの根の細胞分裂について正しく説明している文を，次のア〜カからすべて選べ。

[　　　]

ア　この細胞分裂は減数分裂である。

イ　分裂後の細胞の染色体の数は，分裂前の染色体の数の2倍になる。

ウ　この細胞分裂は体細胞分裂である。

エ　分裂後の細胞は元の大きさまで大きくなる。

オ　この細胞分裂はタマネギの根のすべての部分で行われる。

カ　分裂後の細胞の染色体の数は，分裂前の染色体の数の半分になる。

(4) 次の文は，タマネギの種子がつくられる過程を述べている。空欄（　①　）〜（　③　）にあてはまる語を書け。　①[　　　]　②[　　　]　③[　　　]

　タマネギの花で受粉が行われると，花粉から花粉管が伸びていく。精細胞は花粉管を通り胚珠に達すると，精細胞の核と卵細胞の核が合体する。合体したあとの受精卵は分裂をくり返して（　①　）となり，（　②　）は種子となり，（　③　）は果実となる。

039 被子植物の生殖について調べるために，次の調査や実験を順に行った。これについて，あとの
問いに答えなさい。 （栃木県）

1　被子植物のめしべを調べたところ，花粉がつく柱頭と胚珠の間には距離が
あった。

図1

2　ホウセンカの花粉を，砂糖水を一滴落としたスライドガラスに散布した。

図2

3　すぐに，顕微鏡で花粉を観察した。初めは低倍率で，次に高倍率で観察し
たところ，花粉は図1のようであった。

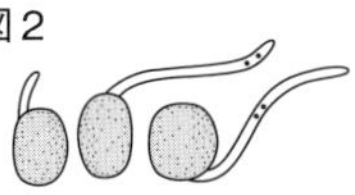

4　10分後，花粉を酢酸オルセイン溶液で染色した。再び，顕微鏡で観察したところ，花粉は図2
のようになっていた。

(1)　次のうち，顕微鏡観察で下線部のように観察する理由として，最も適切なものはどれか。
[　　　　　]

ア　低倍率の方が，視野が暗く，目が疲れずに観察できるから。

イ　低倍率の方が，視野が広く，注目したい部分を見つけやすいから。

ウ　低倍率の方が，観察物の輪かくがはっきり見え，しぼりの調節をしやすいから。

(2)　次の　　　　　　内の文章は，受粉後の花粉のようすについて述べたものである。図1，図2を参考
にして，①と②にあてはまる語をそれぞれ書け。

①[　　　　　　]　②[　　　　　　]

花粉がめしべの柱頭につくと（　①　）が伸びる。その中を（　②　）が移動していき，胚珠の
中にある卵細胞に達すると，たがいの核が合体して受精卵ができる。

(3)　被子植物であるイチゴは，受精によって種子をつくるが，イチゴ農家では一般に親のからだの一
部を分けて育てている。そうする利点を「形質」という言葉を用いて簡潔に書け。

[　　　　　　　　　　　　　　　　　　　　　　]

040 生殖に関する説明として正しいものをすべて選び記号で答えなさい。（東京・お茶の水女子大附高）
[　　　　　]

ア　有性生殖では，両親から遺伝子をうけつぐ。

イ　ジャガイモは，イモによる無性生殖のみを行う。

ウ　花が咲き種子をつくる植物でも，無性生殖を行うことがある。

エ　植物では，精細胞と卵細胞の受精を特に受粉と呼んでいる。

オ　植物の受精卵は，減数分裂を行って種子の中の胚になる。

カ　細胞の染色体数が44本の生物では，生殖細胞の染色体数は11本である。

解答の方針

038　(3)体細胞分裂と減数分裂のちがいを考える。

039　(3)親のからだの一部を分けて育てる場合のふえ方は無性生殖である。

041 次の文を読み，あとの問いに答えなさい。

(福岡・久留米大附設高改)

植物の根の成長について調べるため，温度を一定に保った暗室の中で芽ばえを成長させる実験を行った。(a)図1に示すように，根の先端から1mmの間隔で根の表面に印（0～10）をつけ，0時間（実験開始時間）から8時間まで，根の成長にともなって変化する印の位置を連続的に記録した。根の成長速度は一定であったが，各印間の成長速度は異なっていた。そこで，0時間の根と8時間の根の縦断切片を顕微鏡で観察しながら，表皮細胞の長さを測定した。その結果，図2に示すように，個々の表皮細胞の長さは根の先端からの距離によって異なっていた。(b)また，測定した根の先端から1～12mmの部分では，0時間の根と8時間後の根で得られた結果はほぼ同じであった。

図1

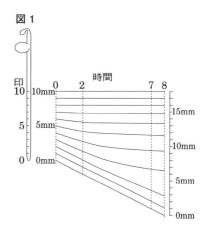

図2

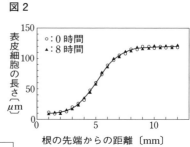

(1)① 下線部(a)の実験をはじめてから，2時間後と7時間後における，各印間の成長速度の分布を示す図として最も適当なものを，下の図のA～Dのなかからそれぞれ1つずつ選べ。　2時間後［　　　］　7時間後［　　　］

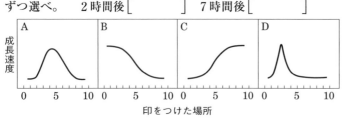

② 実験をはじめてから16時間後に成長速度が最大になるのは，どの印間の細胞と推定されるか。ア～コのなかから最も適当なものを1つ選べ。　　　　　　　　　　　　　　　　［　　　　］

ア　0～1　　イ　1～2　　ウ　2～3　　エ　3～4　　オ　4～5
カ　5～6　　キ　6～7　　ク　7～8　　ケ　8～9　　コ　9～10

(2)① 下線部(b)のように，根の先端から1～12mmまでの間では表皮細胞の長さの分布は一定であることがわかる。0時間に根の先端から3mmと5mmの位置にあった表皮細胞は，実験をはじめてから8時間後には先端から何mmの位置にあるか。さらに，実験をはじめてから16時間後ではどの位置にあると考えられるか。図1の結果から考えて，次のア～シのなかから最も適当なものをそれぞれ1つずつ選べ。

根の先端から3mmの位置　8時間後［　　　］　16時間後［　　　］

根の先端から5mmの位置　8時間後［　　　］　16時間後［　　　］

ア　4.5mm　　イ　6.5mm　　ウ　8.0mm　　エ　9.4mm

オ　10.6mm　　カ　11.8mm　　キ　13.4mm　　ク　14.2mm

ケ　16.0mm　　コ　17.0mm　　サ　18.8mm　　シ　19.8mm

② 図2より，根の先端から3mmと5mmの位置にある表皮細胞の長さは，およそ20μmと60μmであることがわかる。0時間に根の先端から3mmと5mmの位置にあった表皮細胞の長さは，実験をはじめてから8時間後には何倍になっているか。さらに，実験をはじめてから16時間後

ではどうか。次のア〜クのなかから最も適当なものをそれぞれ1つずつ選べ。なお，1μm は 1000分の1mm である。

根の先端から3mmの位置　8時間後［　　　　］　16時間後［　　　　］

根の先端から5mmの位置　8時間後［　　　　］　16時間後［　　　　］

ア　1.2倍　　イ　1.5倍　　ウ　2倍　　エ　2.5倍

オ　3倍　　　カ　4倍　　　キ　5倍　　ク　6倍

042 秋から春にかけてスーパーマーケットや青果店に出回る柑橘類(ミカンやナツミカン，ユズ，キンカンなど)について，次の問いに答えなさい。　　　　　　　　　　　(東京・筑波大附高[改])

(1)　ナツミカンの皮をむくと中袋(房)が現れ，中袋の皮をむくと果汁をたくさん含んだ粒々が出てくる。粒々の間に種子が数粒存在する。種子は中袋のどの部分に存在するか。次のア〜エから種子の位置を正しく示しているものを1つ選び，記号で答えよ。なお，中袋の中の粒々は省略してある。
　　　［　　　　］

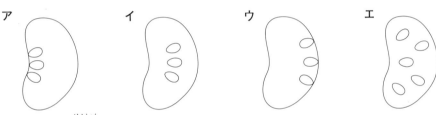

(2)　種子植物の繁殖はふつう種子の形成によって行われる。種子の形成には受粉が必要である。受粉の方法の違いにより，種子植物は風媒花(花粉が風によっておしべからめしべの柱頭に運ばれるもの)と虫媒花(花粉が昆虫などによっておしべからめしべの柱頭に運ばれるもの)に分けられる。次のア〜エからナツミカンと同様の受粉をするものを1つ選び，記号で答えよ。　　　　　　　［　　　　］

ア　アブラナ　　イ　イチョウ　　ウ　トウモロコシ　　エ　マツ

(3)　果樹園では柑橘類を種子ではなく接ぎ木という人の手による無性生殖によってふやす。右図は増やしたい柑橘類の親木から枝を切り，台木に接いでいるようすを示している。台木には，同じミカン科のカラタチを使うことが多い。柑橘類を接ぎ木でふやす理由として最も適切なものを，次のア〜エから1つ選び，記号で答えよ。　　　　　　　　　　　　　　　　［　　　　］

ア　種子の発芽率がとても低いから。

イ　種子の芽生えはカラスやハトなどに食われてしまうから。

ウ　種子から育てると，実をつけないから

エ　種子から育ったものは，親木の性質をうけつぐものになるとは限らないから。

解答の方針

041　(2)まず図1から8時間後の値を読み取り，伸びていない部分に注目する。

042　(3)無性生殖と有性生殖のちがいを考える。

2 遺伝の規則性と遺伝子

043 [遺伝の規則性(1)]

メンデルの行った，エンドウを使った以下の実験を読み，あとの問いに答えなさい。

> 〔実験1〕 丸形の種子をつくる純系のエンドウの花に，しわ形の種子をつくる純系のエンドウの花粉を受粉させたところ，できた種子(子にあたる個体)はすべて丸形であった。
>
> 〔実験2〕 実験1でできた丸形の種子(子にあたる個体)を育てて自家受粉させると，できた種子(孫にあたる個体)は丸形としわ形の両方であった。

図1は実験1における遺伝子のうけつがれ方を，図2は実験2における遺伝のしくみと組み合わせを模式的に表したものであり，丸形の形質に対応する遺伝子をR，しわ形の形質に対応する遺伝子をr，染色体を□としている。なお，図2の□には，Rまたはrが入る。

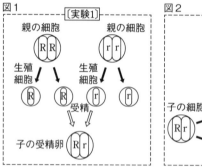 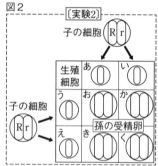

(1) 図1，図2において➡は特別な細胞分裂を表している。このような細胞分裂を何というか，書け。 [　　　　　　　]

(2) 染色体に含まれている遺伝子の本体である物質を何というか，書け。 [　　　　　　　]

(3) 次の文は，実験1の結果から，エンドウの対立形質についてまとめたものである。空欄（ X ），（ Y ）に適切な言葉を書け。　X[　　　　　　　] Y[　　　　　　　]

> 子の受精卵には，Rとrの両方の遺伝子が含まれるが，子にあたる個体には，丸形の形質しか現れなかったことから，丸形が（ X ）形質で，しわ形が（ Y ）形質である。

(4) 図2において，くがしわ形の形質を表すとすると，お，かの遺伝子の組み合わせはどのように表されるか，Rとrを使って右にかき入れよ。

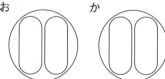

(5) 実験2でできた孫にあたる個体のうち，しわ形の種子の数は1850個であった。このとき，孫にあたる個体のうち，次の①，②の条件にあてはまる種子はいくつあると考えられるか，最も適切だと考えられる個体をあとのア～オから1つずつ選び，記号で答えよ。　①[　　　　　] ②[　　　　　]

①丸形の種子

②丸形の種子のうち，Ｒとｒの両方の遺伝子が含まれる種子

ア 620個　　　イ 1250個　　　ウ 1850個　　　エ 3700個　　　オ 5550個

重要 044 [生殖と遺伝]

次の文は，エンドウの種子の形の遺伝について述べたものである。あとの問いに答えなさい。

図1

丸い種子をつくる純系のエンドウのめしべに，しわのある種子をつくる純系のエンドウの花粉をつけたところ，できた種子はすべて丸かった。右の図1は，この遺伝のしくみを模式的に表したものである。

・種子を丸くする遺伝子をA，しわにする遺伝子をaとする。

・丸い種子をつくる純系はAA，しわのある種子をつくる純系はaaのように遺伝子が対になっている。

・<u>対になっている遺伝子は，1つずつ別々の生殖細胞に入る。</u>

・子ができるときに，遺伝子の新しい対ができる。子の遺伝子の組み合わせはすべてAaとなる。

(1)① エンドウの種子の形について，丸いものはしわのあるものに対して何という形質か。次のア・イから選べ。　　　　　　　　　　[　　　　　]

ア 顕性形質（顕性の形質）　　　イ 潜性形質（潜性の形質）

② ①の形質について述べたものとして，最も適当なものを，次のア～エから1つ選べ。　　　　　　　　　　[　　　　　]

ア 異なる2つの形質のうち，生物が生存していくうえで有利な形質である。

イ 異なる2つの形質のうち，生物が生存していくうえで不利な形質である。

ウ 形質の異なる純系をかけ合わせたときに，子に現れるほうの形質である。

エ 形質の異なる純系をかけ合わせたときに，子に現れないほうの形質である。

(2) 文中の下線部のような遺伝の法則を何の法則というか，ひらがなで書け。また，遺伝子の本体である物質の略称（略した名称）を何というか，アルファベットの大文字3字で書け。

法則[　　　　　]の法則　略称[　　　　　]

(3) 右の図2は，エンドウの種子の形について，遺伝子の組み合わせがAaである子の自家受粉によって孫ができるときの遺伝子のしくみを模式的に表そうとしたものである。図1にならって図2を完成させよ。答えは，図2にかき入れよ。

また，この自家受粉によってできる孫のうち，丸い種子はおよそ何％と考えられるか。最も適当なものを，次のア～カから1つ選べ。　　　[　　　　　]

ア 25%　　　イ 33%　　　ウ 50%

エ 67%　　　オ 75%　　　カ 100%

図2

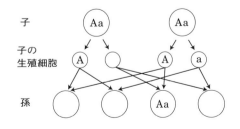

045 〉[遺伝の規則性(2)]

19世紀の中ごろ，メンデルはエンドウを用いて，下の実験1と実験2のような実験をくり返し行うなどして，遺伝に規則性があることを発見した。これについて，あとの問いに答えなさい。

〔実験1〕

〔方法〕　子葉が黄色の純系のエンドウ(親)のめしべに，子葉が緑色の純系のエンドウ(親)の花粉をつけて種子(子)をつくった。この種子をよく観察して，子葉の色を調べた。

〔結果〕　子葉の色は，すべて黄色であった。

〔実験2〕

〔方法〕　**実験1**の方法でつくった種子(子)をまいて育て，自家受粉させて種子(孫)をつくった。この種子(孫)をよく観察して，子葉の色を調べた。

〔結果〕　子葉が黄色の種子と子葉が緑色の種子の数の比は，およそ3：1になった。

(1)　次の文は，エンドウの花のつくりと自家受粉の関係について説明したものである。文中の（　　）に，適切な語句を入れよ。　　　　　　　　　　　　　　　　[　　　　　　　]

　　　エンドウの花は，めしべとおしべが特別なかたちの（　　）に包まれているため，ほかの花の花粉では受粉しにくいつくりである。したがって，エンドウは自然の状態では自家受粉して種子をつくる。

(2)　図は，黄色の形質を伝える遺伝子をA，緑色の形質を伝える遺伝子をaとして，**実験2**における子葉の形質の伝わり方を示そうとしたものである。

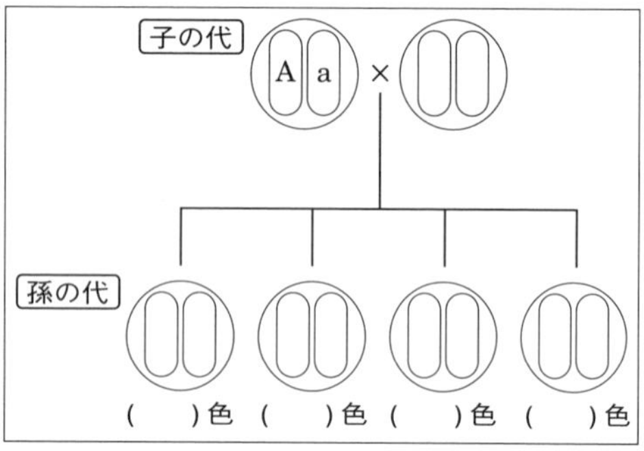

　①　子の代の◯◯にあてはまる遺伝子の組み合わせを書け。

　　　　　　　[　　　　　　　]

　②　孫の代の◯◯にあてはまる遺伝子の組み合わせと，その組み合わせが表す子葉の色を，それぞれ書け。

　　　　　遺伝子の組み合わせ[　　　　　]　子葉の色[　　　　]
　　　　　遺伝子の組み合わせ[　　　　　]　子葉の色[　　　　]
　　　　　遺伝子の組み合わせ[　　　　　]　子葉の色[　　　　]
　　　　　遺伝子の組み合わせ[　　　　　]　子葉の色[　　　　]

ガイド　(2)子葉が黄色の純系のエンドウ(親)の遺伝子の組み合わせはAA，子葉が緑色の純系のエンドウ(親)の遺伝子の組み合わせはaaである。

046 [遺伝の規則性(3)]

遺伝の規則性について述べた次の文を読み，あとの問いに答えなさい。

　赤い花が咲く純系のマツバボタン(親)の花粉を，白い花が咲く純系のマツバボタン(親)のめしべにつけてできた種子をまいたところ，子のマツバボタンは，すべて赤い花が咲く個体であった。

　次に，赤い花が咲く子どうしをかけ合わせてできた種子(孫)をまいたところ，孫のマツバボタンは，赤い花が咲く個体の数が434，白い花が咲く個体の数が144であった。図は，このときの形質の伝わり方を示したものである。

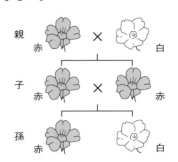

　マツバボタンの花の色を赤くする遺伝子をA，白くする遺伝子をaとすると，体細胞の遺伝子の組み合わせには，AA，Aa，aaがある。図の「子」の体細胞の遺伝子と，「孫のうち赤い花が咲く個体」の体細胞の遺伝子について，正しい組み合わせを，表のア〜エから選び，記号で答えよ。　　　　　　　　　　　　　　　　　　　　　　　　　[　　　　　]

	ア	イ	ウ	エ
子	AA	AA	Aa	Aa
孫のうち赤い花が咲く個体	AA,aa	Aa,aa	AA,Aa	Aa,aa

ガイド 孫に白い花の個体(aa)が発生していることから，可能性のある子の遺伝子の組み合わせを考える。

047 [遺伝の規則性(4)]

エンドウは受粉したのち受精して子孫を残す。このとき，親の形質は子に伝えられる。エンドウの形質の1つに種子の形があり，これには，丸としわがある。図1はそれらを模式的に示したものである。これについて，次の文を読みあとの問いに答えなさい。

図1 ◯ 丸　　しわ

図2
親 —受粉させる→
しわのある種子をつくる純系　丸い種子をつくる純系
子 ◯ すべて丸い種子になった
まいて育てる
自家受粉させる

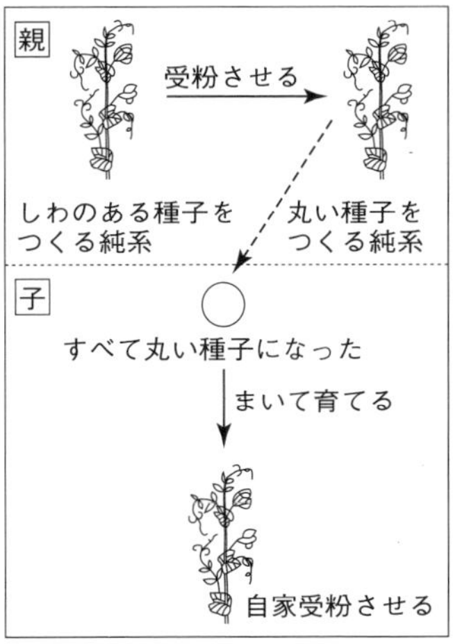

　図2のように，①しわのある種子をつくる純系のエンドウの花粉を丸い種子をつくる純系のエンドウの花に受粉させると，子はすべて丸い種子になった。さらに，②できたすべての種子をまいて育てたのち，自家受粉させた。

(1) 下線部①のように，一方の親の形質だけが子に現れるとき，その現れる形質を何というか。[　　　　　　　　　　]

(2) 下線部②の結果，12000個の種子ができた。このうち，しわのある種子は何個と考えられるか。最も適当なものを，次のア〜エから選べ。　　　　　　　　[　　　　　]

　ア 3000個　　イ 4000個　　ウ 6000個　　エ 8000個

最高水準問題

解答 別冊 p.16

048 次の文章を読んで，あとの問いに答えなさい。

（京都・洛南高）

　すべての生物は同じ種の子孫をつくって個体をふやしている。生物の特徴が親から子へと遺伝することは，古くから知られていたが，現在わかっている遺伝のしくみは，19世紀にメンデルによって発見された。メンデルはエンドウを用いた遺伝の実験を行った結果，生物の特徴のもとになる「遺伝子」が存在すると考えた。このときメンデルが注目したエンドウの特徴の1つに種子（マメ）の色がある。

　メンデルは何世代にもわたってエンドウの自家受粉（柱頭に同じ個体の花粉をつけること）をくり返すことにより，どれだけ自家受粉をしても種子が緑色にしかならない個体（個体①とする）や，種子が黄色にしかならない個体（個体②とする）を得た。そして，これらの個体を用いて次の図のようなかけ合わせを行った。

実験 1

個体①の花粉を個体②の柱頭に受粉させる

個体①（緑色）　個体②（黄色）

得られた種子

すべて黄色
（その1つを個体③とする）

実験 2

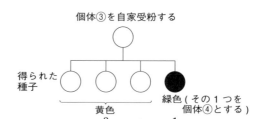

個体③を自家受粉する

得られた
種子

黄色　　　　緑色（その1つを
　　　　　　　　個体④とする）

3　：　1

　メンデルはこの結果から，種子の色を黄色にする遺伝子をA，種子の色を緑色にする遺伝子をaとして，次のような遺伝のしくみがあると考えた。

〔メンデルの発見した遺伝のしくみ〕

・エンドウの個体は，種子の色を決定する遺伝子を2個もっている。

・種子の色を決定する遺伝子が1個でもAのとき種子は黄色になり，2個ともaのとき緑色になる。

・花粉や胚珠がつくられるときには，種子の色を決定する2個の遺伝子のうち，どちらか1個が選ばれて花粉や胚珠に入る。

・受精によってできる種子には，花粉のもつ遺伝子と胚珠のもつ遺伝子が両方とも入る。

(1)　遺伝は，細胞の核内にある染色体に含まれている遺伝子が，親から子へと伝えられることによって行われる。1個の細胞に含まれる染色体の数は生物の種によって一定で，受精によって2個の細胞が合体しても，子の染色体の数が親の倍になることはない。その理由として正しいものを，次のア～エのなかから1つ選んで，記号で答えよ。　　　　　　　　　　　　　　　　　　　[　　　　]

　ア　花粉の染色体は受精するときに受精卵に入らないから。

　イ　花粉や胚珠がつくられるときに染色体の数が半分になるから。

　ウ　受精のあとに同じ形の染色体どうしが合体するから。

　エ　受精のあとの細胞分裂で染色体の数が半分になるから。

(2)　図の個体②，③，④のもつ種子の色を決定する遺伝子について正しいものを，それぞれ次のア〜
ウのなかから1つ選んで，記号で答えよ。　　　　　②[　　　　]　③[　　　　]　④[　　　　]

　ア　Aを2個もっている。

　イ　aを2個もっている。

　ウ　Aとaを1個ずつもっている。

(3)　図の黄色の種子から育てた個体⑤と，緑色の種子から育てた個体⑥がある。個体⑤の花粉を個体
⑥の柱頭につけたところ，得られた種子は黄色のものと緑色のものが1:1となった。個体⑤のも
つ遺伝子について正しいものを，(2)のア〜ウのなかから1つ選んで，記号で答えよ。　[　　　　]

(4)　メンデルの発見した遺伝子のしくみとは異なる，次の仮説によって，図の結果を説明できるかど
うかを考える。あとの文章中の（　(あ)　），（　(い)　），（　(う)　），（　(お)　）にあてはまるものを，ア
〜オのなかから，（　(え)　），（　(か)　）にあてはまるものを，カ〜コのなかからそれぞれ1つ選んで，
記号で答えよ。

(あ)[　　　　]　(い)[　　　　]　(う)[　　　　]

(え)[　　　　]　(お)[　　　　]　(か)[　　　　]

〔仮説〕

（下線部はメンデルの発見した遺伝のしくみとは異なる部分を表している。）

・エンドウの個体は，種子の色を決定する遺伝子を1個もっている。

・種子の色を決定する遺伝子がAのとき種子は黄色になり，aのとき緑色になる。

・花粉や胚珠がつくられるときには，種子の色を決定する1個の遺伝子がそのまま花粉や胚珠に入る。

・受精によってできる種子には，胚珠のもつ遺伝子が入る。

　仮説が正しいとすると，図の個体①は（　(あ)　），個体②は（　(い)　）となるので，実験1で得られる
種子は（　(う)　）となり，その色は（　(え)　）となるはずである。そして実験2で得られる種子は（　(お)　）
となり，その色は（　(か)　）となるはずである。したがって仮説のような遺伝のしくみでは，図の結果
を説明できないことがわかる。

　ア　Aをもつもののみ

　イ　aをもつもののみ

　ウ　Aをもつものとaをもつものが1:1

　エ　Aをもつものとaをもつものが3:1

　オ　Aをもつものとaをもつものが1:3

　カ　黄色のもののみ

　キ　緑色のもののみ

　ク　黄色のものと緑色のものが1:1

　ケ　黄色のものと緑色のものが3:1

　コ　黄色のものと緑色のものが1:3

（解答の方針）

048　(3)〔メンデルの発見した遺伝のしくみ〕から，緑色になるのは遺伝子の組み合わせがaaであることがわ
かる。これをもとに個体⑤のもつ遺伝子を考える。

　(4)種子の色を決定する遺伝子が1個である場合，実験1，実験2と同様にかけ合わせを行ったとき次の
世代の遺伝子がどのようになるか考える。

049 次の文章を読み，あとの問いに答えなさい。 （鹿児島・ラ・サール高）

エンドウの種子の形には丸形としわ形があり，子葉の色には黄色と緑色がある。このエンドウを用いて，いろいろなかけ合わせを行った。

親世代として，①丸形・緑色と②しわ形・黄色をかけ合わせ，第一子世代を得た。第一子世代はすべて③丸形・黄色だった。次に，この第一子世代に生じた丸形・黄色どうしをかけ合わせて，第二子世代を得た。第二子世代は④丸形・黄色：丸形・緑色：しわ形・黄色：⑤しわ形・緑色＝9：3：3：1の比で生じていた。

第二子世代において，丸形のなかでもしわ形のなかでも黄色：緑色＝3：1の比で生じており，同様に黄色のなかでも緑色のなかでも丸形：しわ形＝3：1の比で生じていた。これらのことから，種子の形と子葉の色は互いに影響しあうことなく，独立に遺伝していることがわかった。なお，丸形の遺伝子はA，しわ形の遺伝子はa，黄色の遺伝子はB，緑色の遺伝子はbとする。

(1) 親世代の下線部①，②，第一子世代の下線部③の遺伝子の組み合わせはそれぞれどれか。次のア～ケから選べ。 ①［ 　 ］ ②［ 　 ］ ③［ 　 ］

　ア AABB 　　イ AABb 　　ウ AAbb 　　エ AaBB 　　オ AaBb

　カ Aabb 　　キ aaBB 　　ク aaBb 　　ケ aabb

(2) 親世代の下線部①，②，第一子世代の下線部③がつくる生殖細胞の遺伝子の組み合わせとその比はそれぞれどれか。次のア～クから選べ。 ①［ 　 ］ ②［ 　 ］ ③［ 　 ］

　ア AB：Ab：aB：ab＝1：1：1：1 　　　イ AB：Ab：aB：ab＝1：2：2：1

　ウ AB：Ab：aB：ab＝1：2：3：4 　　　エ AB：Ab：aB：ab＝2：1：1：2

　オ ABのみ 　　　カ Abのみ 　　　キ aBのみ 　　　ク abのみ

(3) 第二子世代の下線部④の遺伝子の組み合わせとその比はどれか。次のア～オから選べ。［ 　 ］

　ア AABB：AABb：AaBB：AaBb＝1：2：2：4

　イ AABB：AABb：AaBB：AaBb＝1：2：3：3

　ウ AABB：AABb：AaBB：AaBb＝1：2：4：2

　エ AABB：AABb：AaBB：AaBb＝3：3：2：1

　オ AABB：AABb：AaBB：AaBb＝4：2：2：1

難(4) 第二子世代の下線部④がつくる生殖細胞の遺伝子の組み合わせとその比はどれか。次のア～オから選べ。 ［ 　 ］

　ア AB：Ab：aB：ab＝1：2：2：4 　　　イ AB：Ab：aB：ab＝1：2：3：3

　ウ AB：Ab：aB：ab＝1：2：4：2 　　　エ AB：Ab：aB：ab＝3：3：2：1

　オ AB：Ab：aB：ab＝4：2：2：1

難(5) いろいろなかけ合わせを行い，その子世代の種子の形と子葉の色の最も簡単な整数比を調べ，表にまとめた。

かけ合わせ ＼ 子世代	子世代の種子の形と子葉の色の最も簡単な整数比 丸形・黄色：丸形・緑色：しわ形・黄色：しわ形・緑色			
下線部⑤と⑥	1	1	1	1
⑦と⑧	3	1	3	1
Aabb と aaBb	(あ)	(い)	(う)	(え)

⑥～⑧の遺伝子の組み合わせを(1)の選択肢よりそれぞれ選べ。また，(あ)～(え)にそれぞれ数字を入れよ。

⑥［ 　 ］ ⑦［ 　 ］ ⑧［ 　 ］ (あ)：(い)：(う)：(え)＝［ 　 ］

050 次の文章を読み，あとの問いに答えなさい。 （大阪星光学院高改）

　受精では雌雄の生殖細胞から等しい種類の染色体が合わさるため，からだを構成する細胞(体細胞)の染色体が2本ずつ対をなして存在している。また，染色体数は同じ生物種であれば一定であるため，この生殖細胞の形成には体細胞の対をなしていた染色体が分離し，新しい生殖細胞に入り，染色体数が半減する分裂(減数分裂)が行われる。

　被子植物でも受精により子孫をふやす。被子植物では花のおしべの葯の中で減数分裂が行われるが，その後，特殊な細胞分裂を1回行い，成熟した花粉となる。花粉は受粉したあとに発芽し，さらに花粉管の中で精細胞になるもとの細胞(雄原細胞)が，細胞分裂を1回行うことにより2つの①精細胞がつくられる。この2つの精細胞のうちの1つが卵と受精し，もう1つの精細胞は胚乳をつくるために使われる。

　メンデルはエンドウを用いて，種子の形やさやの色といった形質の遺伝について研究した。丸い種子しかつくらない個体としわの種子しかつくらない個体をかけ合わせると，雑種第1代(F_1)には丸い種子のみがつくられ，②そのF_1を育て自家受粉させると，雑種第2代(F_2)には丸い種子としわの種子が3：1の比でつくられた。メンデルは親の細胞には遺伝子(当時エレメントと呼んだ)が2つずつ存在すると仮定し，顕性形質(ここでは丸い種子)のみを示す親にAA，潜性形質(ここではしわの種子)を示す親にaaという遺伝子があり，生殖細胞に遺伝子の半分ずつが伝えられると，受精によってつくられる種子の遺伝子はすべてAaとなり，F_1には顕性形質だけが現れるとした。また，F_1の生殖細胞がつくられるときも同様にAとaが半分ずつ分かれ，その雌雄の組み合わせによって，F_2ではAAとAaとaaの遺伝子が1：2：1の比でつくられるため，F_2の形質は丸い種子としわの種子が3：1になると説明した。

(1) 下線部①に関して，親植物の体細胞の遺伝子をAaとし，ある発芽した花粉の2つの精細胞のうち1つの精細胞がAで表されたとすると，もう1つの精細胞はどのように表すことができるか答えよ。 ［　　　　　　］

(2) 下線部②に関して，F_2にしわの種子が100個つくられていたとすると，同じF_2の中で遺伝子がAaをもつ種子はいくらつくられていると考えられるか。その数を答えよ。 ［　　　　　　］

(3) 遺伝子がAAの種子を1つ，Aaの種子を2つ，aaの種子を1つそれぞれまいて育て，咲いたそれぞれの花の中で自家受粉をさせた場合，つくられた種子には，しわの種子が全体で450個あった。つくられた種子の中で遺伝子がAaの種子はいくつあると考えられるか。その数を答えよ。ただし，1つの種子から育った植物からは同じ数の種子がつくられるものとする。 ［　　　　　　］

解答の方針

049 (3)(4)まず第二子世代の個体がもつ4種の遺伝子型を考える。

　　 (5)⑤には丸形，黄色を生じる遺伝子がないが⑥をかけ合わせたときに，丸形・黄色の子を生じていることから⑥を考える。

050 (3)遺伝子がAA，Aa，aaのとき，自家受粉してできる個体の遺伝子型を考え，AA，Aa，aaの比を考える。

3 生物の多様性と進化

標 準 問 題 ──────────────────────── (解答) 別冊 p.18

重要 **051** [脊椎動物の進化]

次の文を読み，あとの問いに答えなさい。

　脊椎動物は，呼吸のしかたやからだの表面のようす，子のうまれ方のちがいで，魚類，両生類，は虫類，鳥類，哺乳類の，5つのなかまに分けることができる。はじめ，地球上にいる脊椎動物は，水中で生きる魚類だけだった。今から約3億6000万年前，陸上で生活する最初の　A　が現れた。つづいて約3億年前，　A　のなかまから，陸上生活をするのにつごうよく変化した　B　が現れた。さらに約2億年前には　C　が，約1億5000万年前には発展した　B　のなかまから　D　が現れた。

(1) 上の文のA～Dに適する語句を答えよ。　　A[　　　　　] B[　　　　　]
　　　　　　　　　　　　　　　　　　　　　 C[　　　　　] D[　　　　　]

(2) アオウミガメは一生のほとんどを海の中で過ごすが，は虫類に分類されている。アオウミガメがは虫類であることを示す特徴を3つ，次のア～コより選び，記号で答えよ。

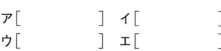

　ア　えらで呼吸する。　　　　　イ　肺で呼吸する。
　ウ　肺と皮ふで呼吸する。　　　エ　皮ふはしめっている。
　オ　体表はかたいうろこでおおわれている。
　カ　体表は羽毛でおおわれている。
　キ　体表は毛でおおわれている。
　ク　殻のない卵をうむ。　　　　ケ　殻のある卵をうむ。
　コ　子は母体内である程度育ってからうまれる。

(3) 図は，脊椎動物の5つのなかまがどのように進化してきたのかを示した分岐図で，系統樹とよばれる。図の空欄ア～エにあてはまる名称を答えよ。

　　ア[　　　　　] イ[　　　　　]
　　ウ[　　　　　] エ[　　　　　]

ガイド (3)(1)で穴埋めができていればできる問題である。は虫類と哺乳類はそれぞれ両生類のなかから進化し，鳥類はは虫類のなかから進化した。

052 〉[進化の証拠(1)]

次の文を読み，あとの問いに答えなさい。

　右の図は前あしに起源をもつ，コウモリの翼，クジラのひれ，ヒト
の腕について，それぞれの骨格を示したものである。

コウモリ　クジラ　ヒト

(1)　コウモリ，クジラ，ヒトは，生活場所が異なり，前あしのはたら
　　きが異なる。このように，現在の形やはたらきは異なっていても，
　　元は同じ器官であったと考えられるものを何というか。言葉で書け。
　　　　　　　　　　　　　　　　　　　　[　　　　　　　　　]

(2)　約1億5000万年前の地層からシソチョウの化石が発見された。シソチョウは，そのから
　　だのつくりから，鳥類とあるグループの両方の特徴をもつと考えられる。そのグループとし
　　て最も適切なものを，次のア〜エから1つ選び，記号で答えよ。　　　[　　　　　]
　　ア　哺乳類　　　イ　は虫類　　　ウ　両生類　　　エ　魚類

053 〉[進化の証拠(2)]

シソチョウがもつ，は虫類と共通し進化の証拠とされる特徴を1つ簡潔に答えなさい。
　　　　　　　　　　　　　　　[　　　　　　　　　　　　　　　　　　]

054 〉[生物の変遷と進化]

人類の誕生を700万年前，地球の年齢を46億年，宇宙の年齢を138億年として，次の問いに
答えなさい。

(1)　46億年の時間の長さを4m(教室の黒板の長辺程度)とすると，人類の誕生から現在まで
　　の時間の長さは，何cmになるか，小数第1位まで求めよ。　　　[　　　　　]

(2)　海洋プレートをつくる岩石は，海底のあるところで形成され，海溝で沈み込んで消滅する。
　　したがって，海洋プレートをつくる岩石のうち，最も古いと考えられるのは海溝付近の岩石
　　である。太平洋プレートで考えると，最も古い岩石は日本海溝付近の岩石であり，形成され
　　てから約1億5000万年たっていると推定されている。この岩石が形成されたのはどのよう
　　な時代か。最も適切なものを，ア〜エのなかから1つ選び，記号で答えよ。　[　　　　]
　　ア　アンモナイトや恐竜が生息していた中生代
　　イ　アンモナイトや恐竜が生息していた新生代
　　ウ　ナウマンゾウやビカリアが生息していた中生代
　　エ　ナウマンゾウやビカリアが生息していた新生代

(3)　脊椎動物が上陸した時期を両生類のあるものから陸上の乾燥に耐えられるは虫類や哺乳類
　　に進化した時期だと考えると，最も適切な時期をア〜エから1つ選び，記号で答えよ。
　　　　　　　　　　　　　　　　　　　　　　　　　　[　　　　　]

　　ア　16億年前〜14億年前　　イ　12億年前〜10億年前
　　ウ　8億年前〜6億年前　　　エ　4億年前〜2億年前

最高水準問題 ————————————————————— 解答 別冊 p.18

055 次の文を読み，あとの問いに答えなさい。 (兵庫・灘高)

　恐竜はかつて全地球上で栄えた　A　類の大形動物であるが，中生代の終わりに絶滅してしまった。絶滅の原因はいろいろと推測されてきたが，最近では巨大な隕石の衝突が引き起こした激しい気候変化とする説が有力である。　A　類の動物で，絶滅をまぬがれ現在も見られる動物にヘビ，カメ，トカゲなどがある。またこのときの大変動を生き延びた　B　類の動物が進化して，われわれ人類が誕生したと考えられる。

(1) 恐竜が絶滅したのは，今から何年前ごろか。次のア～キから選んで，記号で答えよ。 [　　　]

　ア　6500年前　　　　イ　6万5000年前　　　ウ　65万年前　　　エ　650万年前

　オ　6500万年前　　　カ　6億5000万年前　　キ　65億年前

(2) 文中の　A　，　B　に適する語を答えよ。　A[　　　　　　] B[　　　　　　]

(3) 次にあげるいろいろな類の動物の一般的な性質ア～スのうち，現在の　A　類にはなく，　B　類にはある性質はどれか。すべて選び，記号で答えよ。 [　　　　　　]

　ア　卵生である。　　　　イ　胎生である。　　　ウ　恒温動物である。

　エ　変温動物である。　　オ　えら呼吸する。　　カ　肺呼吸する。

　キ　成長段階により呼吸方法が変わる。　　　ク　うろこやこうらでおおわれている。

　ケ　体表はしめった皮ふでおおわれている。　コ　体表は羽毛でおおわれている。

　サ　体表は毛でおおわれている。　　　　　　シ　背骨がない。

　ス　背骨がある。

(4) (3)で選んだ性質のうち，隕石の衝突が引き起こした激しい気候変化を　B　類が生き延びるのに最も役に立ったと考えられる性質はどれか。記号で答えよ。 [　　　　　]

(難)(5) 右の図は当時の　A　類の一種とされるイクチオザウルスの復元図である。この姿は多くの特徴が現在の　B　類のイルカに非常に似ている。イクチオザウルスの姿が，類の違うイルカと似ている理由として最も適当なものを次のア～オから1つ選んで，記号で答えよ。

[　　　　　]

　ア　イクチオザウルスが進化してイルカが生まれた。

　イ　イルカが進化してイクチオザウルスが生まれた。

　ウ　どちらも少しずつ変化して水中を速く泳げる姿に進化していき，同じ姿になった。

　エ　両者が交尾するうちに姿が似てきた。

　オ　同じ魚類をえさとして食べてきたので，どちらも魚類に姿が似た。

056 次の i ～ v の脊椎動物に関して，あとの問いに答えなさい。ただし，同じ選択肢を何度選んでもよい。 (兵庫・灘高)

ⅰ　魚類　　　ⅱ　両生類　　　ⅲ　は虫類　　　ⅳ　鳥類　　　ⅴ　哺乳類

(1) 次にあげる脊椎動物は，上のどれにあてはまるか。それぞれ i ～ v から選べ。

　ヤモリ[　　　]　　　クジラ[　　　]　　　ペンギン[　　　]

　イモリ[　　　]　　　シーラカンス[　　　]

(2)　卵が一般に「から」をもつ脊椎動物を前のi～vよりすべて選べ。　　　　　[　　　　　　　]

(3)　ヒトは体内に取り込んだ食物を消化したあと，「大便」として排泄する。一方，体内で生じる窒素を含む老廃物は「小便」として排出している。ヒトの「小便」に含まれる物質として，以下の物質A～Cが知られている。

物質A　毒性がある。水溶性で，周辺の環境を汚さないように排出するには周囲に多量の水が必要である。きついにおいがあり，周囲に多量の水がない場合，他の生物に自分の居場所などを知られることになる。この物質を体内でつくる場合，ほとんどエネルギーを必要としない。

物質B　毒性はない。水溶性で，体内の水に溶かして排出するが，溶かしすぎて体液よりも濃くなるとからだに害となる。においはほとんどない。この物質を体内でつくる場合，少しのエネルギーを必要とする。

物質C　毒性はない。体内に余分な水分が少ない生物が，小便に相当するものを固形で排出する。においはほとんどない。この物質を体内でつくる場合，多くのエネルギーを必要とする。

①　環境に適した排出物をつくることのできた生物が，進化の過程で生き残ってきた。次の脊椎動物は何を排出するのが最も理想的だと考えられるか。それぞれ上の物質A～Cから選べ。

　　　　　　　　　　　　　　　　　　　　　a[　　　]　b[　　　]　c[　　　]

　　　a　オタマジャクシ　　　　b　陸上にすむカエル　　　c　哺乳類

②　ニワトリは，産卵された卵がふ化するまでに20日ほどかかり，その間，閉鎖的な卵の環境に合わせて排出物もA～Cのなかで3段階に変化する。その順番を答えよ。　[　　　　　　　]

(4)①　i・iii・ivの体温について，あてはまるものをそれぞれア～ウから選べ。

　　　　　　　　　　　　　　　　　　　　i[　　　]　iii[　　　]　iv[　　　]

　　　ア　体温を自身で上昇させられず，周囲の生活環境の温度が高くならないと活動できない。

　　　イ　体温は周囲の生活環境の温度とほぼ同じであるが，周囲の温度が何度であれ活動するのに比較的さしさわりはない。

　　　ウ　周囲の生活環境の温度に関わらず，体温を一定に保つことができる。

②　iiとiiiが寒い時期を過ごすための方法として，卵で過ごす以外にどのような方法があるか。

　　　　　　　　　　　　　　　　　　　　　　　[　　　　　　　　　　　　　　]

③　iiiとivを比較すると，1日の活動量をまかなうための食事量はどちらが多いと考えられるか。iiiかivの記号で答えよ。ただし，体重，摂取する食料の種類などの条件面はすべて同等として考えるものとする。　　　　　　　　　　　　　　　　　　　　　　　　[　　　　]

(5)　生物には「天寿を全うして老衰で死ぬ場合の限界寿命」と，「天敵による捕食や，病死などをふまえた平均寿命」がある。これらの寿命の差が大きい生物は，親の保護がないことなどによる下線部の影響が大きいと考えられる。しかしながら長期的に観察すれば，どのような生物でも個体数はいく世代にもわたってそれほど変化しない。その理由を述べた下の文の□□□□に適する語句を8字以内で書け。　　　　　　　　　　　　　　　[　　　　　　　　　　　　　　　]

　　　「親の保護がない生物は，保護がある生物と比べて□□□□。」

解答の方針

055　(2)文章中にヒントがあるので，何類かわかる。
　　　(5)　A　類のほうが先に誕生していることから考えると，イルカが進化してイクチオザウルスが生まれるということはない。

🕐 時間50分　得点

🏁 目標70点　／100

1　次の問いに答えなさい。

（鳥取県改）((1)② 8点，ほか各 4点，計40点)

(1)　生物の成長について調べるため，ソラマメの根の成長と細胞の変化について，**観察 1**，**観察 2** を行った。これについて，あとの問いに答えよ。

〔**観察 1**〕

〔操作〕　発芽したソラマメの根に等間隔に 9つの印をつけた。

〔結果〕　印をつけて 3日目には，根の先端付近がよく伸びていることが確認できた。**図 1** はその結果を表している。

〔**観察 2**〕

　印をつけて 3日目の根の細胞のようすを調べるため，**図 1** の A ～ C の部分を顕微鏡で観察した。**図 2** のア～ウはその結果を示しており，それぞれ A ～ C のいずれかの部分を観察したものである。

図 1　　　　　　　　　図 2

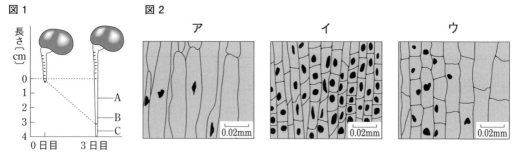

①　細胞分裂のようすが観察されるのは図 1 の A ～ C のどの部分の細胞を観察したときか。またそのようすは図 2 のア～ウのどれか。最も適当なものを，それぞれ 1つずつ選んで記号で答えよ。

②　**観察 1**，**観察 2** から，ソラマメの根が成長するとき，細胞が分裂することのほかに，どのような細胞の変化があることがわかるか，簡単に説明せよ。

(2)　**図 3** は，ジャガイモが 2種類の異なる生殖のしかた(生殖方法㋐および生殖方法㋑)によって子をつくるようすを表し，**図 4** は**図 3** のそれぞれの生殖方法を，染色体の動きを中心に表そうとした模式図である。これについて，あとの問いに答えよ。

図 3　　　　　　　　　　　　　　図 4

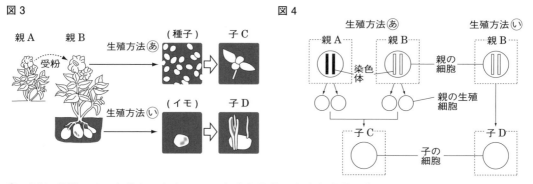

①　同じ形質のイモを得たいときには，生殖方法㋐，生殖方法㋑のうち，どちらがよいか。記号で答えよ。また，その生殖方法の名称を答えよ。

②　**図 4** において，子 C の細胞に含まれる染色体のようすを，親 A および親 B の細胞の模式図をもとに，解答欄にかけ。

(3)　生物の形質の遺伝について，次の実験を行った。

図 5 は，実験のようすを模式的に表したものである。

これについて，あとの問いに答えよ。

〔実験〕

　しわのある種子をつくる純系のエンドウの花粉を，丸い種子をつくる純系のエンドウに受粉させたところ，すべて丸い種子ができた。

①　次の文は，実験の結果から形質の遺伝について考察したものである。文中の（　あ　）〜（　う　）にあてはまる記号の組み合わせとして最も適当なものを，表のア〜エから 1 つ選んで，記号で答えよ。

〔考察〕　親の細胞では 1 つの形質についての遺伝子が 1 対になっており，生殖細胞にはその遺伝子が 1 つずつ分かれ，受精のときに再び対になる。

　実験について，丸い種子をつくる遺伝子を A，しわのある種子をつくる遺伝子を a とおいて考えると，丸い種子をつくる親の遺伝子の組み合わせは（　あ　），しわのある種子をつくる親の遺伝子の組み合わせは（　い　）となり，子の遺伝子の組み合わせはすべて（　う　）であったと考えられる。

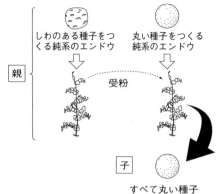

図 5

②　この実験において，形質の異なる純系を交配したとき，下線部のように子に現れる形質を何というか。次のア〜エから 1 つ選んで記号で答えよ。

　ア　中性の形質　　イ　顕性の形質　　ウ　潜性の形質　　エ　分離の形質

③　遺伝子の本体である物質を何というか，アルファベット 3 文字（大文字）で答えよ。

	あ	い	う
ア	A	a	A
イ	AA	aa	AA
ウ	AA	aa	Aa
エ	Aa	aA	Aa

(1)	①	図1		図2		②			
(2)	①	記号			名称			(2)	②
(3)	①			②			③		

2 植物の根の成長について調べるために，次の実験1と実験2を行った。これについて，あとの問いに答えなさい。

(岡山県)(各5点，計25点)

〔**実験1**〕　4cm程度に伸びたタマネギの根に油性ペンで等間隔に印をつけ，図1のように，水につけて，その後の根の成長を観察した。

〔**結果**〕　2日後には，図2のように，ア～オの印の間隔はほとんど変わらなかったが，オとカの間隔は広がっていた。また，カの印がうすく引き伸ばされていた。

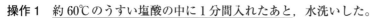

図1　タマネギ
アイウエオカ
印をつけた直後の根の一部
水

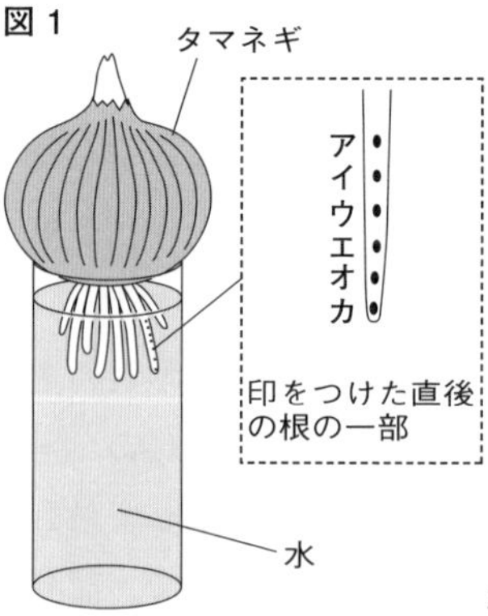

図2 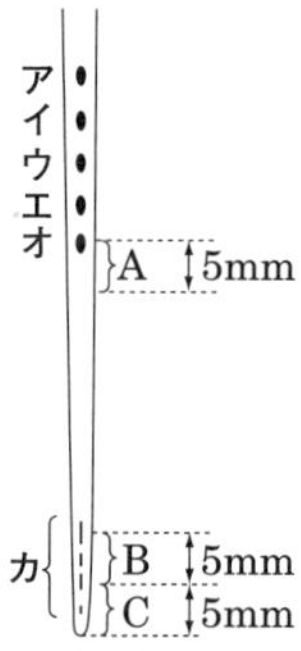
アイウエオ
A　5mm
カ　B　5mm
C　5mm
2日後の根の一部

〔**実験2**〕　図2のA，B，Cの部分を切りとり，それぞれに対して次の操作1～操作4を行った。

操作1　約60℃のうすい塩酸の中に1分間入れたあと，水洗いした。

操作2　スライドガラスの上にのせ，柄つき針で軽くつぶしたあと，酢酸カーミン溶液をかけた。

操作3　カバーガラスの上からろ紙をかぶせ，指でゆっくりと押しつぶし，プレパラートをつくった。

操作4　完成したプレパラートを顕微鏡を用いて観察した。

〔**結果**〕　Cの部分には，分裂中の細胞が見られた。図3～図5は，A，B，Cのそれぞれの部分で見られたいくつかの細胞を模式的に表したものである。

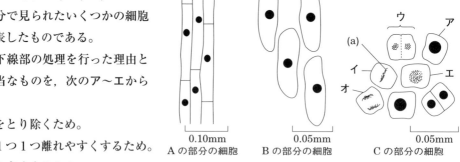

図3
0.10mm
Aの部分の細胞

図4
0.05mm
Bの部分の細胞

図5
ウ
(a)
ア
イ
オ
エ
0.05mm
Cの部分の細胞

(1)　操作1の下線部の処理を行った理由として最も適当なものを，次のア～エから1つ選べ。

ア　細胞膜をとり除くため。

イ　細胞を1つ1つ離れやすくするため。

ウ　細胞壁を赤くするため。

エ　細胞のはたらきを活発にするため。

(2)　Cの部分には，図5のア～オで示した細胞のように，分裂する過程のいろいろな時期の細胞がある。アをはじめとして，イ～オを分裂が進行する順に並べ，記号で答えよ。

(3)　図5の(a)は，分裂中の細胞で観察できる，ひものように見えるものである。この，ひものように見えるものを何というか答えよ。

(4)　根の成長についてまとめた次の文の（ X ），（ Y ）にあてはまることばを書け。

　　根は細胞分裂によって，先端付近の細胞の数が（ X ），それぞれの細胞が（ Y ）なることで成長する。

(1)		(2)	ア→　　→　　→　　→	(3)	
(4)	X			Y	

3 植物のふえ方について，次の問いに答えなさい。　　　　(茨城県)(各 5 点，計 35 点)

(1)　ジャガイモの生殖について，次の問いに答えよ。

①　次の写真は，ジャガイモ，ハコベ，ツユクサ，ユリのいずれかの花の写真である。ジャガイモの花の写真をア～エのなかから 1 つ選び，記号で答えよ。

ア　　　　　　　　　イ　　　　　　　　　ウ　　　　　　　　　エ

②　ジャガイモは，体細胞分裂によってなかまをふやす生殖のしかたと，生殖細胞のはたらきによってなかまをふやす生殖のしかたの両方でふえることができる。次の表は，その 2 種類の生殖のしかたの名称と，そのちがいをジャガイモを例として示したものである。(あ)～(え)にあてはまる語を書け。

生殖のしかた	(あ)　生殖	(い)　生殖
新しい個体のふえ方	(う)　から芽が出て，新しい個体がつくられる。	受精して (え) ができ，(え) が発芽して新しい個体がつくられる。
子の形質	親とまったく同じ形質をもつ。	親と同じ形質になるとは限らない。

(2)　エンドウの種子の形が丸のもの(純系)としわのあるもの(純系)をかけ合わせて子をつくった。子の代の種子の形は，すべて丸であった。次に，子の代の種子をまき，自家受粉させて孫の代の種子をつくったところ，形が丸のものとしわのあるものとが 3：1 の数の比でできた。このことについて，次の問いに答えよ。

①　丸の遺伝子を A，しわの遺伝子を a とすると，子の代がもつ遺伝子の組み合わせはすべて Aa となる。これは親のもっている対の遺伝子が分かれて 1 つずつ別々の生殖細胞に入るためである。このような遺伝子の伝わり方の法則を何というか，書け。

②　孫の代の種子のなかでしわのある種子の数が 150 個であったとき，同じ孫の代の丸い種子のなかで，Aa の遺伝子の組み合わせをもつ種子の数は何個であると予想できるか。次のア～オの中から最も近いものを 1 つ選び，記号で答えよ。

ア　50　　　　イ　150　　　　ウ　300　　　　エ　450　　　　オ　600

(1)	①		②	(あ)		(い)		(う)	
(え)			(2)	①				②	

1 力のはたらき

重要 057 [力の合成と分解]

つるまきばねを使って，おもりの重さ（おもりにはたらく重力の大きさ）とばねの伸びとの関係を調べる実験および力の合成や分解について調べる実験をした。これについて，あとの問いに答えなさい。

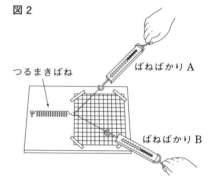

図1

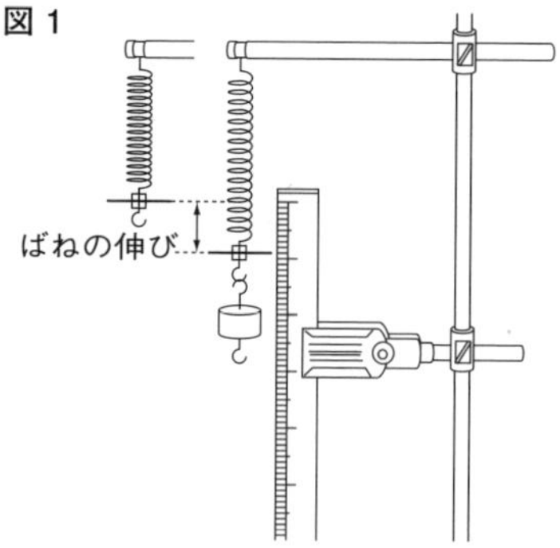

ばねの伸び

〔実験1〕

図1のように，つるまきばねにおもりをつるして，ばねの伸びを測定した。下の表は，その結果をまとめたものである。

おもりの重さ〔N〕	0	0.2	0.4	0.6	0.8	1.0
ばねの伸び〔cm〕	0	0.9	2.0	3.1	4.0	5.0

〔実験2〕

（i）図2のように，水平に置かれた板の上に方眼紙をはり，つるまきばねの左端を固定して，右端に2本の糸を結びつけた。それぞれの糸に，ばねばかりA，ばねばかりBを結び，水平にそれぞれちがった向きに引いた。

図2

つるまきばね ばねばかりA

ばねばかりB

（ii）このとき，つるまきばねの右端の位置を方眼紙上で点Oとし，ばねばかりAが引く力を F_1，ばねばかりBが引く力を F_2 として，力の矢印で表したものが図3である。なお，方眼の1目盛りは0.1 Nを示している。

（iii）次に，つるまきばねの右端が，点Oの位置から変わらないように（つるまきばねの伸びと方向を変えないように）2つのばねばかりが引く力を調節しながら，ばねばかりAを図3に示す直線OX上に，ばねばかりBを図3に示す直線OY上に移した。

図3

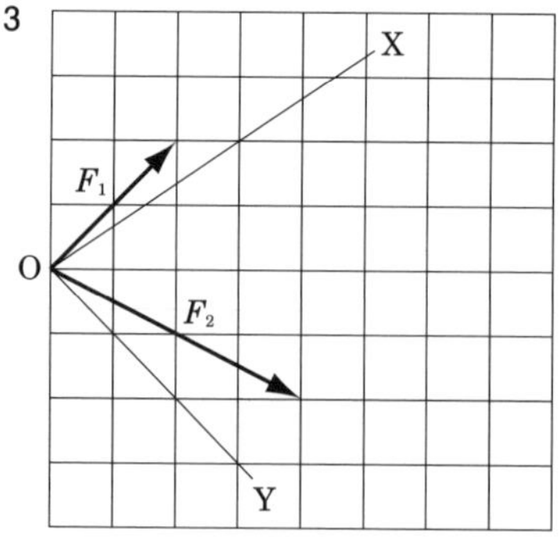

X

F_1

O

F_2

Y

（1）実験1の結果から，おもりの重さとばねの伸びとの関係を原点を通るグラフに表す場合，どのように表せばよいか。次のア〜エのなかから最も適切なものを1つ選び，記号で答えよ。なお，ア〜エの図中の・印は測定値を示している。

[   ]

ア	イ	ウ	エ
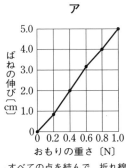	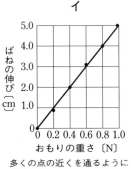	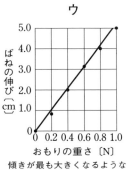	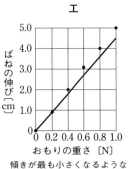
すべての点を結んで，折れ線を引く	多くの点の近くを通るように直線を引く	傾きが最も大きくなるような点を通るように直線を引く	傾きが最も小さくなるような点を通るように直線を引く

(2) 実験2について，次の①，②の問いに答えよ。

① 実験2の(ii)で，ばねばかりAが引く力とばねばかりBが引く力の合力の大きさはいくらか。合力の大きさを求めよ。　　　　　　　　　　　　[　　　　　　]

② 実験2の(iii)で，ばねばかりAを直線OX上に，ばねばかりBを直線OY上に移したときのそれぞれのばねばかりが引く力の大きさは，移す前の力 F_1，F_2 の大きさに比べてどのようになるか。次のア～エのなかから正しいものを1つ選び，記号で答えよ。

[　　　　　　]

ア　ばねばかりが引く力の大きさは，Aでは大きくなるが，Bでは小さくなる。

イ　ばねばかりが引く力の大きさは，Aでは小さくなるが，Bでは大きくなる。

ウ　ばねばかりが引く力の大きさは，AでもBでも大きくなる。

エ　ばねばかりが引く力の大きさは，AでもBでも小さくなる。

◆重要 058 ［作用と反作用］

右の図は，台の上に分銅を置いたときの模式図である。図の矢印は，分銅にはたらく重力を表している。このとき，分銅が台からうける力を，下の図に矢印でかき入れなさい。ただし，作用点は・で表すこと。

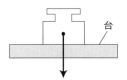

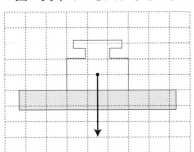

ガイド　分銅が動かず静止しているのは，分銅にはたらく重力と分銅が台からうける垂直抗力が等しいからである。

059 [力のつり合い]

ばねばかりを用いて，作業1〜5の手順で実験を行った。あとの問いに答えなさい。ただし，実験で力の矢印をかくときは1Nを5cmの長さとした。

〔実験〕

作業1…図1のように，1本のばねばかりで輪ゴムに付けた金属の輪を1Nで引き，輪の中心O点をかく。

作業2…図2のように，2本のばねばかりで角度をつけて輪ゴムをO点まで引き，それぞれのばねばかりに付けた金属の輪の中心A点，B点をかく。また，それぞれのばねばかりの値を記録する。

作業3…図3のように，1本のばねばかりが金属の輪を1Nで引く力F_1の矢印をかき，輪ゴムが金属の輪を引く力F_2の印をかく。

作業4…作業2で記録した値に合わせて，図3のように，O点からA点の向きに力Aの矢印をかき，O点からB点の向きに力Bの矢印をかく。

作業5…作業2，4を角度を変えて行い，力の関係を調べる。

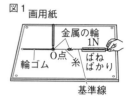

図1

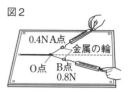

図2

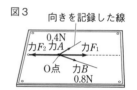

図3

(1) 力にはどのようなはたらきがあるか，ア〜エから適切なものをすべて選び，記号で書け。　　　　　　　　　　　　　　[　　　　　　]

ア　物体の形を変えるはたらき　　　イ　物体を支えるはたらき
ウ　物体の質量を変えるはたらき　　エ　物体の運動の状態を変えるはたらき

(2) 図3で，力F_1とF_2はつり合っている。物体にはたらく力がつり合っているとき，静止している物体は静止し続け，運動している物体は等速直線運動を続ける。このような法則を何というか，言葉で書け。　　　　　　　　　　　　[　　　　　　]

(3) 図3の力Bの大きさは0.8Nであった。力Bの矢印の長さは何cmか，答えよ。
　　　　　　　　　　　　　　　　　　　　　　　　[　　　　　　]

(4) 力Aと力Bの間の角度がどのような場合でも，力F_1が力Aと力Bを合わせた力であるといえる理由として最も適切なものを，ア〜エから1つ選び，記号で書け。
　　　　　　　　　　　　　　　　　　　　　　　　[　　　　　　]

ア　力F_1は，力Aと力Bの間の角の二等分線上にあるから。
イ　力F_1は，力Aと力Bを2辺とする平行四辺形の対角線になっているから。
ウ　力F_1は，力Aと力Bを合わせた力と作用・反作用の関係になっているから。
エ　力F_1の大きさは，力Aと力Bの大きさを足したものと同じになるから。

(5) 力A，力B，力F_1の大きさが全て1Nのとき，力Aと力Bの間の角度は何度か。0°から180°の範囲で書け。　　　　　　　　　　　　[　　　　　　]

(6) 図4のように，ひもと定滑車を天井に固定し，動滑車を用いて，荷物を持ち上げる装置を作った。質量 8.0 kg の荷物が P の高さにあるとき，手がひもを引く力を力 F_3 とする。次に，質量 8.0 kg の荷物を Q の高さまで持ち上げて静止させた。このとき，手がひもを引く力を力 F_4 とする。力 F_3 と力 F_4 の大きさとして最も適切なものを，ア〜エから 1 つ選び，記号で書け。ただし，ひもや滑車の質量，摩擦は考えないものとし，100 g の物体にはたらく重力の大きさを 1 N とする。　[　　　　]

図4

ア　力 F_3 と力 F_4 の大きさは，ともに 80 N である。

イ　力 F_3 と力 F_4 の大きさは，ともに 40 N である。

ウ　力 F_3 の大きさは，力 F_4 の大きさより大きい。

エ　力 F_3 の大きさは，力 F_4 の大きさより小さい。

重要 060 ［力のはたらき，作用・反作用の法則］

右の図のように，一郎と先生が，水平でなめらかな床の上にあるそれぞれの台車に乗っている。2 人が乗った台車を静止させてから，一郎が先生の乗った台車を後ろから前方に押した。図の矢印は一郎が先生の台車を押す力を表している。次の問いに答えなさい。

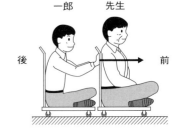

(1)　一郎が先生の台車からうける力を下の図に矢印で表せ。

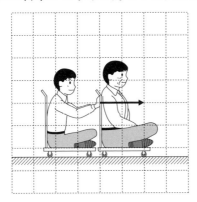

(2)　押したあとの 2 人の動きについて，正しいものを次のア〜エのなかから 1 つ選び，記号で答えよ。　[　　　　]

ア　一郎は後方へ動き，先生は前方へ動く。

イ　先生は前方へ動き，一郎は動かない。

ウ　一郎は後方へ動き，先生は動かない。

エ　一郎も先生も動かない。

061 〉**[力と圧力]**

Kさんは，物体にはたらく浮力を調べる実験をした。あとの問いに答えなさい。ただし，糸の質量は考えないものとし，質量100gの物体にはたらく重力の大きさを1Nとする。

〔**実験1**〕 図1のように，長さ5cmのつるまきばねに質量20gのおもりをつるして，ばねの長さを測定した。おもりの個数を増やして同様の測定をし，結果を**表1**のようにまとめた。

表1

おもりの個数〔個〕	0	1	2	3	4	5
ばねの長さ〔cm〕	5.0	7.0	9.0	11.0	13.0	15.0

〔**実験2**〕 図2のように，立方体A，直方体B，立方体Cの3種類の物体を用意した。

Ⅰ 図3のように，実験1で用いたつるまきばねに立方体Aを，面Pが水平になるようにつるし，立方体Aが空気中にあるときのばねの長さを測定した。

Ⅱ 図4のように，面Pを水平に保ったまま，立方体を水に1.0cmずつ沈めたときのばねの長さを測定した。

Ⅲ 直方体B，立方体Cについても，それぞれ面Q，面Sが水平になるように装置につるし，Ⅰ，Ⅱと同じ手順で実験を行った。しかし，立方体Cを用いた実験では，沈んだ距離が2.0cmになる途中で沈まなくなり，ばねの長さが立方体Cをつるす前の長さに戻ったので，それ以上実験を行わなかった。

Ⅳ Ⅰ～Ⅲの結果を**表2**にまとめた。

図2
立方体A 直方体B 立方体C

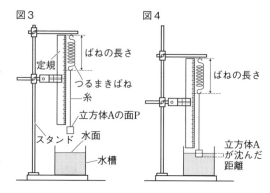
図3 図4

表2

		空気中	物体が沈んだ距離〔cm〕				
			1.0	2.0	3.0	4.0	5.0
ばねの長さ〔cm〕	立方体A	11.8	11.4	11.0	11.0	11.0	11.0
	直方体B	18.6	18.2	17.8	17.4	17.0	17.0
	立方体C	5.6	5.2	—	—	—	—

※表中の「—」は実験を行わなかったことを表している。

(1) **表1**をもとに，おもりの個数に対するばねの伸びを求め，その値を・で表し，おもりの個数とばねの伸びの関係を表すグラフを，実線でかけ。なお，グラフをかくときには，定規を用いる必要はない。

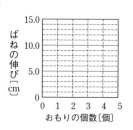

(2) 表2をもとに，立方体Aの質量は何gか求めよ。　　　　　　　　　[　　　　　]

(3) 実験2で使用した立方体A．直方体B，立方体Cの密度の大きさの関係を示したものとして最も適切なものを，次のア～エのなかから1つ選び，記号を書け。　[　　　　　]

　ア　直方体B＞立方体A＞立方体C

　イ　直方体B＞立方体A＝立方体C

　ウ　直方体B＝立方体A＜立方体C

　エ　直方体B＝立方体A＞立方体C

(4) 実験2で使用した直方体Bを2つ用意し，図5のように，棒が水平になるように，棒の両端の直方体をつり合わせた。この装置をゆっくりと沈めていったとき，棒のY側で直方体が水面に接してから2つの直方体がすべて沈むまで，棒の傾きはどのように変化していくか。次のア～エのなかから最も適切なものを1つ選び，記号を書け。

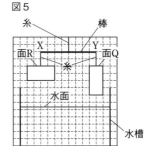
図5

　　　　　　　　　　　　　　　　　　　　[　　　　　]

　ア　Y側の直方体が水に沈みはじめると棒のY側が上がりはじめる。その後X側の直方体が水に沈みはじめると棒は水平に戻りはじめ，2つの直方体がすべて沈むと水平になる。

　イ　Y側の直方体が水に沈みはじめると棒のY側が下がりはじめる。その後X側の直方体が水に沈みはじめると棒は水平に戻りはじめ，2つの直方体が水にすべて沈むと水平になる。

　ウ　Y側の直方体が水に沈みはじめると棒のY側が上がりはじめる。その後X側の直方体が水に沈みはじめても棒のY側は上がったまま変わらず，2つの直方体が水にすべて沈んでも，Y側は上がっている。

　エ　Y側の直方体が水に沈みはじめると棒のY側が下がりはじめる。その後X側の直方体が水に沈みはじめても棒のY側は下がったまま変わらず，2つの直方体が水にすべて沈んでもY側は下がっている。

(5) Kさんは，表2からわかったことを次のようにまとめた。下の①，②に答えよ。

> 　底面積がいずれも4cm²の立方体A，直方体B，立方体Cを水に1.0cmずつ沈めていくと，浮力の大きさは，□□□□□Nずつ増えていることがわかる。また，立方体Aや直方体Bがすべて水に沈むと，それ以上深く沈めても浮力の大きさは変わらないことがわかる。これらのことより，浮力の大きさは物体の質量に関係なく，水の中に沈んでいる部分の体積に比例することがわかる。

① Kさんのまとめのなかの□□□□□にあてはまる数値を書け。

　　　　　　　　　　　　　　　　　　　　　　　[　　　　　]

② 実験2のⅢの下線部について，このとき立方体Cが水の中に沈んでいる部分の体積は何cm³か。Kさんのまとめをふまえて求めよ。

　　　　　　　　　　　　　　　　　　　　　　　[　　　　　]

062 〉[浮沈子]

ペットボトルに水を入れたところに，試験管を口が下を向くように入れ，
試験管内の水位を調節して，図のように試験管がぎりぎり浮くようにした。
次にペットボトルのふたを閉めた。試験管内の空気についての説明文で，
空欄に適する語をア〜ウから１つずつ選び，記号で答えなさい。

　ペットボトルを少しずつ強くにぎっていくと試験管は下へ沈んだ。沈ん
でいるとき，試験管内の上部にある空気の体積は　①　。また，圧力は
　②　。　　　　　　　　　　　　　　　　　①〔　　　〕　②〔　　　〕

ア　増える　　　　　イ　減る　　　　　ウ　変わらない

063 〉[水中ではたらく圧力]

空気の重さによって物体に圧力がはたらくように，水中では水の重さによって物体に圧力がは
たらく。水中の物体にはたらく水による圧力のようすを表したものとして，最も適当なものを，
次のア〜エから１つ選び，記号で答えなさい。ただし，図中の矢印は物体にはたらく水によ
る圧力の向きを表し，矢印の長さは圧力の大きさを表しているものとする。

〔　　　〕

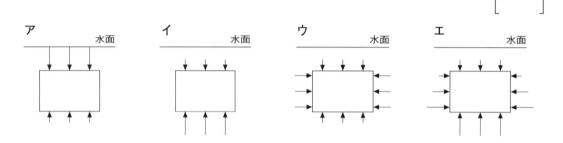

064 〉[浮力]

次の実験について，あとの問いに答えなさい。

〔実験１〕　ばねばかりに50Nの金属のおもりをつるし，300Nの水
　を満たした容器の中ほどに静かに入れたところ，20Nの水が容器
　からあふれ出た。このときばねばかりの目盛りは30Nを示してい
　た。

〔実験２〕　金属のおもりを容器の底まで静かに下ろし，おもりとば
　ねをつなぐ糸をはずして台ばかりにのせたところ，台ばかりの目
　盛りはX〔N〕を示した。なお，この台ばかりは，あらかじめ容器
　の重さを引いてある。

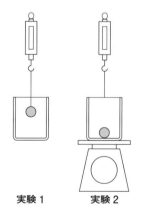

実験1　　　実験2

(1)　実験１で，金属のおもりにはたらく浮力の大きさは何Nか。

〔　　　　　　〕

(2)　実験２で，Xは何Nになるか。　　　　　　　　　　〔　　　　　　〕

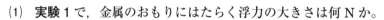

ガイド　(1)浮力＝空気中ではかった重さ−水中ではかった重さ　である。
　　　　(2)金属のおもりは沈んでいるので，浮力は考えなくてよい。

065 [水圧・大気圧]

次の[Ⅰ][Ⅱ]を読んで，あとの問いに答えなさい。

[Ⅰ] <トリチェリの実験> 長さ約1mで，一端を閉じたガラス管に，水銀をいっぱいに入れ，開いた端をふさいで逆さにし，鉢(はち)の中の水銀につっこんだ。そこで口を開けると，図1のように高さ76.0cmの水銀の柱が管の中にたって残った。

 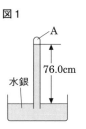

図1

この結果に対してトリチェリは，鉢の中の水銀の表面に作用する空気の重さが，水銀が管から逃げ出すのを食い止めるのだと結論した。つまり，管の中に残った水銀の重さが，鉢の中の水銀の表面を押す空気の力とつり合うというのだ。

[Ⅱ] 水槽に水を入れ，十分長いチューブ(断面の面積が1cm²)が水の中につかるようにし，空気が入らないようにしてその片側をしっかりと閉じる。図2のように閉じたほうの端を高く持ち上げると，チューブ内の水の柱の高さは，10.0mになった。実験は1気圧(＝1013hPa)のもとで行われたものとする。また，水1cm³の質量は1gで，質量1kgの物体にはたらく重力の大きさは9.8Nとする。

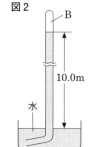

図2

(1) 下線部の考え方に基づいて，水銀の代わりに水を使ってこの実験を行ったとすれば，水の柱は何mになるか。四捨五入して小数第1位まで答えよ。ただし，管は十分長いものとする。また，水銀は同じ体積の水の13.6倍の重さである。

[　　　　　　]

(2) [Ⅰ]と[Ⅱ]の結果の違いを説明した次の文章の ① ～ ③ にあてはまる語を答えよ。

①[　　　　　] ②[　　　　　] ③[　　　　　]

水銀が蒸発する量はわずかであるので，図1のAは ① とみなしてよい。したがって，水銀の柱による圧力と ② がつり合っていると考えられる。

一方，[Ⅱ]の場合には，実際に水を使っているので，水は ③ になって，図2のBを満たしている。したがって，Bの圧力と水の柱による圧力との和が ② とつり合っていると考えられる。

(3) 図2のBの圧力は何hPaか。 [　　　　　　]

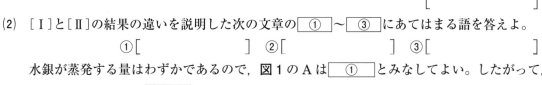

ガイド (1)水銀を使った実験でも水を使った実験でも，大気圧は同じである。そのため，水は水銀の重さの13.6分の1となることから求めることができる。

最高水準問題 ────────────────

解答 別冊 p.22

066 次の実験について，あとの問いに答えなさい。

（兵庫・灘高）

図1

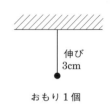

伸び
3cm

おもり1個

　同じゴムひもが何本かと，同じおもりがいくつかある。ゴムひも1本の上端を固定し，下端におもり1個をつるすと，ゴムひもの伸びは3cmであった（図1）。ゴムひもを引くように加えられた力と，ゴムひもの伸びは比例するものとして，あとの問いに答えよ。ゴムひもの質量と，おもりの大きさは無視する。

　ゴムひも2本をたばねて1本にしたものをA，ゴムひも2本をつぎたして1本にしたもの（長さは2倍になっている）をBと呼んでおく。

(1) A，Bのそれぞれにおもり1個をつるした場合，伸びはそれぞれ何cmか。

A [　　　　　　] B [　　　　　　]

図2

A

B

難(2) 図2のようにAの上端を固定し，Aの下端におもり3個をつるして，そのおもりの下にBをつるす。

① そのとき，Aの伸びとBの伸びはそれぞれ何cmか。

A [　　　　　　] B [　　　　　　]

② Bの下端をつまみ，引っぱってBの下端をゆっくりと下に移動させていく。Aの伸びとBの伸びが等しくなるとき，その値は何cmか。

[　　　　　　]

難(3) 図2でBの下端をつまみ，図3のようにBがつねにAと直角になるように保ちながら，Bの下端をゆっくりと右上方向に移動させていく。Aの伸びとBの伸びが等しくなるとき，ゴムひもBの傾きはいくらか。（傾きとは数学でいう直線の傾きのことで，$\dfrac{高さ}{水平距離}$ の値）

[　　　　　　]

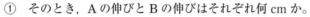

図3

A

B

図4

A

A′

B

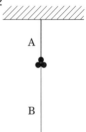

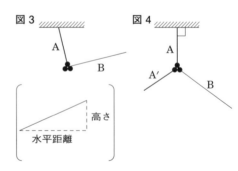

高さ

水平距離

難(4) Aと同じものをもう1つ用意し（A′とする），図4のようにAとA′とBがつねに120°ずつの角度になるように保ちながら，A′の下端とBの下端をつまんでゆっくりと移動させていく。Aの伸びとBの伸びが等しくなるとき，A′の伸びは何cmか。

[　　　　　　]

067 重さが80Nの荷物を，ケイコさんとマナブ君が2人で図1〜図3のように持つとき，次の問いに答えなさい。なお，答に根号が出る場合は，そのまま残しなさい。

（京都・洛南高）

図1

鉛直線

ケイコ　　　マナブ

60° 60°

図2

ケイコ　　マナブ

$a°$ $a°$

(1) 図1のように，ひもを鉛直線に対してどちらも60°にして持つとき，1人あたりの力は，1人でこの荷物を持つときの何倍か。

[　　　　　　]

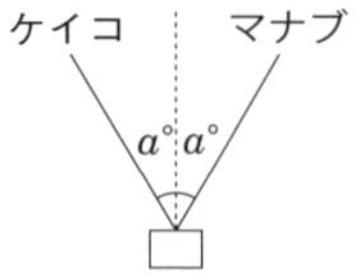

(2) 図2のように，ひもを鉛直線に対してどちらも $a°$ になるようにして持つとき，1人あたりの力について正しく述べたものを，次のア〜オから1つ選び，記号で答えよ。

[　　　　　　]

ア　a が小さいほど，力は小さい。

イ　a が大きいほど，力は小さい。

ウ　a に関係なく，力は同じ。

エ　a に関係なく，ひもの長さが長いほど力は小さい。

オ　a に関係なく，ひもの長さが短いほど力は小さい。

(3)　図3のように，ひもと鉛直線とのなす角をそれぞれ 60°，30° にして　図3

持つとき，

① ケイコさんとマナブ君が加える力の合力の大きさは何Nか。

[　　　　　　　]

② マナブ君が加える力はケイコさんが加える力の何倍か。

[　　　　　　　]

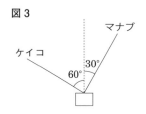

068　右の図1のように，重さ 10N の台車を固定された斜面の上にのせ，　図1

滑車を使って引き上げる実験を行った。これについて，次の問い

に答えなさい。ただし，台車と斜面，および滑車と糸の間には摩

擦がなく，滑車や糸の重さは考えないものとする。　　　(京都府)

(1)　図2は図1の斜面における台車にはたらく重力を矢印で表したもの

である。台車を斜面に静止させておくために必要な，台車についてい

る糸を引く力の大きさと向きを，G点から矢印で作図せよ。

(2)　図1のように台車を斜面にそって 1m 引き上げるためには，A点で

何 m 糸を引けばよいか。またそのときの糸を引く力は何Nか。

A点[　　　　　　　] 力[　　　　　　　]

(3)　斜面の傾きを大きくしたときの，台車にはたらく重力の斜面に平行

な分力と斜面に垂直な分力について，正しく述べたものはどれか。次

のア〜エから1つ選び，記号で答えよ。　　　[　　　　　　　]

ア　斜面に平行な分力も斜面に垂直な分力もどちらも大きくなる。

イ　斜面に平行な分力も斜面に垂直な分力もどちらも小さくなる。

ウ　斜面に平行な分力は大きくなるが，斜面に垂直な分力は小さくなる。

エ　斜面に平行な分力は小さくなるが，斜面に垂直な分力は大きくなる。

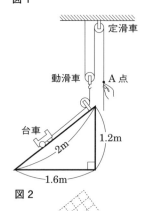

図2

解答の方針

066　(2)②ゴムひも B に加えた力と，ゴムひも B からゴムひも A にはたらく力の大きさは等しい。また，ゴ

ムひも A とゴムひも B に同じ大きさの力が加えられたときのゴムひもの伸びは A と B では 1：4 に

なる。したがって，このときの引っ張る力によるゴムひも A の伸びを x [cm] とすると，ゴムひも A

の伸びはおもりによる 4.5cm との和で $x+4.5$cm，ゴムひも B の伸びは $4x$ となる。

(3)ゴムひも A とゴムひも B の伸びは等しいから，ゴムひも A とゴムひも B に加えられる力の比は 4：1

となるので，作図によって傾きを求める。

(4)おもりにはたらく 4 つの力をうまく 2 力ずつのペアに分け，力のつり合いからそれぞれの合力の向き

を考える。

069 次の文を読み，あとの問いに答えなさい。ただし，水の密度は 1.0g/cm³ とする。

（埼玉・淑徳与野高）

　水に沈む物体の体積を知りたいときは，水をいっぱいに入れた容器に物体を沈め，①あふれた水の体積をはかればよい。

　あふれた水の質量に対する物体の質量を比べれば，物体の大きさや形が同じであっても，その素材の違いを知ることができる。

　また，②あふれた水の重さは水中で物体がうける（　A　）の大きさに等しく，③あふれた水の質量に対するこの物体の質量の比は（　B　）。

(1)　（　A　），（　B　）に入る言葉の適当な組み合わせはどれか。
　　　ア～カより１つ選んで答えよ。　　　　　　　　　　　［　　　］

(2)　下線部①の量をはかるのに適当な道具の名称を答えよ。
　　　　　　　　　　　　　　　　［　　　　　　　　］

(3)　下線部②の原理に最も関係のある人物はだれか。ア～カより選んで答えよ。　　　　　　　　　　　　　　　　　　　　［　　　］

	（　A　）	（　B　）
ア	圧　力	1 より大きい
イ	浮　力	1 より大きい
ウ	抵抗力	1 より大きい
エ	圧　力	1 より小さい
オ	浮　力	1 より小さい
カ	抵抗力	1 より小さい

　　ア　アリストテレス　　　イ　ニュートン
　　ウ　ガリレオ　　　　　　エ　アルキメデス
　　オ　アインシュタイン　　カ　ボイル

難 (4)　下線部③について水に沈まない物体については，次のような操作をすることで調べることができる。

　　操作１：水を入れた容器の質量をはかる。（図１）
　　操作２：物体を水に浮かべて質量をはかる。（図２）
　　操作３：物体を全部沈めて質量をはかる。（図３）

図1 　図2 　図3

　　はかりが示す質量は，操作１では 500g，操作２では 600g，操作３では 660g だった。下線部③の値を求めるといくらになるか。次のア～クから選び，記号で答えよ。　　　　　　［　　　］

　　ア　0.5　　　　イ　0.6　　　　ウ　0.7　　　　エ　1.0
　　オ　1.5　　　　カ　1.6　　　　キ　1.7　　　　ク　2.0

070 次の図のように，高さ 4cm の直方体のおもりを，底面積が 250cm² の容器の中に，自然長が 10cm で，0.5N の力で 1cm 伸びるばねでつるす。容器に毎分 300cm³ で水を入れていくとき，水を入れはじめてからの時間とばねの長さの関係は次のようになった。また，水の密度は 1.0g/cm³ である。次の問いに答えなさい。

（愛媛・愛光高）

(1) 物体の重さは何Nか。

[　　　　　　　]

(2) 水を入れる前の，容器の底面から直方体の下の面までの距離は何cmか。

[　　　　　　　]

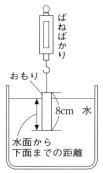

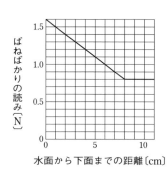

(3) おもりが完全につかっているときの，おもりにはたらく浮力は何Nか。

[　　　　　　　]

(4) おもりの底面積は何cm²か。

[　　　　　　　]

071 右図のように，長さ8cmの金属製のおもりをばねばかりにつるし，水を満たした底面積200cm²の水槽を用いて水の中に沈めていった。このときの水面からおもりの下面までの距離とばねばかりの読みの関係はグラフのようになった。次の問いに答えなさい。ただし，糸の重さや体積は考えないものとし，100gの物体にはたらく重力を1N，水の密度は1g/cm³とする。

(栃木・佐野日本大高改)

(1) おもりの下面が水面から4cmの距離にあるとき，おもりにはたらく浮力は何Nか。

[　　　　　　　]

(2) 水面からおもりの下面までの距離が0～8cmの範囲でおもりを沈めていくとき，物体にはたらく浮力はどうなるか。簡単に答えよ。　　　　　　　[　　　　　　　]

(3) (2)のとき，物体にはたらく重力はどうなるか。簡単に答えよ。　[　　　　　　　]

(4) (2)のとき，物体の底面がうける圧力はどうなるか。簡単に答えよ。　[　　　　　　　]

(5) このおもりの体積は何cm³か。　　　　　　　　　　　　　　　　[　　　　　　　]

(6) おもりが完全に水中にあるとき，おもりを水につける前に比べ，水槽の底面にかかる圧力は何Pa増えたか。　　　　　　　　　　　　　　[　　　　　　　]

解答の方針

069 (4)物体の密度をx〔g/cm³〕とし，押しのけられた水との関係式をつくる。

070 (3)グラフより，おもりが完全に水につかったのは何分後か見つける。

　　(4)100gの物体にかかる重力の大きさを1Nとし，(3)で求めた値を使って式を立てる。

071 (6)おもりが完全に水につかったときの浮力が，おもりを水中につける前より増えた分である。

2 運動と力

重要 072 [台車の運動，平均の速さ]

水平な実験台の上で，台車の運動を調べる実験を行った。あとの問いに答えなさい。

　図1のように，台車に3台の小型扇風機を固定した。どの
小型扇風機の羽根を回しても，台車は前向きに，一直線上を
なめらかに動いた。

　図2のように，ばねをとりつけたブロックと1秒間に50打
点する記録タイマーを実験台に固定し，記録用の紙テープに
台車の運動が記録できるようにした。

図1

〔実験〕

① 3台の小型扇風機の羽根をすべて回してか
ら，手で台車を押して台車の前をばねに押
しつけ，ばねを縮めた。

② 記録タイマーのスイッチを入れ，台車を
押しつけている手を離し，台車の運動を紙
テープに記録した。

図2

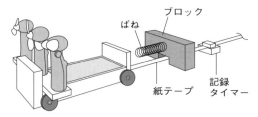

〔結果〕

　台車を押しつけている手を離すと，縮んでいたばねが
伸びて，台車は後ろ向きに動き出した。図3は，記録さ
れた紙テープを，台車がばねから離れたときの打点から
5打点ごとに切り，それらを左から順に台紙にはりつけ
たものの一部である。左から1番目の紙テープの長さは
2.0cmであり，左から2番目以降の紙テープの長さは，
直前の紙テープの長さに比べて0.2cmずつ短くなってい
た。

図3

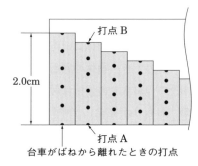

(1) 次の文は，ばねから離れたあとの台車にはたらく水平な方向の力について述べたものであ
る。文のなかの□□□にあてはまるものは何か。下のア～ウのなかから1つ選べ。

[　　　　　]

> 　図3において，紙テープの長さがだんだん短くなっていることから，台車には，
> □□□ことがわかる。

ア　運動の向きに力がはたらいている

イ　運動の向きとは逆向きに力がはたらいている

ウ　運動の向きにも，その逆向きにも力がはたらいていない

(2) 次の文のなかの（ a ），（ b ）にあてはまる数字を書け。

a[   ] b[   ]

> 図3におけるそれぞれの紙テープの長さは，いずれも（ a ）秒間に台車が移動した
> 距離を表している。記録タイマーが打点Aを打ってから打点Bを打つまでの間の台車の
> 平均の速さは，（ b ）cm/s である。

(3) 台車がばねから離れたときから，後ろ向きに動いてばねから最も遠ざかるときまでに，台車が移動した距離は何 cm か。小数第1位まで求めよ。 [   ]

(4) 下の図4は，〔実験〕で得られた紙テープを，5打点ごとに区切ったものである。

3台の小型扇風機のうち，中央の1台だけ羽根を回してから，同じ実験を行った。このときの台車の運動を記録した紙テープはどれか。下のア〜ウのなかから，最も適当なものを1つ選べ。ただし，下の4本の紙テープにおいては，いずれも左の端の打点を，台車がばねから離れたときの打点とする。 [   ]

図4

| ガイド | (3)台車がばねから最も遠ざかったときは，台車は静止している。 |

重要 073 〔電車の運動〕

右のグラフは，A駅を出発した電車がB駅に到着するまでの速さと時間の関係を表したものである。次の問いに答えなさい。

(1) 電車が一定の速さで走っているのはいつか。次のア〜オからすべて選べ。 [   ]

ア 0〜3分の間　　イ 3〜7分の間
ウ 7〜10分の間　　エ 10〜11分の間
オ 11〜12分の間

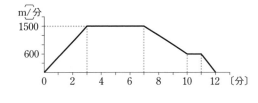

(2) 3〜7分の間に，電車はどれだけ進んだか。次のア〜カから1つ選べ。 [   ]

ア 375m　　イ 500m　　ウ 1500m　　エ 4500m　　オ 6000m　　カ 7500m

(3) A駅とB駅の間の距離は12.3km である。この電車の，A駅とB駅の間における平均の速さはどれだけか。次のア〜オから1つ選べ。 [   ]

ア 125m/分　　イ 250m/分　　ウ 575m/分　　エ 750m/分　　オ 1025m/分

(4) A駅とB駅の間で，この電車の瞬間の速さが最大になったとき，その速さはどれだけか。次のア〜オから1つ選べ。 [   ]

ア 40km/h　　イ 60km/h　　ウ 90km/h　　エ 150km/h　　オ 180km/h

| ガイド | 速さの単位に注意。ここでは分速と時速が混ざっている。 |

074 〉[おもりに引っ張られる台車の運動]

台車の運動について調べるために，次の実験 1，2 を行った。あとの問いに答えなさい。

〔**実験 1**〕 図 1 のように，水平な机の上に置いた台車とおもりをひもで結び，ひもを滑車にかけてから台車を手で支えて全体を静止させる。このときのおもりの床からの高さを h とする。次に，静かに手を離すと台車とおもりは運動をはじめた。やがて，おもりは床について静止したが，台車はその後も運動を続けた。**図 2** は，この運動のようすを 1 秒間に 50 回点を打つ記録タイマーでテープに記録したものであり，A から H は，5 打点ごとの区間を表している。

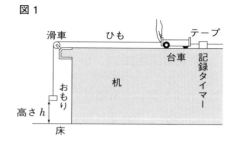

図 1

滑車
ひも
テープ
台車
記録タイマー
机
おもり
高さ h
床

図 2

A B C D E F G H
3.0cm 5.0cm 7.0cm 9.0cm 10.8cm 11.0cm 11.0cm 11.0cm

〔**実験 2**〕 次に，おもりを重さの異なるものに取りかえ，手を離す直前のおもりの床からの高さを，h とは別の高さに変えて，**実験 1** と同様の実験を行った。**図 3** は，このとき記録されたテープであり，I から P は，5 打点ごとの区間を表している。

図 3

I J K L M N O P
3.5cm 5.8cm 8.1cm 9.8cm 10.0cm 10.0cm 10.0cm 10.0cm

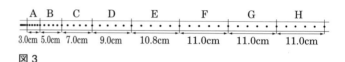

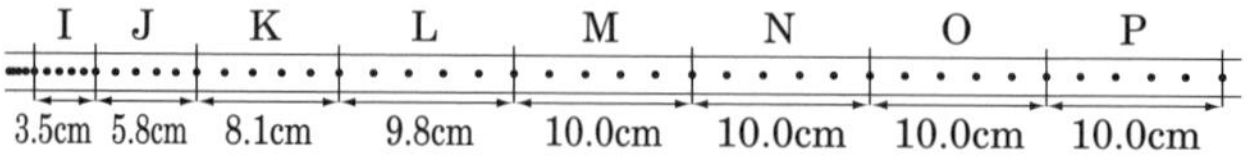

このことについて，次の問いに答えなさい。ただし，摩擦，空気の抵抗，ひもの重さや伸び縮みは考えないものとする。

(1) **実験 1** で，区間 B での台車の平均の速さは何 cm/s か。 [　　　　]

(2) **実験 1** で，おもりが床についたのは，テープのどの区間が記録されているときか。A から H の記号で答えよ。 [　　　　]

(3) **実験 1** で，区間 A から区間 H までが記録されている間の，ひもが台車を引く力について正しく述べているのはどれか。**ア**〜**エ**から 1 つ選び，記号で答えよ。 [　　　　]

ア　力はしだいに大きくなっていき，途中から一定の大きさになった。

イ　力はしだいに小さくなっていき，途中からおもりにはたらく重力と同じ大きさになった。

ウ　力は常に一定の大きさで，おもりにはたらく重力と同じ大きさであった。

エ　力ははじめのうち一定の大きさで，途中から 0 になった。

(4) **実験 1** と比べて**実験 2** では，おもりの重さと，手を離す直前のおもりの床からの高さを，それぞれどのように変えたか。正しい組み合わせを 1 つ選び，記号で答えよ。 [　　　　]

	重さ	高さ
ア	軽くした	低くした
イ	軽くした	高くした
ウ	重くした	低くした
エ	重くした	高くした

ガイド (2) おもりが床についたあとは台車は等速直線運動をする。

075〉[おもりに引っ張られる台車の運動，台車にはたらく力]

台車の運動を調べるために，1秒間に50回打点する記録タイマーを用いて，次のⅠ，Ⅱの手順で実験を行った。この実験に関して，あとの問いに答えなさい。

Ⅰ　図1のように，紙テープをつけた台車をなめらかで水平な机上に置いて，台車に糸を結び，糸のもう一方におもりをつけ，つるした。台車が動かないように押さえていた手を静かに離したところ，台車とおもりはいっしょに動きはじめた。台車が動きはじめてから0.5秒後に，おもりは床に達して静止したが，台車はその後も動き続けた。台車が動きはじめてからの台車の運動を紙テープに記録した。

図1

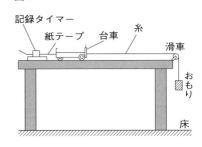

Ⅱ　図2のように，記録された紙テープを5打点ごとに切って，左から順に紙にはった。

図2

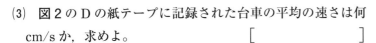

(1)　図2のFの紙テープからKの紙テープまでに記録された運動を台車がしているとき，台車にはたらいている力について述べた文として，最も適当なものを，次のア〜エから1つ選び，記号で答えよ。　　　　　[　　　　　]

ア　台車には，重力だけがはたらいている。

イ　台車には，重力と，机が台車を支える力がはたらいている。

ウ　台車には，重力と，糸が台車を引く力がはたらいている。

エ　台車には，重力と，机が台車を支える力と，糸が台車を引く力がはたらいている。

(2)　台車が動きはじめてから0.3秒間に移動した距離は何cmか，求めよ。

[　　　　　　　　　　]

(3)　図2のDの紙テープに記録された台車の平均の速さは何cm/sか，求めよ。　　　　　[　　　　　　　　]

図3

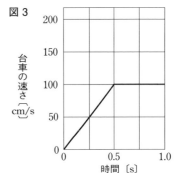

(4)　右の図3は，この実験で台車が動きはじめてからの時間と台車の速さとの関係を表したものである。この実験で，糸につるすおもりの質量を大きくしたとき，台車が動きはじめてからの時間と台車の速さとの関係を表したものとして，最も適当なものを，次のア〜エから1つ選び，記号で答えよ。　　　　　[　　　　　]

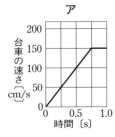

ア

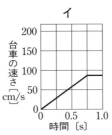

イ

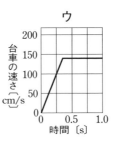

ウ

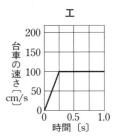

エ

076 〉[斜面上の台車にはたらく力, 力の成分]

力学台車と, 1秒間に60打点を記録する記録タイマーを用いて, 次の実験を行った。ただし, 空気の抵抗, 台車と斜面および水平な机の面との摩擦力, 記録タイマーと記録テープ間の摩擦は考えないものとする。あとの問いに答えなさい。

〔実験1〕 図1のように, 水平な机の面に接続する板で斜面をつくり, 記録テープをつけた台車を静かに放して, 台車が斜面を下ったあと, 机の上を運動するようすを調べた。

〔実験2〕 斜面の傾きを大きくし, 台車を放す高さを調節して, 実験1と同様の実験を行った。

右の図2は, 実験1, 実験2の記録テープの一部をそれぞれ6打点間隔ごとに区切り, 方眼紙に順番にはりつけたものである。

図1

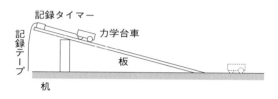

(1) 図2の実験1の記録テープcについて, この区間の台車の平均の速さは何cm/sか。
[   ]

図2

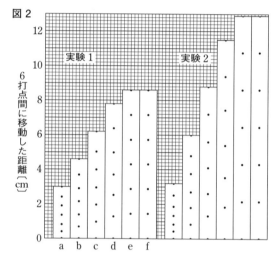

(2) 実験1, 実験2でそれぞれ斜面を下ってきた台車が, 図3のように, 実験1では斜面上の位置P, Q, 実験2では斜面上の位置Rを通過するとき, 台車にはたらく斜面方向の力の大きさの大小関係について, 正しく表している組み合わせはどれか。あとのア～エのなかから1つ選び, 記号で答えよ。
[   ]

図3

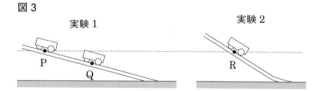

ア P＜Q, P＜R 　　イ P＜Q, P＝R
ウ P＝Q, P＜R 　　エ P＝Q, P＝R

(3) 水平な机の面を運動する台車にはたらく水平方向の力について, 正しく述べているものはどれか。次のア～エのなかから1つ選び, 記号で答えよ。 [   ]

ア 右向きに一定の大きさの力がはたらいている。

イ つり合う力がはたらいている。

ウ 左向きに一定の大きさの力がはたらいている。

エ 力がはたらいていない。

077 ▷ [小球の運動]

小球の運動に関する次の問いに答えなさい。

レールに小球を転がし，小球の速さを測定する実験を行った。

〔実験〕 右の図のように，15cm 間隔で印をつけた長さ 60cm のレールの一端 A の高さを

30cm とし，点 O で水平なレールとつないだ。下の
表は，印をつけたそれぞれの位置から小球を転がし
たときの，水平なレールにおける小球の速さの記録
である。なお，小球はレールから摩擦力はうけず，
点 O を滑らかに通過できるものとする。

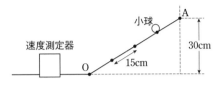

		小球を転がした斜面の長さ			
		15 cm	30 cm	45 cm	60 cm
A の高さ	30 cm	1.21 m/s	1.71 m/s	2.10 m/s	2.42 m/s

(1) 小球が斜面を転がっているときに小球にはたらく力を表した図として適切なものを，次の
ア〜エから1つ選んで，記号を書け。 [   ]

ア   イ   ウ   エ

(2) 水平なレール上では，ある性質のため小球は等速直線運動をする。この性質を何というか，
書け。 [   ]

(3) 実験の結果から，小球の速さの変化について考察した。4か所それぞれの位置から小球を
転がしたときの，小球の移動距離と速さの関係を1つのグラフに表したものとして適切なも
のを，次のア〜エから1つ選んで，記号を書け。 [   ]

ア   イ   ウ   エ

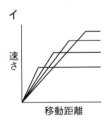 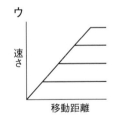 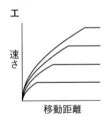

ガイド (3)小球を転がした斜面の長さが15cm 長くなるごとに，水平なレール上での速さが何 m/s 増えるか
を表から読み取る。

最 高 水 準 問 題 ———————————————————— 解答 別冊 p.26

078 50Hz の記録タイマーを使って斜面を下る力学台車の運動を調べたところ、下に示す記録テープが得られた。記録テープの打点 P から 0.2 秒前の打点を点 O とする。あとの問いに答えなさい。

（東京学芸大附高）

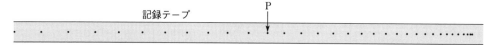

(1) 点 O を上の図に○で囲め。

(2) 記録テープの全範囲で、点 O から 0.1 秒ごとになるように、[解答例]を参考に区切り線を入れよ。また、区切った長さ〔cm〕をはかり、次に示す[解答例]のように、上の図にそれぞれかき入れよ。

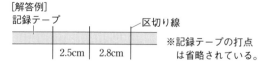

(3) 力学台車の速さ〔cm/s〕と点 O から経過した時間〔s〕の関係を表すグラフを右にかけ。ただし、(2)から求められる値を●点で示し、グラフの縦軸の（　）には{1, 10, 20, 50}のなかから適切な数値を選んで書け。

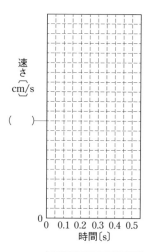

(4) 力学台車の点 O からの移動距離〔cm〕と点 O から経過した時間〔s〕の関係を表すグラフを右にかけ。ただし、(2)から求められる値を●点で示し、グラフの縦軸の（　）には{0.5, 1, 5, 10}のなかから適切な数値を選んで書け。

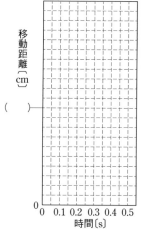

079 滑車やばねを用いた実験1，2に関して，あとの問いに答えなさい。　　　　（大阪教育大附高平野）

ただし，実験に用いたばね，滑車，ひもは軽いものとする。また，**実験1**で用いたばねと，**実験2**で用いたばねX，Yはまったく同じもので，その伸びは引っ張る力の大きさに比例し，100Nの力で引っ張ると1cm伸びるものとする。

〔**実験1**〕　図1のように，天井からばねでつり下げられた滑車がある。

体重がそれぞれ400N，600NのA君，B君ははかりの上にのって滑車にかけられたひもをもっており，A君がひもを下向きに200Nの力で引っ張ったところで全体が静止している。

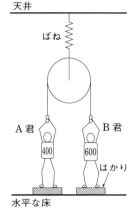

図1

(1)　A君ののっているはかりの読みは何Nか。　［　　　　　　　］

(2)　B君ののっているはかりの読みは何Nか。　［　　　　　　　］

(3)　ばねの伸びは自然の長さから何cmか。　［　　　　　　　］

〔**実験2**〕　図2のように，天井からばねXでつり下げられた滑車に，ひもを通して別の2つの小さな滑車をかけ，物体やばねなどをひもを通してつけた。

重さ500Nの物体はひもにつながってビーカーに入れた水の中に一部が沈んでいる。重さ300Nの物体はばねYにつながり，重さ400Nの物体はひもにつながっている。B君はひもを下向きに引っ張っている。

ビーカーと2つの物体，およびB君はいずれもはかりにのって静止しており，ばねXは自然の長さから8cm伸びていた。

また，ビーカーと水の重さの合計は800Nであった。

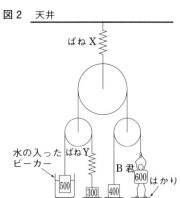

図2

(4)　B君がひもを引っ張っている力の大きさは何Nか。

［　　　　　　　］

(5)　ばねYの伸びは，自然の長さから何cmか。

［　　　　　　　］

(6)　ビーカー内の重さ500Nの物体にはたらく浮力の大きさは何Nか。　［　　　　　　　　　］

(7)　ビーカーの下のはかりの読みは何Nか。　［　　　　　　　　　］

解答の方針

079　(1)A君がひもを引っ張る力と，ひもがA君を引っ張る力は等しい。

(2)ひもがA君を引っ張る力と，ひもがB君を引っ張る力は等しい。また，体重と，ひもがB君を引っ張る力の差がはかりの値となる。

(4)〜(6)滑車の2本のひもが支えている物体が静止しているとき，それぞれのひもにかかる力は等しい。

080 次のⅠ，Ⅱについて，各問いに答えなさい。 （大阪・清風高）

Ⅰ．野球のボールにはたらく力について，次の問いに答えよ。ただし，ボールに対する空気の影響は考えないものとする。

(1) ピッチャーが投げたあと，空中を運動しているボールにはたらいている力の向きはどうなっているか。適するものを次のア〜オから1つ選び，記号で答えよ。 ［　　　　　］

　　ア　鉛直方向（上下方向）上向き　　　　イ　鉛直方向下向き

　　ウ　ボールの進む向き

　　エ　ボールの進む向きと鉛直方向上向きとの間の向き

　　オ　ボールの進む向きと鉛直方向下向きとの間の向き

(2) ピッチャーが投げたボールをバッターが打ち返すとき，バットがボールに与えた力の大きさ f と，ボールがバットに与えた力の大きさ F の大小関係はどうなるか。適するものを次のア〜ウから1つ選び，記号で答えよ。 ［　　　　　］

　　ア　f のほうが大きい。　　　イ　F のほうが大きい。　　　ウ　同じである。

Ⅱ．右の図のように，物体をのせた台車が床の上に置かれている。床と台車の間にはたらく摩擦力，台車や物体にはたらく空気抵抗は考えないものとする。次のA，Bのそれぞれの場合について，あとの問いに答えよ。

A．台車と物体の間の摩擦がない場合

　　台車にひもをつけて水平方向に一定の力で引くと台車は動き出した。

(3) 床の上に静止している人から見ると，物体はどのように見えるか。適するものを次のア〜ウから1つ選び，記号で答えよ。 ［　　　　　］

　　ア　台車と同じ向きに動いているように見える。　　　イ　静止しているように見える。

　　ウ　台車の動く向きと逆向きに動いているように見える。

(4) 物体が台車から落下するまでの台車の速さはどのようになるか。適するものを次のア〜ウから1つ選び，記号で答えよ。 ［　　　　　］

　　ア　一定の速さで動く。　　　イ　速くなる。　　　ウ　遅くなる。

B．台車と物体の間の摩擦がある場合

　　台車にひもをつけて水平方向に大きさ一定の力で引いたところ，物体は台車の上を動き出した。

(5) 物体にはたらいている摩擦力の向きはどちら向きか。適するものを次のア，イから選び，記号で答えよ。 ［　　　　　］

　　ア　台車の動いている向き　　　イ　台車の動く向きと逆向き

(6) 床の上に静止している人から見ると，物体はどのように見えるか。適するものを次のア〜ウから1つ選び，記号で答えよ。 ［　　　　　］

　　ア　台車と同じ向きに動いているように見える。　　　イ　静止しているように見える。

　　ウ　台車の動く向きと逆向きに動いているように見える。

(7) 台車と同じ向きに，同じ速さで運動している人から見ると，物体はどのように見えるか。適するものを(6)の選択肢ア〜ウから1つ選び，記号で答えよ。 ［　　　　　］

081 次の実験について，あとの問いに答えなさい。

　ある陸上選手権の100m走における，選手A〜Eの10mごとのラップタイム（スタートしてからの時間）とスプリットタイム（10m進むのにかかった時間）を表にしたのが下表である。タイムはそれぞれ秒で表されている。

（京都・同志社高國）

走った距離〔m〕		10	20	30	40	50	60	70	80	90	100
A	ラップタイム	2.09	3.23	4.24	5.21	6.15	7.09	8.01	8.95	9.90	10.85
	スプリットタイム	2.09	1.14	1.01	0.97	0.94	0.94	0.92	0.94	0.95	0.95
B	ラップタイム	2.09	3.22	4.25	5.22	6.18	7.12	8.07	9.02	9.97	10.93
	スプリットタイム	2.09	1.13	1.03	0.97	0.96	0.94	0.95	0.95	0.95	0.96
C	ラップタイム	2.06	3.20	4.21	5.18	6.13	7.07	8.02	8.98	9.95	10.97
	スプリットタイム	2.06	1.14	1.01	0.97	0.95	0.94	0.95	0.96	0.97	1.02
D	ラップタイム	2.28	3.42	4.48	5.44	6.39	7.33	8.27	9.20	10.13	11.05
	スプリットタイム	2.28	1.14	1.06	0.96	0.95	0.94	0.94	0.93	0.93	0.92
E	ラップタイム	2.18	3.29	4.35	5.33	6.29	7.24	8.19	9.14	10.09	11.04
	スプリットタイム	2.18	1.11	1.06	0.98	0.96	0.95	0.95	0.95	0.95	0.95

⑴　スタートして40mまでの間が最も速かった選手(a)と，30〜40mの間が最も速かった選手(b)をそれぞれ答えよ。　(a)[　　　　　]　(b)[　　　　　]

⑵　選手Bは20〜80mの間に何人に追い抜かれ，何人を追い越したか答えよ。

[　　　　　　　　　　　　　　　　]

⑶　このデータに関する次のア〜エの記述のうち，間違っていると考えられるものを1つ選び，記号で答えよ。　[　　　　　]

　ア　選手Aは選手B，Cよりも，最も速く走っているときが少しあとになっているよ。

　イ　選手Cはゴール直前で急に速さが落ちているよ。何か足に故障でもあったんだろうか。

　ウ　選手Eは最高速が他の選手よりも遅いけれど，ゴール直前までどんどん速くなっているね。

　エ　100mを全員が10秒以上かかっているけれど，全員最高速は10m/s以上で走っているんだね。

⑷　選手Dの速さを縦軸，時間を横軸にしたグラフはどれか。次のア〜オのうちから最も適当なものを選び，記号で答えよ。　[　　　　　]

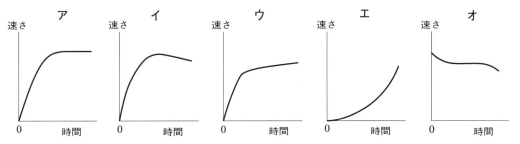

解答の方針

080　ⅡのB　台車が動き出すと物体は静止しようとするので物体から台車にその動く方向と逆向きの摩擦力がはたらく。それゆえ，その摩擦力の反作用が台車から物体にはたらく。

3 力学的エネルギー

標 準 問 題 ———————————————————————— 解答 別冊 p.27

重要 082 [力学的エネルギー]

仕事とエネルギーや物体の運動について，次の実験を行った。あとの問いに答えなさい。ただし，運動中の空気の抵抗は無視できるものとする。

〔実験1〕 図1のように，水平な地面上のA点とB点に重さ20Nの球形の物体をそれぞれ置く。これらの物体を次の①，②のように移動した。

① A点に置いた物体を，真上に20Nの力を加え続けて3.0mの高さまで移動した。

② B点に置いた物体を，機械を使用して，摩擦のない6.0mの斜面を一定の速さで引き上げ，3.0mの高さまで移動した。

〔実験2〕 斜面と水平面を使って図2のような装置をつくり，A点から小球を静かに放して，小球の運動のようすを調べた。このとき小球は斜面を下り，水平面上のE点を通過していった。ただし，C点とD点の間には摩擦があるが，その他の部分は摩擦がなく，斜面と水平面はなめらかにつながっているものとする。

〔実験3〕 図2の装置を，次の①，②のように変更し，A点から小球を静かに放して，実験2の運動と比較した。

① 図3のようにA点とC点を摩擦のない斜面でなめらかにつなぐ。

② 図4のようにC点とD点の中点をF点とし，A点とF点を摩擦のない斜面でなめらかにつなぐ。

(1) 実験1で，水平な地面上のA点に置いてある球形の物体にはたらく重力と垂直抗力を，右の図にそれぞれ力の矢印で表せ。ただし，図の1目盛りを10Nとし，力の矢印は「→」のように作用点を・で表すこと。

(2) 実験1の①で，3.0mの高さまで移動したとき，物体がされた仕事は何Jか。 [   ]

(3) 実験1の②で，物体は6.0mの斜面を0.50m/sの速さで引き上げられた。機械が物体を引き上げる力は何Nか。また，この機械の仕事率は何Wか。 力 [   ] 仕事率 [   ]

図1

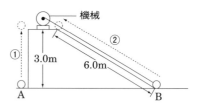

図2

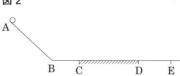

図3

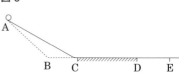

図4

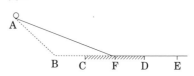

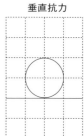

(4) 実験2で，小球がA点からE点を通過するまでの時間と速さの関係を表すグラフはどれか。最も適当なものを次のア～カから選んで，記号で答えよ。 ［　　　　　］

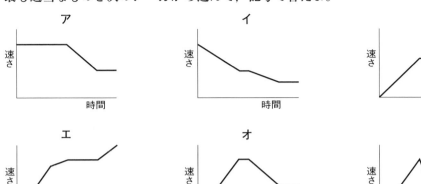

(5) 実験3で，小球がD点を通過するときの速さは，実験2で小球がD点を通過するときの速さと比べてどのようになるか。実験3の①，②のそれぞれの場合について，最も適当なものを次のア～ウ，エ～カから選んで，記号で答えよ。 ①［　　　　　］ ②［　　　　　］

①の場合： ア 実験2のときより遅い　　イ 実験2のときより速い
　　　　　ウ どちらも同じ

②の場合： エ 実験2のときより遅い　　オ 実験2のときより速い
　　　　　カ どちらも同じ

重要 **083** 〉[斜面を下りる物体の運動エネルギー]

運動している物体が，他の物体に衝突するときの関係を調べるために実験を行った。あとの問いに答えなさい。

〔実験〕　斜面と水平面があるレールをなめらかにつなぎ，図1のような実験装置をつくった。基準面からの小球の高さを2cm，4cm，6cm，8cmに変え，斜面上に質量20gの小球を置き，転がして木片に衝突させ，木片の移動距離を測定した。また，速さ測定器で小球が水平面を通過するときの速さをはかった。次に，質量30g，80gの小球についても，それぞれ同じ方法で実験を行った。

図1

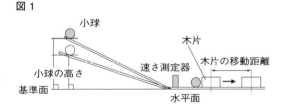

Ⅰ．図2は，図1に示す斜面のレールの上を転がる小球のようすを，0.1秒間隔で発光するストロボスコープを用いて写真に記録したものを模式的に示したものである。A～Dは，写真に記録された小球の位置を表し，数値は各小球間の距離を示している。

図2

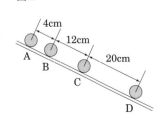

(1) 小球がA～Dまで転がったとき，小球の平均の速さは何m/sか。 [　　　　　　]

(2) 図2の斜面上での小球の速さと時間との関係を表したグラフとして適切なものを，次の
ア～オから1つ選んで，記号で答えよ。 [　　　　　　]

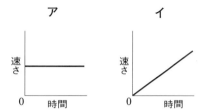 

Ⅱ. 図3は，質量20g，30g，80gのそれぞれの小
球について，小球の高さと木片の移動距離との
関係を表したグラフである。図4は，水平面を
通過するときの小球の速さと木片の移動距離と
の関係を表したものである。

図3

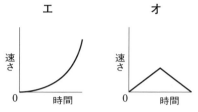

(1) 図3において，小球の高さが8cmのときの，
小球の質量と木片の移動距離との関係を下の図
に•印で書き，線を引いてグラフを完成させよ。

図4

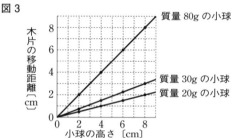

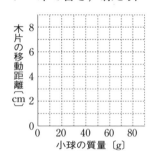

(2) (1)で完成させたグラフから，小球の質量と木片の移動距離にはどのような関係があると考
えられるか，次の言葉に合わせて書け。 [　　　　　　]

　　木片の移動距離は，小球の質量に[　　　]する。

(3) 小球の高さが4cmのとき，質量50gの小球を水平面上に静止している木片に衝突させた
ときの木片の移動距離は何cmになるか，図3をもとに求めよ。 [　　　　　　]

(4) 図3，図4において，小球の高さが3cmのとき，質量80gの小球が水平面を通過したと
きの速さは何m/sか。 [　　　　　　]

(5) 次の文の[　　　]に入る適切な語句を書け。 [　　　　　　]

　　運動エネルギーは，物体の速さが速いほど大きく，[　　　]が大きいほど大きい。

> **ガイド** Ⅰ(1)速さの単位はm/sであることに注意しよう。

重要 084 **[ふりこの運動エネルギーと位置エネルギー]**

ふりこの運動について，次の実験1，2を行った。あとの問いに答えなさい。ただし，摩擦や
空気抵抗は考えないものとする。

〔**実験1**〕　糸の一端におもりをとりつけ，他方の端を壁に打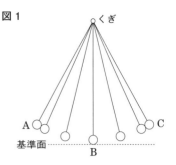
ちつけたくぎに固定し，糸がたるまないようにしておもり
をある高さから静かに放し，ふりこの運動をさせた。この
ようすをデジタルビデオカメラで撮影し，おもりが左端か
ら右端へ1回移動したときの$\frac{1}{6}$秒ごとの位置を調べ，**図1**
に示した。**図1**中のAはおもりを放した位置を示し，おも
りが左端にあるときの位置である。Bはおもりが最も低い
ところにあるときの位置であった。Cはおもりが右端にあるときの位置であった。また，C
は基準面からの高さがAと同じであった。Bにおけるおもりの位置エネルギーを0とする。

(1)　実験1の結果から，おもりがAから移動して再びAに戻ってくるのに要する時間は何秒
と考えられるか。　　　　　　　　　　　　　　　　　　　　　[　　　　　　　]

(2)　おもりがAからCまで1回移動するとき，Aから$\frac{1}{6}$秒後までのおもりの平均の速さを
x cm/s，$\frac{1}{6}$秒後から$\frac{2}{6}$秒後までのおもりの平均の速さをy cm/s，$\frac{2}{6}$秒後から$\frac{3}{6}$秒後までの
おもりの平均の速さをz cm/sとする。次のうち，x, y, zの関係を正しく表している式を1
つ選び，記号で答えよ。　　　　　　　　　　　　　　　　[　　　　　　　]

ア　$x = y = z$　　　イ　$x < y < z$　　　ウ　$x > y > z$　　　エ　$x < y = z$

(3)　実験1において，おもりを放す位置を図2に示したPに変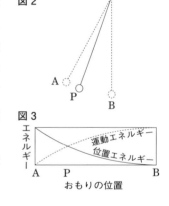
えて実験を行うとする。Pはおもりの位置エネルギーがAに
あるときの$\frac{1}{2}$倍になる点であり，**実験1**においてAからB
まで移動するときに通過する点である。**図3**は，実験1でお
もりがAからBまで移動するときの，おもりの運動エネルギ
ーと位置エネルギーの変化を模式的に表したものである。次
のア〜エのうち，**図3**中にPからおもりを放す場合のおもり
の運動エネルギーの変化を———でかき加えたものとして最
も適しているものはどれか。1つ選び，記号で答えよ。

　　　　　　　　　　　　　　　　　　[　　　　　　　]

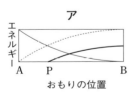

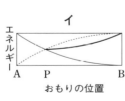

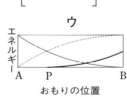

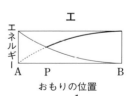

〔**実験2**〕　実験1を同じ大きさで質量の大きなおもりにとりかえて行ったところ，$\frac{1}{6}$秒ごとの
おもりの位置は**実験1**と同じ結果になった。

(4)　次の文中の[　　]から，適切なものを1つずつ選び，記号で答えよ。

　　　　　　　　　　　　　　　　　①[　　　　　　　] ②[　　　　　　　]

　　実験2においておもりを放してから最初にBを通過するときは，実験1においておもり
を放してから最初にBを通過するときと比べて，Bにおけるおもりの瞬間の速さが
①[ア　大きくなる　イ　同じである　ウ　小さくなる]と考えられ，Bにおけるおもりの運
動エネルギーは②[ア　大きくなる　イ　同じである　ウ　小さくなる]と考えられる。

085 [台車の運動エネルギー]

力学台車を斜面上において静かに放したところ，斜面を運動して水平面に達した。このときの台車の運動について，あとの問いに答えなさい。

高さ

(1) 横軸 x を力学台車の水平面からの高さ，縦軸 y を力学台車の位置エネルギーとしたグラフとして最も適切なものを次の a ～ f から 1 つ選び，記号で答えよ。　　　　[　　　]

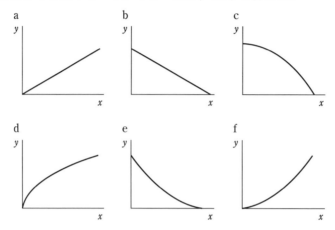

(2) 横軸 x を力学台車の水平面からの高さ，縦軸 y を力学台車の運動エネルギーとしたグラフとして最も適切なものを(1)の a ～ f から 1 つ選び，記号で答えよ。　　　　[　　　]

(3) 次の①，②のグラフとして最も適切なものを，それぞれ(1)の a ～ f から選んだときの組み合わせはどうなるか。下のア～カのなかから 1 つ選び，記号で答えよ。　　　　[　　　]

① 横軸 x を力学台車を放してからの時間，縦軸 y を力学台車の速さとしたグラフ
② 横軸 x を力学台車を放してからの時間，縦軸 y を力学台車の高さとしたグラフ

　ア ① a ② b　　　イ ① a ② c　　　ウ ① a ② e
　エ ① f ② b　　　オ ① f ② c　　　カ ① f ② e

(4) 次の①，②のグラフとして最も適切なものを，それぞれ(1)の a ～ f から選んだときの組み合わせはどうなるか。下のア～カのなかから 1 つ選び，記号で答えよ。　　　　[　　　]

① 横軸 x を力学台車を放してからの時間，縦軸 y を力学台車の位置エネルギーとしたグラフ
② 横軸 x を力学台車を放してからの時間，縦軸 y を力学台車の運動エネルギーとしたグラフ

　ア ① b ② a　　　イ ① b ② f　　　ウ ① c ② d
　エ ① c ② f　　　オ ① e ② a　　　カ ① e ② d

ガイド (3)① 斜面の傾きが変わらなければ，台車を斜面にそって動かそうとする力は一定である。

086 [力学的エネルギー]

次の実験について，あとの問いに答えなさい。

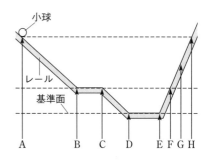

花子さんは授業で，物体のもつエネルギーについて調べるために，右の図のような材質が均一なレールと小球を用いて，次の実験を行った。ただし，小球がレールを離れることはないものとし，レール上の点BC間と点DE間は水平で，図の点線(-------)は基準面および基準面からの高さが等しい水平な面を表している。また，下の会話は，花子さんと先生が実験のあとに交わしたものの一部である。

〔実験〕　小球を点Aに置き，静かに手を離して小球を転がし，小球が点Aと同じ高さの点Hに到達するかどうかを調べる。

〔結果〕　小球は点Aから点B～点Fを経て，点Gまでのぼり，点Hには到達しなかった。

> 花子　授業で，位置エネルギーと運動エネルギーの和である　X　エネルギーは一定に保たれると勉強したので，小球は点Aと同じ高さの点Hに到達すると予想したのですが，到達しませんでした。
>
> 先生　レールを転がる小球に対しては様々な力がはたらきます。　X　エネルギーが別のエネルギーに移り変わるため，　X　エネルギーは保存されないということも以前の授業で勉強しましたね。
>
> 花子　なるほど，摩擦力や空気の抵抗などがはたらくので，小球は点Hに到達しなかったのですね。

(1)　会話中の　X　に入る最も適当な語句を，ひらがな6字で書け。　[　　　　　]

(2)　小球が点Aから点Gまで運動するときの，小球のもつ位置エネルギーの大きさの変化を模式的に表したものとして最も適当なものを，次のア～カから1つ選べ。　[　　　　　]

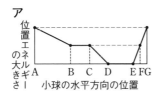

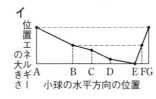

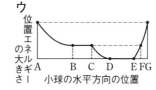

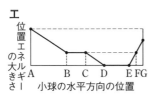

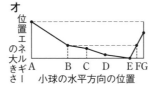

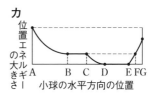

(3)　小球が点Aから点Gまで運動するときの，点B・点C・点Fにおける速さを比べた。このとき，小球の速さが最も速い点と最も遅い点を，B・C・Fからそれぞれ1つずつ選べ。

最も速い点[　　　　　]　　最も遅い点[　　　　　]

ガイド　(2)物体の質量が一定の場合，位置エネルギーの大きさは高さに比例する。

最高水準問題
解答 別冊 p.28

087 次の文章を読み，あとの問いに答えなさい。
（長崎・青雲高）

図1のように，斜面AB，水平面BC，斜
面CDがあり，互いになめらかにつながって
いる。点Aに小物体を置いて，静かに放した

 図1

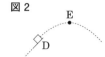 図2

ところ，小物体は動きはじめ，点Dを通過したあとは，図2のように曲線をかいて運動した。ただし，
点Dの高さは点Aより低く，小物体にはたらく摩擦力や空気抵抗は無視できるものとする。

⑴ 小物体が斜面AB上を動いているとき，次の①〜③のそれぞれの関係を表すグラフとして最も適
するものを下のア〜クから選び，記号で答えよ。ただし，グラフの横軸は，小物体が点Aから動き
はじめてからの経過時間を示すものとする。

① 縦軸を小物体の速さにしたときのグラフ　　　　　　　　　　　　　　　［　　　　］

② 縦軸を小物体の移動距離にしたときのグラフ　　　　　　　　　　　　　［　　　　］

③ 縦軸を小物体の位置エネルギーにしたときのグラフ　　　　　　　　　　［　　　　］

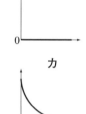
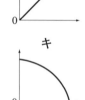
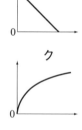

⑵ 図3のグラフは，縦軸に小物体の速さを，横軸に小物体が点Bを通
過してからの経過時間をとり，水平面BC上を点Bから点Cまで動く
小物体の運動のようすを表したものである。図4のように斜面ABの
傾きを小さくして同様の実験を行うと，速さと経過時間の関係を表す
グラフはどのようになるか。最も適するものを次のア〜ウから選び，
記号で答えよ。図3のグラフとア〜ウのグラフの
目盛りは同じである。　　　　　　　　［　　　　］

 図3

図4

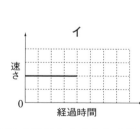
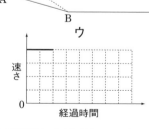

⑶ 図2に示した点Eは，点Dを通過したあとに小物体が到達した最高点で，点Eに達した瞬間，
小物体は水平右向きに運動していた。点Aと点Eの水平面BCからの高さをそれぞれH，hとす
るとき，Hとhの関係について，正しいものを次のア〜ウから選び，記号で答えよ。［　　　　］
　ア　$H > h$　　イ　$H = h$　　ウ　$H < h$

088 次の文章を読み，あとの問いに答えなさい。ただし，ここでは，$\sqrt{3}=1.73$ の値を用いて計算し，
　　　(2)および(4)については，小数第2位まで答えなさい。

(兵庫・灘高)

図1

　図1のように，軽くて伸び縮みしない糸の先端に，小さなおもりをと
りつけた。おもりを鉛直につるした最下点Aから，糸が鉛直線と30°の
角度をなすB点まで，糸をたるませずに持ち上げて静かに手をはなした
ところ，おもりが最下点Aを速さ1m/sで通過した。空気抵抗は考えな
いものとする。

　一般に，ある物体のもつ位置エネルギーは，その物体の質量と，基準
点からの高さに比例する。また，運動エネルギーはその物体の質量と，速
さの2乗に比例する。

(1)　糸が鉛直線と60°の角度をなすC点まで同様におもりを持ち上げた。A点を基準にした，B点と
　　C点の高さの比を，簡単な整数の比で答えよ。　　　　　　　　　　　　　　[　　　　　　　]

(2)　おもりをC点から静かにはなしたとき，A点を通過するときの速さは何m/sになるか。

　　　　　　　　　　　　　　　　　　　　　　　[　　　　　　　]　図2

(3)　同じ質量のおもりをつけた，糸の長さ1mのふりこと，長さ2mのふりこ
　　がある。糸がどちらも鉛直線に対して60°の角をなすところまでおもりを持
　　ち上げて，静かに手をはなしたとする。両方の糸が鉛直線と同じ角度をなす
　　位置にきたところで比較する(実際には同時にこの位置にくることはないが，
　　図2では比較のために重ねてある)。　にあてはまる適当な数をそれぞ
　　れあとのア～キから1つ選び，記号で答えよ。

　①　2mのふりこのおもりが最上点から落下した高さは，1mの場合の　倍。　[　　　　　　　]

　②　2mのふりこのおもりがもつ運動エネルギーは，1mの場合の　倍。　　　[　　　　　　　]

　③　2mのふりこのおもりの速さは，1mの場合の　倍。　　　　　　　　　　[　　　　　　　]

　④　2mのふりこのおもりが図2のように，ごくわずかの角度を動く道のりは，1mのふりこが同
　　じ角度を動く道のりの　倍。　　　　　　　　　　　　　　　　　　　　　[　　　　　　　]

　⑤　上記④において，2mのふりこのおもりがごくわずかの角度を動くのに要する時間は，1mの
　　ふりこが同じ角度を動くのに要する時間の　倍。　　　　　　　　　　　　[　　　　　　　]

　　ア　1　　イ　$\sqrt{2}$　　ウ　$\dfrac{1}{\sqrt{2}}$　　エ　2　　オ　$\dfrac{1}{2}$　　カ　4　　キ　$\dfrac{1}{4}$

(4)　図3のような，大小2つの滑走台をつ
　　くった。図4はそれらを横から見たとこ
　　ろである。滑走面の形は円と直線を組み
　　合わせたものであり，2つの滑走面の形
　　は相似比が3：1の相似形になっている。
　　2つの台にそって，それぞれ台の最も高

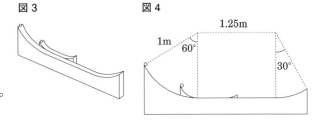

図3　　　　　図4

い点から静かに小物体を滑らせる。摩擦や空気抵抗は無視できるものとする。やがて物体は右端か
ら空中へ飛び出す。小物体を滑らせはじめてから飛び出すまでの時間を比べると，大きな台の場合
の所要時間は小さな台の場合の所要時間の何倍になるか。　　　　　　　　　　[　　　　　　　]

解答の方針

088　(1)糸の長さを1とすると，Bの高さは $1-\dfrac{\sqrt{3}}{2}$，Cの高さは $\dfrac{1}{2}$ となる。$\sqrt{3}=1.73$ として計算する。

089 次の実験1～実験4を参考にして，あとの(1)～(6)で指示されたグラフを選択肢ア～サのなかからそれぞれ1つずつ選んで，記号で答えなさい。ただし，同じ記号をくり返し選んでもよいものとする。

（京都・洛南高）

〔**実験1**〕　糸に球Aをつけてふりこをつくった。図1は，Aを放す高さが10cmのときの，Aの位置と時間の関係を示したものである。また図2は，Aを放す高さとAの点Pでの速さの関係を表したグラフである。

〔**実験2**〕　Aをいろいろな高さのところで放し，図3のように点Pで，静止している球Bに衝突させた。Bは衝突直前のAと同じ速さで水平に飛び出し，床に達した。図4のB_1～B_5は，Bが飛び出してから0.1秒ごとの位置を示したもので，(a)～(c)はそれぞれAを放す高さを10cm，5cm，2.5cmにしたときのようすである。

〔**実験3**〕　壁に固定したばねKをなめらかで水平な台の上に置き，球Cをつけた。図5は，自然の長さから10cm縮めてCを放したときの位置と時間の関係を表したものである。図6は，ばねKを縮めた長さとばねKが自然の長さに戻った瞬間のCの速さとの関係を表したものである。

〔**実験4**〕　図7のように，ばねKが自然の長さになるところに実験1で用いたふりこを置いた。ばねKを自然の長さから縮めてCを放すと，衝突後，Aは衝突直前のCと同じ速さで飛び出した。

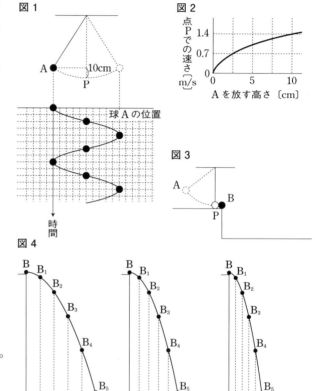

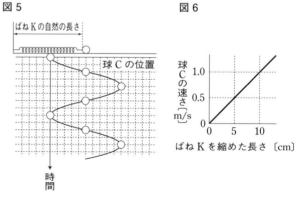

(1)　**実験1**において，横軸にAを放す高さ，縦軸にAが1往復する時間をとったグラフ

［　　　　］

(2)　**実験1**において，高さ10cmのところからAを放したとき，Aが動きはじめてからいったん止まるまでの間で，横軸にAの位置，縦軸にAの速さをとったグラフ　　　　［　　　　］

(3)　**実験2**において，横軸にAを放す高さ，縦軸にBが床に達するまでの時間をとったグラフ

［　　　　］

(4) 実験2において，横軸にAを放す高さ，縦軸にBが床に　図7
達した点までの水平距離をとったグラフ

[　　　]

(5) 実験4において，横軸にAの衝突直後の速さ，縦軸にA
の最高点の高さをとったグラフ

[　　　]

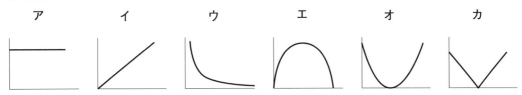

(6) 実験4において，横軸にばねKを縮めた長さ，縦軸にAの最高点の高さをとったグラフ

[　　　]

〔選択肢〕

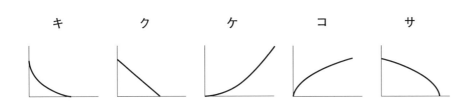

ア　イ　ウ　エ　オ　カ

キ　ク　ケ　コ　サ

---

090 右の図は，小球が落下するときのストロボ写真（発光間隔 0.04 秒）のようすを示した
ものである。また，下の表は小球が落下しはじめてからの時間 t 秒と小球の落下距
離 y cm を示したものである。ここでは，空気抵抗は無視できる。あとの問い(1)〜
(8)に答えなさい。　　　　　　　　　　　　　　　　　　　　　　　　　　（京都府）

	A	B	C	D	E	F	G
t〔秒〕	0	0.04	0.08	0.12	0.16	0.20	0.24
y〔cm〕	0	0.78	3.13	7.06	12.6	19.7	28.4

(1) t 秒後の落下距離 y cm を表すグラフとして最も適当なものをア〜エから1つ選び，記
号で答えよ。

[　　　]

ア　　　　　　　イ　　　　　　　ウ　　　　　　　エ

解答の方針

089 (4)図2で，Aを放す高さが 2.5 cm → 10 cm（4倍）になると，点Pでの速さは 0.7 m/s → 1.4 m/s（2倍）
になっている。

(2)　(1)のグラフを表す式として最も適当なものをア～エから1つ選び，記号で答えよ。ただし，a は
　　定数を表す。　　　　　　　　　　　　　　　　　　　　　　　　　[　　　　　]

　ア　$y = at$　　イ　$y = at^2$　　ウ　$y = \dfrac{a}{t}$　　エ　$y = a\sqrt{t}$

(3)　(2)における定数 a として最も近いものをア～オから1つ選び，記号で答えよ。

　　　　　　　　　　　　　　　　　　　　　　　　　　　　[　　　　　]

　ア　290　　イ　390　　ウ　490　　エ　590　　オ　690

(4)　CD 間の平均の速さは何 cm/s か。小数第1位を四捨五入して整数で答えよ。

　　　　　　　　　　　　　　　　　　　　　　　　　　　　[　　　　　]

(5)　t 秒後の速さ v cm/s を表すグラフとして最も適当なものをア～エから1つ選び，記号で答えよ。

　　　　　　　　　　　　　　　　　　　　　　　　　　　　[　　　　　]

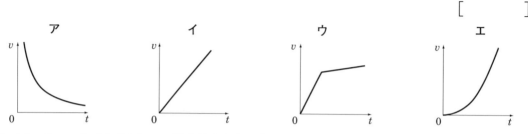

(6)　(5)のグラフを表す式として，最も適当なものをア～エから1つ選び，記号で答えよ。ただし，b
　　は定数を表す。

　　　　　　　　　　　　　　　　　　　　　　　　　　　　[　　　　　]

　ア　$v = bt$　　イ　$v = bt^2$　　ウ　$v = \dfrac{b}{t}$　　エ　$v = b\sqrt{t}$

(7)　(6)における定数 b として最も近いものをア～オから1つ選び，記号で答えよ。

　　　　　　　　　　　　　　　　　　　　　　　　　　　　[　　　　　]

　ア　580　　イ　680　　ウ　780　　エ　880　　オ　980

　次に，小球が落下の際に空気抵抗が無視できない場合を考え
てみよう。このとき，時間 t 秒と小球の速さ v cm/s の関係は右
のグラフのようになった。これを参考にして，次の問いに答えよ。

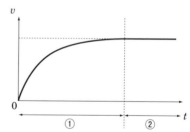

(8)　グラフ中の

　①　小球の速さが一定になる前

　②　小球の速さが一定になったあと

のそれぞれの区間において，(i)運動エネルギー，(ii)位置エネルギー，(iii)力学的エネルギー

は小球が落下している間にどのように変化するか。下の表のア～タから1つ選び，記号で答えよ。

　　　　　　　　　　　　　　　　　　　　　①[　　　　　]　②[　　　　　]

	ア	イ	ウ	エ	オ	カ	キ	ク	ケ	コ	サ	シ	ス	セ	ソ	タ
(i)	増加	増加	増加	増加	増加	減少	減少	減少	減少	減少	不変	不変	不変	不変	不変	不変
(ii)	不変	不変	減少	減少	減少	不変	不変	増加	増加	増加	増加	増加	増加	減少	減少	減少
(iii)	増加	不変	増加	減少	不変	減少	不変	増加	減少	不変	増加	減少	不変	減少	増加	不変

091 重さを無視できる定滑車と糸を使って，おもりをつるす実験を行った。重さが20Nのおもり
AとBを両側につるしたところ，図1のようにつりあって静止した。次の問いに答えなさい。

（千葉・市川高）

(1) 図1の状態で，おもりAを鉛直上方に軽くついたところ，0.10m/sの一定の速さで鉛直上方に動きはじめた。点線を基準としたおもりBのもつ位置エネルギーは毎秒何J変化するか。

[　　　　　　　　]

難(2) 図2のように，おもりAを手で支え，おもりBの下に重さ20NのおもりCを取り付けた。おもりAから手を離してしばらくすると，おもりAは0.50m移動していた。このとき，おもりAの運動エネルギーは何Jか。

[　　　　　　　　]

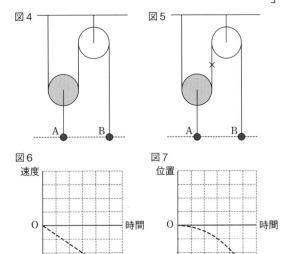

(3) 図2のように，おもりAとBを点線上にある状態で静止させた。その後，図3のように，おもりから手を離すのと同時に，定滑車をつるしている糸も切った。糸を切ったあとのおもりAとBはどのように運動するか。AとBの位置に着目して説明せよ。

[　　　　　　　　　　　　　　]

(4) 次の図4のように，動滑車をさらに組み合わせたところ，つり合って静止した。動滑車の重さは何Nか。

[　　　　　　　　]

(5) 図4の状態で，図5に示した×をつけた点で糸を切った。図6と図7に，おもりAのその後の速度変化と位置変化のようすを点線で示した。おもりBの速度変化と位置変化のようすを図に実線でかき入れよ。ただし，糸の摩擦は無視できるものとする。

解答の方針

090 (4)平均の速さ〔m/s〕＝進んだ距離〔m〕÷かかった時間〔s〕

　　(8)摩擦や空気抵抗がない場合に限り，力学的エネルギーは保存される。

091 (3)地球の重力による速度の変化は，物体の質量にかかわらず一定である。

　　(4)Bの重さが20Nなので，動滑車は20〔N〕×2＝40〔N〕の力で物体Aと動滑車を支えていることになる。

1 次の文章の空欄（　①　）～（　⑥　）には適当な数値を，（　⑦　）には「上」または「下」のどちらかの語句を入れなさい。ただし，質量100gの物体にはたらく重力の大きさを1Nとし，水の密度を1g/cm³とする。

（大阪星光学院高改）

（各4点，計28点）

図1のような水が入ったメスシリンダーの水面から深さ20cmのところに，面積10cm²の面Sがあるとする。その面Sの真上にのっている水の重さは（　①　）Nであるから，その水が面Sを押す圧力は（　②　）hPaとなり，これが深さ20cmでの水圧となる。ここで，もし面Sの面積が5cm²であったとして，深さ20cmのところの水圧を計算すると，（　②　）hPaとなる。また，水面からの深さ10cmのところに，面積が10cm²の面S′を考えると，深さ10cmでの水圧は（　③　）hPaとなる。以上のように，水圧の大きさは水面からの深さだけで決まり，その大きさは深さに比例する。

図1

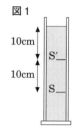

10cm

S′

10cm

S

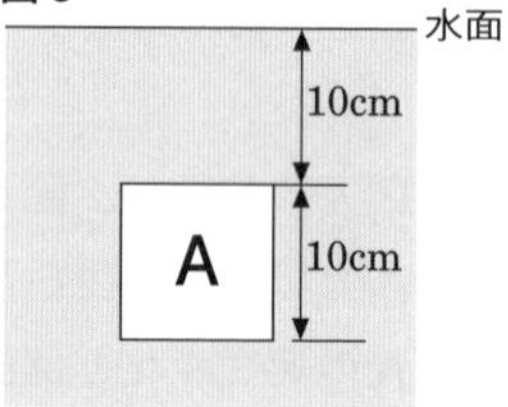

水中にある物体に対しては，水圧はその表面に対して垂直な向きにはたらく。次に図2のような立方体が，図3のように面Eが水面からの高さが10cmのところで，水平になるように，水中に静止している場合を考える。この物体が周囲の水からうける力を考えると，面Aと面Cがうける力，および面Bと面Dがうける力は互いに打ち消し合うため，物体が水からうける力は面Eがうける力と面Fがうける力との差になる。面Fの深さでの水圧は20hPa，面Eの深さでの水圧は10hPaであるので，面Fがうける力の大きさは（　④　）N，面Eがうける力の大きさは（　⑤　）Nとなる。すなわち，この物体は（　⑥　）Nの大きさの（　⑦　）向きの力を水からうけていることになる。これが「浮力」と呼ばれる力で，その大きさは，物体と同体積の水にはたらく重力の大きさに等しくなる。

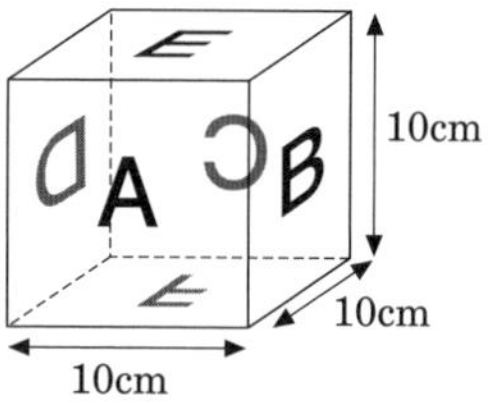

図2

10cm

10cm

10cm

図3

水面

10cm

A

10cm

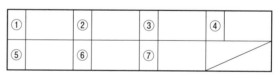

①		②		③		④	
⑤		⑥		⑦			

2 次の実験について，あとの問いに答えなさい。

（福岡県）（(1)(2)各4点，(3)**10**点，計**22**点）

電線用カバー（モール）を使って，図1のようなジェットコースターのモデルをつくり，鉄球を手から静かに放して転がしたときの運動のようすを調べた。

ただし，C点とE点は水平面上にあり，摩擦や空気の抵抗は考えないものとする。

(1) 図1に示すA点～D点のうち，S点から転がしたとき鉄球の速さが最も大きい点はどこか。A点～D点から1つ選び，記号で答えよ。

図1

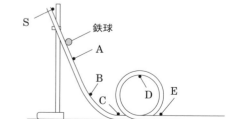

S

鉄球

A

B

C

D

E

(2) E点を通過している鉄球にはたらく力を，正しく表したものを図2のア～エから1つ選び，記号で答えよ。また，E点での鉄球の速さは，200 cm/s であった。E点を通過後，0.3 秒間で鉄球が移動した距離は何 cm か。

図2

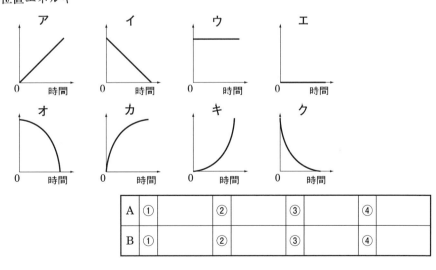

(3) C点での鉄球の速さは，A点から転がしたときよりもS点から転がしたときのほうが大きかった。その理由を，「位置エネルギー」，「運動エネルギー」という2つの語句を用いて簡潔に書け。

(1)		(2)記号		距離		
(3)						

---

3 次の問いに答えなさい。　　　　　　　　(東京・筑波大附高)(各2点，計16点)

ボールを地上から鉛直上方に投げ上げると，ボールは上昇し，やがて落下してきた。この運動で，

A．手を離れてから上昇し，頂点に達するまで

B．頂点から落下し，地上に達するまで

のそれぞれについて，次の①～④の量の時間変化を表しているグラフをあとのア～クからそれぞれ1つずつ選び，記号で答えよ。同じ記号を2回以上選んでもよい。ただし，空気抵抗はないものとする。

① ボールにはたらく上向きの力の大きさ

② ボールにはたらく下向きの力の大きさ

③ ボールのもつ運動エネルギー

④ ボールのもつ位置エネルギー

	A						
A	①		②		③		④
B	①		②		③		④

4 あとの問いに答えなさい。ただし，問題中に出てくる「ひも」「動滑車」「定滑車」の質量は0とし，滑車とひもの間の摩擦と物体にはたらく空気抵抗は無視できるものとする。(奈良・西大和学園高)

((1)(7)各3点，(2)(3)(4)(5)(6)(8)(9)各4点，計34点)

I

(1) 図1のように重さが10Nのおもりを静かに0.2m持ち上げるときに必要な仕事は何Jか答えよ。

(2) 図2のように動滑車と天井に取り付けられた定滑車を用いて重さが10Nのおもりを静かに持ち上げる。図2のひもの㋐の部分を何Nで引っ張ればよいか答えよ。また，おもりを0.2m引き上げるとき，㋐の部分は何m引き下げる必要があるか答えよ。

(3) 図3のようななめらかな斜面にそって重さが20Nのおもりをh＝0.2mの高さだけ静かに引き上げる。このときおもりは斜面にそってL＝0.5m移動した。図3のひもの㋑の部分に何Nの力を加えればよいか答えよ。

(4) 図4(i)のふりこを図4(ii)のように最下点よりh＝0.1mの高さまで持ち上げ，静止させたのち，静かに手を離す実験をする。以下の量のうち，地上で実験した結果と月面上で実験した結果が同じになると考えられるものをすべて選び，記号で答えよ。

ア　最下点より0.1mの高さまで持ち上げるときに必要な仕事。

イ　最下点通過時の速さ。

ウ　手を離したあと，反対側で静止したときの最下点からの高さ。

エ　手を離してから，元の位置に戻ってくるまでの時間。

図1

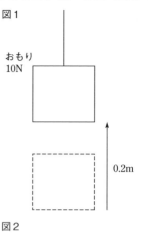

おもり
10N

0.2m

図2

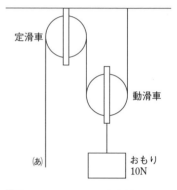

定滑車

動滑車

㋐　おもり
10N

図3

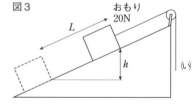

おもり
20N

L

h

㋑

図4 (i) 　　　　図4 (ii)

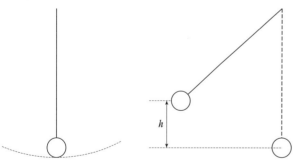

h

II

3種類の物体A，B，Cと平坦で長さが2mの板X，Yがある。これらを用いて以下の6つの実験を行った。ただし，A，B，Cの大きさは，板の長さや幅に対して十分小さいものとする。

〔実験1〕板Xを水平に固定し，物体A，B，Cをそれぞれ板の片方の端2m/sですべらせた。すると，いずれの物体も2m/sの速さのまま反対側の端に達した。

〔実験2〕板Yを水平に固定し，物体A，B，Cをそれぞれ板の片方の端より，初めの速さを2m/sで

すべらせはじめた。すると，A は反対側の端に達したが，B，C は初めの端よりそれぞれ 1m と 0.6m の位置で静止した。

〔実験 3〕板 X を水平面に対してある角度だけ斜めに傾けて固定し，物体 A，B，C を下の端より斜面にそって上向きに，それぞれ初めの速さを 2m/s ですべらせはじめたところ，いずれの物体も同じ位置で速さが一度 0 になり，その後斜面にそって下向きにすべりおりてきた。

〔実験 4〕板 Y を水平面に対してある角度だけ斜めに傾けて固定し，物体 A，B，C を下の端より斜面にそって上向きに，それぞれ初めの速さを 2m/s ですべらせはじめたところ，A は速さが一度 0 になったあと，斜面にそって下向きにすべりおりてきた。B，C は速さが一度 0 になった位置で静止し続けた。B が静止した位置は下の端より斜面にそって 0.5m の位置であった。

〔実験 5〕実験 4 と同じように板 Y を固定し，物体 A，B，C をそれぞれ上の端より斜面にそって下向きに初めの速さを 2m/s ですべらせはじめたところ，C は 2m/s のまますべりおりた。

〔実験 6〕動滑車と天井に取り付けた定滑車とひもを用い，図 5 のようにつるすと，A，B，C は静止した。

図 5

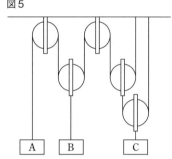

(5)　以下の 2 つの力のうち力のつり合いの関係にあるものをすべて選び，記号で答えよ。

　ア　実験 1 における板 X が物体 A を押す力と物体 A にはたらく重力。

　イ　実験 2 における板 Y が物体 B に及ぼす摩擦力と物体 B が進む推進力。

　ウ　実験 3 における板 X が物体 B を垂直に押す力と物体 B にはたらく重力。

　エ　実験 4 において物体 B が静止したあと，板 Y が物体 B に与えるすべての力と物体 B にはたらく重力。

　オ　実験 5 において板 Y が物体 C に与えるすべての力と物体 C にはたらく重力。

(6)　実験 6 の結果より物体 A，B，C の質量の比を最も簡単な整数比で答えよ。

(7)　実験 3 において，物体 A，B，C がすべりおり，下の端に戻ってきたときの A，B，C の速さの大小関係はどうなっているか。例にならって等号，不等号を用いて表せ。

　例）　A と B が同じ速さ，C が B より遅い場合　　　解答　（　A ＝ B ＞ C　）

(8)　実験 4 において，物体 C が静止した位置はどこになるか。適当なものを 1 つ選び，記号で答えよ。

　ア　下の端から斜面にそって上向きに 0.3m より下側の位置。

　イ　下の端から斜面にそって上向きに 0.3m の位置。

　ウ　下の端から斜面にそって上向きに 0.3m から 0.5m の間の位置。

　エ　下の端から斜面にそって上向きに 0.5m の位置。

　オ　下の端から斜面にそって上向きに 0.5m より上側の位置。

(9)　実験 5 において，物体 A，B，C をすべらせはじめてから斜面の下の端までに達する時間の大小関係はどうなっているか。(7)の例にならって等号，不等号を用いて表せ。

(1)		(2)				(3)	
(4)		(5)		(6)		(7)	
(8)		(9)					

1 天体の1日の動き

標 準 問 題 ──────────────────────── 解答 別冊 p.32

重要 092 [太陽の1日の動き(1)]

地球から見た太陽の動きに関して，次の問いに答えなさい。

(1) 太郎さんは，夏至の日に，日本のある地点 P で，太陽の
動きを観察した。太郎さんは，右の図1のように，午前8
時から午後4時まで，1時間ごとの太陽の位置を透明半球上
に記録し，その後，記録した点をなめらかな線で結び，透
明半球上に太陽の動いた道筋をかいた。図1中の点 X，点
Y は，その道筋を延長した線と透明半球上のふちとが交わ
る点である。下の図2は，点 X から点 Y まで透明半球上にかいた太陽の動いた道筋にひも
を重ねて，点 X と1時間ごとの太陽の位置と点 Y を写しとり，各点の間の長さをそれぞれ
はかった結果を示したものである。これに関して，あとの①～③の問いに答えよ。

図1

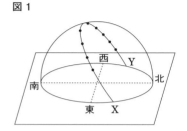

図2

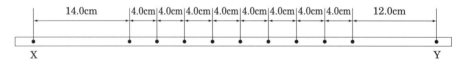

① 図2の結果から，地点 P におけるこの日の日の入りの時刻は，いつごろであると考え
られるか。次のア～エから最も適当なものを1つ選んで，その記号を書け。 [   ]

ア 午後6時ごろ　　イ 午後6時30分ごろ

ウ 午後7時ごろ　　エ 午後7時30分ごろ

② この日の太陽の南中高度をはかったところ，78°であった。地軸が，地球の公転面に対
して垂直な方向から 23.4° 傾いているとして，地点 P の緯度はおよそ北緯何度であると考
えられるか。次のア～エから最も適当なものを1つ選んで，その記号を書け。

[   ]

ア 北緯 38°　　イ 北緯 35°　　ウ 北緯 32°　　エ 北緯 29°

③ 太郎さんは，地点 P におけるこの日の太陽の南中時刻と，同じ緯度の別の地点 Q にお
けるこの日の太陽の南中時刻を調べたところ，地点 Q は地点 P と比べて太陽の南中時刻
が 20分遅いことがわかった。次のア～エのうち，地点 P と地点 Q におけるこの日の太陽
の見え方として，最も適当なものはどれか。1つ選んで，その記号を書け。 [   ]

ア 太陽の南中高度は，地点 P のほうが地点 Q よりも 5° 高い。

イ 日の出から日の入りまでの時間は，地点 Q のほうが地点 P よりも 20分長い。

ウ 日の出の時刻は，地点 Q のほうが地点 P よりも 20分早い。

エ 日の入りの時刻は，地点 P のほうが地点 Q よりも 20分早い。

(2) 次のア〜エの図のうち, 赤道上のある地点での夏至の日の太陽の動いた道筋を, 天球に示したものはどれか。最も適当なものを1つ選んで, その記号を書け。　　[　　　　]

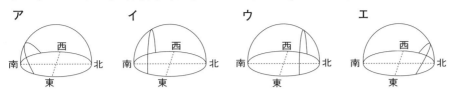

ア　　　　　　イ　　　　　　ウ　　　　　　エ

(3) 地上から恒星や太陽などの天体を観察すると, 天体は1日に1回地球のまわりを回るように見える。このように地球の自転によって生じる天体の見かけの動きは何と呼ばれるか。その名称を書け。　　[　　　　　　　　]

093 [星の動き(1)]

冬の夜に, ある地点で天体の観測を行った。図1は北の空を, 図2は南の空を観測した結果を, それぞれ模式的に示したものである。あとの問いに答えなさい。

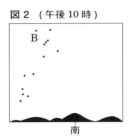

図1 (午後10時)　　　　　図2 (午後10時)

北　　　　　　　　　　南

(1) 北の夜空を何時に観測しても, 北極星がほぼ同じ位置に見える理由を簡潔に書け。
　　[　　　　　　　　　　　　　　　　　　　　　　　　　]

(2) 図1の1時間後, 星Aは北極星を中心に何度回転しているか, 書け。
　　　　　　　　　　　　　　　　　　　　[　　　　　　]

(3) この地点に立って,
　① 1か月後に北の夜空を観測するとき, 星Aが図1と同じ位置に見えるのは午後何時か, 書け。　　　　　　　　　　　　　　　　[　　　　　　]
　② 3か月後の午後10時に, 星Bを含む星座はどのように見えるか, 次のア〜エから最も適切なものを選び, 記号で答えよ。　　　　　　　　[　　　　]

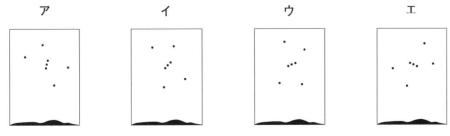

ア　　　　　　イ　　　　　　ウ　　　　　　エ

(4) 夏至のころに, この地点で図2の星Bを見ることができない理由を, 地球の動きに着目して, 簡潔に書け。　　[　　　　　　　　　　　　　　　　　　　　　]

ガイド (3)恒星の位置は, 1時間に地球の自転のために15°回転する。また同じ時刻に見える恒星の位置は1か月に30°回転する。

重要 094 **[太陽の1日の動き⑵]**

9月上旬に，宮崎県のある場所で，太陽の1日の動きを調べるために次の観測を行った。あとの問いに答えなさい。

〔観測〕

1 水平なところで，図1のような器具を使って，9：00から2時間ごとに，太陽の位置とそのときの時刻を透明半球の球面にフェルトペンで記録した。このとき，ペンの先の影が透明半球と同じ大きさの円の中心Oにくる位置で印をつけ，太陽の位置とした。

2 2時間ごとに記録した点をなめらかな曲線で結び，透明半球のふちまで伸ばし，9：00の点から延長した点をP(●)，真南の方向をS，太陽がいちばん高くなった位置をQ(◎)とした。

3 透明半球上にかいた曲線を紙テープにうつしとり，Pから各時刻の点までの長さを調べ，表を作成した。

〔結果〕

時刻	9：00	11：00	13：00	15：00	17：00
Pから各時刻の点までの長さ〔cm〕	8.5	13.5	18.5	23.5	

※17：00はくもっていて記録できなかった。

(1) 1で，透明半球を天球と考えると，図1のOは何を示すか。次のア～エから1つ選び，記号で答えよ。　　　　　　　　　　　　　　　　［　　　　］

ア 地平線　　イ 観測者の位置　　ウ 天頂　　エ 天の北極

(2) 結果の表で，17：00はくもっていて記録できなかったが，太陽の動きには規則性が見られ，17：00の値が予想できる。この太陽の動きの規則性を説明するのに適切なものはどれか。次のア～エから1つ選び，記号で答えよ。　　　　　　　　　　　　　　［　　　　］

ア 地球が地軸を中心に1日に1回転，自転していること。

イ 地球が地軸の傾きを一定に保って公転していること。

ウ 太陽が自ら回転していること。

エ 季節によって太陽の日周運動が変化すること。

(3) 2のQについて，次の①～③の問いに答えよ。

① 図1の∠QOSで示される角度のことを何というか。

　　　　　　　　　　　　　　　　　　　　　［　　　　　　］

② 図2は，図1の透明半球を真上から見たようすを示している。11：00の点とQの間隔は3cmであった。太陽がQを通過したと考えられる時刻を求めよ。　　　　［　　　　　　］

③ 同じ日に，次のア～エの場所で同じような観測をした場合，Qの位置が最も高くなるのはどこか。最も適切なものを1つ選び，記号で答えよ。　　　　　　［　　　　］

ア 札幌市　　イ 仙台市　　ウ 広島市　　エ 鹿児島市

095 〉[太陽の1日の動き(3)]

太陽の動きにともなって影の位置が変わることを利用して日時計をつくった。この日時計を使って，夏至の日に岩手県内のある場所(北緯39度)で，次のような観察を行った。これについて，あとの問いに答えなさい。

〔観察〕

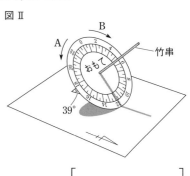

図Ⅰ

①　図Ⅰのように，厚紙を円形に切り，その両面に日時計の文字盤をかいた。

②　竹串を文字盤の中心に，文字盤と垂直になるようにさした。

③　日時計のおもて面を真北に向け，文字盤の12を真下にして，竹串が地軸と平行になるように，水平面に置いた。

④　太陽が東の地平線からのぼったとき，実際の時刻は4時10分だった。

⑤　図Ⅱのように，太陽が南中し竹串の影が文字盤の12を指したとき，実際の時刻は11時40分だった。

図Ⅱ

⑥　実際の時刻が12時のときに，竹串の影が文字盤の12を指すように，竹串を軸に文字盤を回転させた。

⑦　太陽が西の地平線に沈んだ。

(1)　太陽は，東の地平線からのぼって，南の空を通り，西の地平線に沈む。このような太陽の1日の見かけの動きを何というか。言葉で書け。

[　　　　　　　　]

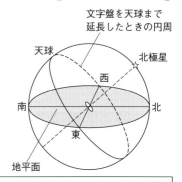

文字盤を天球まで延長したときの円周

(2)　次の文は，文字盤のうら面を使う期間について述べたものである。あとのア～エのうち，文中の（ X ），（ Y ）にあてはまる言葉として最も適当なものはどれか。日時計と観察地点における地平面，天球を模式的に表した右の図を参考に，それぞれ1つ選び，その記号を書け。

X[　　　　] Y[　　　　]

　　図のように，文字盤を天球まで延長したときの円周は（ X ）と（ Y ）の太陽の通り道になる。よって，（ X ）から（ Y ）までの半年間は，太陽はこの円周より低いところを通るので，太陽の光はうら面だけにあたることになり，竹串の影がうら面にできる。

ア　春分の日　　　イ　夏至の日　　　ウ　秋分の日　　　エ　冬至の日

(3)　⑥で，図Ⅱの文字盤をA，Bどちら向きに何度回転させたか。向きは記号で，角度は数字でそれぞれ書け。　　　　　　　　　　　向き[　　　　] 角度[　　　　]

(4)　④，⑤，⑦で，この日の日の入りの時刻は何時何分か。また，この観察から，冬至の日の昼の長さは何時間と考えられるか。それぞれ数字で書け。

日の入りの時刻[　　　　] 冬至の日の昼の長さ[　　　　]

096 〉[**太陽の1日の動き**(4)]

千葉県のある学校で，太陽の1日の動きを調べるため，2月のある日に観察を行った。これに関して，あとの問いに答えなさい。

〔観察〕(2月のある日)

① 図1のように，水平に置いた厚紙に透明半球と同じ直径の円をかいたあと，中心の点Oを通り直角に交わる線ACと線BDを引いた。方位磁針を使って線ACを南北に合わせ，円の上に透明半球を置いた。

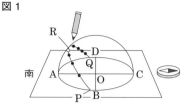
図1

② 太陽の位置を午前9時から午後4時まで1時間おきに，サインペンで点(●)をつけて記録した。その点をなめらかな線で結んで透明半球のふちまで伸ばし，厚紙との交点を点P，点Qとした。また，太陽が最も高くのぼったときの位置に印(○)をつけて，点Rとした。

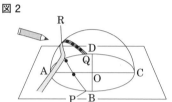
図2

③ 巻き尺で測定したところ，透明半球上の点Aから点Rまでの長さは8cmであった。また，弧ABCの長さは32cmであった。

④ 図2のように，うすい紙テープを透明半球にあて，記録した点を写しとり，点P，点Qで紙テープを切りとった。図3は，その紙テープの記録である。

図3

(2月のある日の紙テープの記録)

Q   R   P

(1) 次の文は，透明半球にサインペンで太陽の位置を正しく記録する方法を説明したものである。文中の □ に入るものはどれか。あとのア～エのうちから最も適当なものを1つ選び，その記号で答えよ。 [   ]

> サインペンの先を透明半球にそって動かし，サインペンの先端の影が図1の □ に重なるように，透明半球上に太陽の位置を記録する。

ア 点A　　イ 点C　　ウ 点O　　エ 弧BCD

(2) この日の南中高度はいくらか。単位をつけて書け。 [   ]

(3) 春分の日に，同じ透明半球を使い観察を行った。春分の日の紙テープの長さと1時間ごとの(●)の間隔は，図3の2月のある日の紙テープの記録と比べてどうなっているか。次のア～エのうちから最も適当なものを1つ選び，その記号で答えよ。 [   ]

ア 紙テープの長さは長く，(●)の間隔も長い。

イ 紙テープの長さは長く，(●)の間隔は同じ。

ウ 紙テープの長さは同じで，(●)の間隔も同じ。

エ 紙テープの長さは同じで，(●)の間隔は長い。

⑷ 季節によって太陽の南中高度は変化する。夏（夏至の日）と秋（秋分の日）に，日本で太陽が
南中したときの太陽側から見たようすを表す地球の模型はどれか。次のア〜エのうちから適
当なものを1つずつ選び，その記号で答えよ。

夏〔　　　〕 秋〔　　　〕

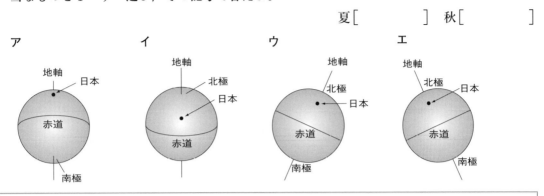

ガイド ⑵ 南中高度は AO と RO のなす角度である。

重要 097 **[星の動き⑵]**

次の問いに答えなさい。

　右の図は，日本のある場所で，北の空
と南の空にそれぞれカメラを向けて固定
し，一定時間シャッターを開放して星の
動きを撮影した写真をもとにした図であ
る。

　北の空の星と南の空の星は，それぞれ
図中の A，B および C，D で示した矢印

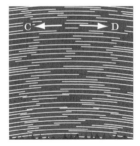

北の空　　　　　南の空

の方向のどちらに動いたか。次のア〜エのうち，星の動いた方向の組み合わせとして正しいも
のを1つ選び，その記号で答えなさい。

〔　　　〕

	ア	イ	ウ	エ
北の空	A	A	B	B
南の空	C	D	C	D

ガイド 地球が地軸を中心に，西から東へ自転している自転が原因となって起こる動きである。

最高水準問題

解答　別冊 p.33

098 次の文を読み，あとの問いに答えなさい。

（大阪・清風南海高）

　次の表は，各空港の位置（緯度および経度）と K 空港から各空港までの飛行機での所要時間を示したものである。12 月 22 日（冬至）の 20 時 00 分に K 空港から飛行機が飛び立ったとき，K 空港の天頂には星 X が，星 X と北極星の間に星 Y が輝いていた。なお，地球の地軸は，地球の公転面の垂直方向から 23.4° 傾いているものとする。また，各空港の標高は 0 m とする。さらに必要があれば，日本のある場所における地球の緯度と恒星（太陽を含む）の高度の関係を，簡略的に示した次の図を用いること。

	緯度	経度	所要時間
K 空港	北緯 34°	東経 135°	—
L 空港	北緯 51°	0°	12 時間
J 空港	北緯 40°	西経 75°	13 時間
A 空港	南緯 24°	東経 135°	8 時間

(1) K 空港から見える北極星の高度を答えよ。　　　　　　[　　　　　]

(2) K 空港から飛び立った日の，K 空港から見える太陽の南中高度を答えよ。
　　　　　　　　　　　　　[　　　　　]

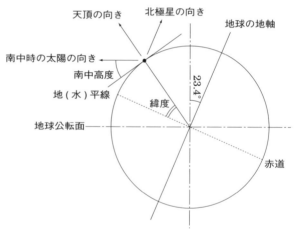

(3) K 空港から飛行機が飛び立った同時刻に，A 空港から見える星 X の高度を答えよ。
　　　　　　　　　　　　　[　　　　　]

(4) K 空港で天頂を見上げたときに，天頂の星 X の動きとして最も適当なものを右のア～カから 1 つ選び，記号で答えよ。なお，中心の●印が天頂で，紙面の上を北，下を南の方角とする。
　　　　　　　　　　　　　[　　　　　]

(5) K 空港から飛行機が飛び立ってから 12 時間後，K 空港では北極星を中心として星 Y はどこに見えるか。星 Y の位置として正しいものを，右のア～ネから 1 つ選び，記号で答えよ。なお，K 空港から飛行機が飛び立ったとき，星 Y はアの位置にいたものとする。また，アの延長方向に天頂があるものとする。
　　　　　　　　　　　　　[　　　　　]

(6) K 空港から飛び立った飛行機が L 空港に到着したとき，L 空港では北極星を中心として星 Y はどこに見えるか。星 Y の位置として正しいものを，(5)のア～ネから 1 つ選び，記号で答えよ。
　　　　　　　　　　　　　[　　　　　]

^難(7) K空港から飛び立った飛行機がJ空港に到着したとき，J空港では北極星を中心として星Yはどこに見えるか。星Yの位置として正しいものを，(5)のア〜ネから1つ選び，記号で答えよ。

[   ]

^難(8) K空港から飛び立った飛行機はJ空港に到着するまで，ほぼ緯線にそって一定速度で東へ向かって飛んでいるものとする。飛行機に乗っている人から見ると，星Yは1時間の間に北極星を中心に見て何度回転するか。ただし，答えが割り切れない場合は，小数第2位を四捨五入して答えよ。またそのとき，星Yの回転は右回りか，それとも左回りか，「右」または「左」で答えよ。

回転の角度[   ]

回転の向き[   ]

---

099 天体の動きを考えるには，空が球のようなもので，そこに星がはりついていて，その球が1日で約1周すると考えると理解しやすく，その球を天球という。次の問いに答えなさい。

（北海道・函館ラ・サール高）

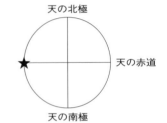

(1) 右図は天球を横から見たもので，縦の線が天の北極と天の南極を結んだ線，横の線が天の赤道を表していて，オリオン座は天の赤道上の★の位置にある。この図のなかに黄道を記入するとどうなるか。図中に線で記入せよ。

(2) 函館（北緯42°）での星の動きを表すためには天球を傾けて使用する必要がある。この場合，天の赤道の面を水平面から何度傾けるとよいか。最も適当なものを次のア〜オのなかから1つ選び，記号で答えよ。

[   ]

ア 23.4°　　イ 42°　　ウ 48°　　エ 66.6°　　オ 90°

(3) 函館で冬至の日，オリオン座が地平線から昇るのはどの方位か。最も適当なものを次のア〜ウのなかから1つ選び，記号で答えよ。

[   ]

ア 真東　　　イ 真東より南寄り　　　ウ 真東より北寄り

(4) 天球を使うと，地球上のさまざまな場所での天体の動きを表すことができる。①日本が夏至の日，太陽の南中高度が90°になるところはどこか。また，②同じ日，太陽が1日中沈まず，最も低くなったときの高度が0°になるところはどこか。最も適当なものを次のア〜キのなかからそれぞれ選び，記号で答えよ。

①[   ]　②[   ]

ア 北極点　　　イ 北緯66.6°　　　ウ 北緯23.4°　　　エ 赤道

オ 南緯23.4°　　　カ 南緯66.6°　　　キ 南極点

解答の方針

098 (4)天頂の星は北極星を中心に反時計回りをする。

099 (2)函館の真上に天頂がくるようにする。

2 天体の1年の動き

100 [太陽と星の動き(1)]

次の文について，あとの問いに答えなさい。

図1は，黄道とその付近の星座を示したものである。それぞれの星座の下に書かれている月は，太陽がその星座の方向にあるおおよその時期を示している。ある地点で星座を観察すると，同じ時刻に見える星座の位置は，　①　へと一日に約　②　動き，季節とともに見える星座が変わっていく。また，太陽は，黄道上を　③　へと移動していく。これらの星座と太陽の動きは，地球の公転による見かけの動きである。これを天体の　④　運動という。黄道は，地球の公転面を　⑤　上に延長したものと同じである。

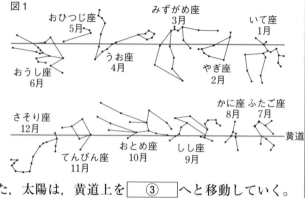

図1

(1) 文中の①〜③にあてはまる言葉と数字の組み合わせはどのようになるか。ア〜クのなかから最も適当なものを1つ選べ。　[　　]

	①	②	③
ア	西から東	1°	西から東
イ	西から東	1°	東から西
ウ	東から西	1°	西から東
エ	東から西	1°	東から西
オ	西から東	30°	西から東
カ	西から東	30°	東から西
キ	東から西	30°	西から東
ク	東から西	30°	東から西

(2) 文中の④にあてはまる言葉は何か。書け。　[　　]

(3) 文中の⑤にあてはまる言葉は何か。漢字2字で書け。　[　　]

(4) 図1から考えると，4月15日の午前0時頃に南中する星座は何か。ア〜オのなかから最も適当なものを1つ選べ。　[　　]

　　ア　うお座　　　イ　おうし座　　　ウ　かに座

　　エ　おとめ座　　オ　さそり座

(5) 図2は，福島県のある場所でいて座を観察したとき，いて座が矢印の向きに移動して，点Aの付近に沈もうとしているのを示した図である。点Aの方向を説明している最も適当なものを，ア〜

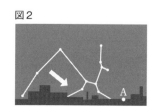

図2

オから1つ選べ。 [　　　]

ア　方位磁針のN極が指す方向

イ　方位磁針のS極が指す方向

ウ　夏至の日に太陽が沈む方向

エ　秋分の日に太陽が沈む方向

オ　冬至の日に太陽が沈む方向

> **ガイド** (1)太陽が年周運動により，天球上を移動していく道筋のことを黄道という。

◆ 101 [太陽の動きの変化]

図1のア〜ウの線は，それぞれ，富山県内のある場所における，春分，夏至，秋分，冬至の日のいずれかの太陽の動きを透明半球上で表したものである。図2は，春分，夏至，秋分，冬至における，太陽と地球および黄道付近にある星座の位置関係を模式的に示したものである。次の問いに答えなさい。

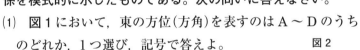

図1

(1) 図1において，東の方位（方角）を表すのはA〜Dのうちのどれか，1つ選び，記号で答えよ。

[　　　]

(2) 図1のウのように太陽が動くころ，真夜中の午前0時ごろに南の空にさそり座が見えた。このときの地球の位置を図2のE〜Hから1つ選び，記号で答えよ。

[　　　]

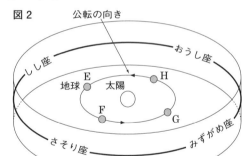

図2

(3) 地球が図2のE〜Hのいずれかの位置にあるとき，日没直後の東の空にみずがめ座が見えた。この日の太陽の動きを図1のア〜ウから1つ選び，記号で答えよ。また，この日から3か月後，真夜中の午前0時ごろにしし座が見えるのはどの方位（方角）の空か。東，西，南，北で答えよ。

記号[　　　]　方位[　　　]

(4) 右の図3は，太陽からの光に対する地球の状態を示した模式図である。図のP点における太陽の南中高度を，例にならって，図に表せ。

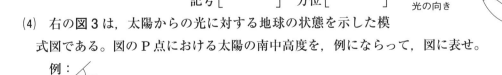

図3

例：◹

> **ガイド** (3)地球は3か月で，公転面を90°動く。
> (4)太陽の高度は，観測者から見た地平線と太陽との角度で表される。

102 〉[太陽の南中高度]

図1は，地球が地軸を傾けたまま太陽のまわりを回っている
ようすを模式的に表したものであり，A〜Dは日本の春分，
夏至，秋分，冬至のいずれかの日の位置を示している。次の
問いに答えなさい。ただし，地軸の傾きを23.4°とする。

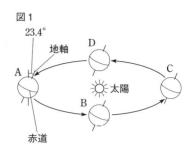

(1) 図1で，日本の春分の日は，どの位置になるか。A〜D
から最も適当なものを1つ選び，その記号を書け。

[　　　　]

(2) 北半球では，太陽の南中高度が冬至の日に最も低くなり，夏至の日に最も高くなる。日本
の北緯35°の地点では，冬至の日から夏至の日までに南中高度は何度変化するか，求めよ。

[　　　　]

(3) 春分の日の正午に日本の北緯35°の地点で，同じ大きさで表面温度が等しい黒い紙a〜dを，
太陽の光が当たる水平な場所に，図2のように水平面から30°
ごとに角度を変え，南向きに置いた。10分後，表面温度が最
も高くなるものをa〜dから1つ選び，その記号を書け。また，
次の文は，このときの表面温度が最も高くなる理由を述べたも
のである。□□□□に入る適当な言葉を書け。

理由：黒い紙に当たる太陽の光の角度が垂直に近いものほど，□□□□□□□から。

記号[　　] 理由[　　　　　　　　　　]

ガイド (1)北半球が太陽の方向へ傾いているとき，南中高度は最も高くなる。このときが夏至である。

103 〉[太陽の観察]

次の観察について，あとの問いに答えなさい。

太陽の動きについて調べるため，夏至の日に北海道のR町で，
次の観察を行った。

〔観察〕 図1のように，点Oから9本の線分OA〜OIをかい
た紙を用意した。図2のように，この紙を，窓辺の水平な台
の上に置き，線分OEを南北方向に合わせ，点Oの位置に長
さ30cmの棒を紙に垂直に立てて，棒の影のようすを観察した。
棒の影は，時間とともに長さを変化させながら，それぞれの
線分の上に順に重なり，移動していった。

次の表はこのときの棒の影の長さを調べた結果をまとめた
ものである。

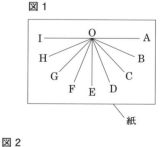

棒の影が重なった線分	OC	OD	OE	OF	OG
棒の影の長さ〔cm〕	27.0	15.0	12.0	15.0	27.0

(1) 次の文の ① , ② にあてはまる語句を書け。

観察において, 下線部のようになったのは, 地球の ① による太陽の見かけの動きが原因である。このような太陽の見かけの動きを, 太陽の ② 運動という。

①[　　　　　　　　　] ②[　　　　　　　　　]

(2) この観察の結果から, R町における夏至の日の太陽の南中高度を作図によって求めるとき, 次の問いに答えよ。

① このとき用いる棒の影の長さは何cmか。

[　　　　　　　　　]

② 棒の先端を点P, 棒の影の先端を点Qとする直角三角形OPQの縮図を, 右の図の2点O, Pを用いてかき, さらに南中高度を表す角度を ∠ で示せ。

(3) R町における夏至の日の太陽の南中高度をX, 冬至の日の太陽の南中高度をYとしたとき, 地球の公転面に垂直な方向に対する地軸の傾きは, どのような式で表すことができるか, XとYを用いて書け。　[　　　　　　　　　]

> ガイド (3) 夏至の日の太陽の南中高度と冬至の日の太陽の南中高度の差は地軸の傾きの2倍に等しい。

重要 104 [オリオン座の位置の変化]

右の図のXは, 1月10日の午後10時に, 茨城県P市から見たオリオン座の位置をスケッチしたものである。同じ場所で, その2時間後と, 1か月後の午後10時にオリオン座が見える位置の説明として, 正しいものを次のア～エのなかから1つ選んで, その記号を書きなさい。

[　　　　]

ア 2時間後と, 1か月後の午後10時には, ともにほぼAの位置に見える。

イ 2時間後と, 1か月後の午後10時には, ともにほぼBの位置に見える。

ウ 2時間後にはほぼAの位置に, 1か月後の午後10時にはほぼBの位置に見える。

エ 2時間後にはほぼBの位置に, 1か月後の午後10時にはほぼAの位置に見える。

> ガイド 地球の自転により, 星座は1時間に15°動いて見える。また, 地球の公転により, 同じ時間に観測したとき, 星座は1か月に約30°動いて見える。

<u>**重要**</u> 105 〉[太陽と星の動き(2)]

太陽の1日の動きと季節による星座の見え方について，あとの問いに答えなさい。

〔観察〕　春分の日に，東京のある地点で，次の①~④ 　図1

のような操作を行い，太陽の1日の動きを観察して，

図1のように記録した。

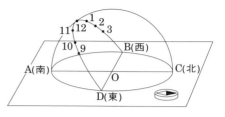

① 白い紙に透明半球と同じ大きさの円をかき，そ
　の中心Oを通り垂直に交わる直線ACと直線BD
　を引いた。図1のように方位磁針を使って直線
　ACを南北に合わせ，かいた円に合わせて透明半球をセロハンテープで固定し，日当たり
　のよい水平な場所に置いた。

② 午前9時から午後3時までの間，1時間ごとに，油性ペンを使って，太陽の位置を透明
　半球の球面に●印で記録し，その時刻もわかるようにした。

③ 記録した●印をなめらかな曲線で結び，さらにその曲線を透明半球のふちまで伸ばした。
　この曲線を太陽の動いた道筋とした。

④ 記録した●印の間隔をそれぞれはかったら，どの間隔も同じであった。

(1) **観察**の②において，油性ペンを使って，太陽の位置を透明半球の球面に正しく記録する方
　法について述べたものと，**観察**の●印の記録からわかる地球の運動について述べたものとを
　組み合わせたものとして適切なものを，次の表のア~エのなかから1つ選んで，その記号を
　書け。　　　　　　　　　　　　　　　　　　　　　　　　　　　　　　　　[　　　　]

	太陽の位置を球面に正しく記録する方法	〔観察〕の●印の記録からわかる地球の運動
ア	油性ペンの先の影が点Cにくるように●印をつける。	地球は，地軸を中心にして，一定の速さで東から西へ自転している。
イ	油性ペンの先の影が点Cにくるように●印をつける。	地球は，地軸を中心にして，一定の速さで西から東へ自転している。
ウ	油性ペンの先の影が点Oにくるように●印をつける。	地球は，地軸を中心にして，一定の速さで東から西へ自転している。
エ	油性ペンの先の影が点Oにくるように●印をつける。	地球は，地軸を中心にして，一定の速さで西から東へ自転している。

(2) 春分の日の3か月後に，**観察**と同様な方法で太陽の1日の動きを観察し，春分の日の太陽
　の動いた道筋を表す———に加え，春分の日の3か月後の太陽の動いた道筋を………で表
　した。このとき，太陽の動いた道筋を表したものとして適切なものを，次のア~エのなかか
　ら1つ選んで，その記号を書け。　　　　　　　　　　　　　　　　　　　　[　　　　]

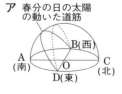
ア 春分の日の太陽の動いた道筋

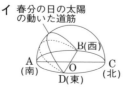
イ 春分の日の太陽の動いた道筋

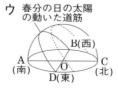
ウ 春分の日の太陽の動いた道筋

エ 春分の日の太陽の動いた道筋

〔実験〕　図2のように，太陽に見立てた電球のまわりに，
　　ししし座，さそり座，ペガスス座，オリオン座を示すカー
　　ドを置いた。さらに，地球に見立てた地球儀を東京が春分，
　　夏至，秋分，冬至のそれぞれの日の地球の位置に1つず
　　つ置き，それぞれの日の東京で見える星座を調べた。

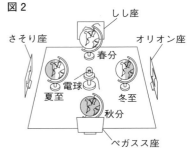
図2

(3)　**実験**において，それぞれの日の東京で見える星座を調
　　べた結果からわかることについて述べたものとして適切
　　なものを，次のア〜エのなかから1つ選んで，その記号を書け。　　[　　　　]

ア　春分の日の真夜中（午前0時）の南の空に見えるしし座は，冬至の日の真夜中（午前0時）
　　には東の空に見え，南の空にはオリオン座が見える。このことから，同じ時刻で見える星
　　座の位置は，季節とともに西から東へ移り変わる。

イ　夏至の日の真夜中（午前0時）の東の空に見えるペガスス座は，秋分の日の真夜中（午前
　　0時）には南の空に見え，東の空にはオリオン座が見える。このことから，同じ時刻で見
　　える星座の位置は，季節とともに東から西へ移り変わる。

ウ　秋分の日の真夜中（午前0時）の西の空に見えるさそり座は，夏至の日の真夜中（午前0時）
　　には南の空に見え，西の空にはペガスス座が見える。このことから，同じ時刻で見える星
　　座の位置は，季節とともに東から西へ移り変わる。

エ　冬至の日の真夜中（午前0時）の南の空に見えるオリオン座は，春分の日の真夜中（午前
　　0時）には東の空に見え，南の空にはしし座が見える。このことから，同じ時刻で見える
　　星座の位置は，季節とともに西から東へ移り変わる。

> **ガイド**　(2)春分の日（3月20日ごろ）の3か月後は夏至（6月21日ごろ）である。

---

106 ▷ **[星座の動き]**

日本のある地点で，ある日に，南の空を観察したところ，日没直後に東
の空に見えたオリオン座のベテルギウスが午後11時に図1のように南
中した。このとき，北の空では，北斗七星と北極星が図2のような位置
関係にあった。次の問いに答えなさい。

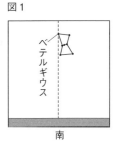
図1

南

　次の文章は，同じ地点で，3か月後の午後8時に南と北の空を観察し
たときのベテルギウスと北斗七星のフェクダの位置について説明したも
のである。文章中の（　①　）にはあとのアからエまでのなかから，
（　②　）には図2のAからHまでのなかから，それぞれ最も適当なも
のを選んで，その記号を書きなさい。　　①[　　]　②[　　]

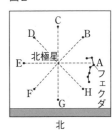
図2

北

> 　オリオン座のベテルギウスは，（　①　）。また，北斗七星のフェク
> ダは，図2の（　②　）の位置に観察される。

ア　図1と同じ位置に観察される。　　　イ　図1よりも西の方向に観察される。
ウ　図1よりも東の方向に観察される。　エ　地平線の下に位置するため観察できない。

最 高 水 準 問 題 ——————————————————— 解答 別冊 p.35

107 図1は，福島県内にある北緯37.0°の地点Oから見た天球を　図1
表したものであり，太線は，夏至の日に太陽が通る道筋を示
している。図2は，夏至の日に太陽の光が地球にあたってい
るようすを表したものである。次の問いに答えなさい。ただし，
地球の地軸の傾きは，図2のように公転面に対して垂直な方
向から23.4°とする。　　　　　　　　　　　　　　（福島県）

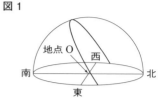

(1) 次の文の①，②にあてはまるものは何か。①はア，イ　図2
から，②はア〜ウのなかからそれぞれ1つずつ選べ。

　　　　　　　　　　　①[　　　　] ②[　　　　]

　　北極の上空から見て，地球は①{ア　時計回り，　イ
反時計回り}に自転している。そのため，日本の標準時を
決める子午線より東にある地点Oでは，太陽が南中する
時刻は，②{ア　正午より早くなる，　イ　正午になる，
ウ　正午より遅くなる}。

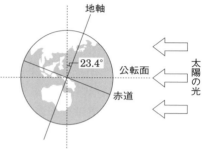

(2) 地点Oにおける夏至の日の太陽の南中高度は何度か。また，夏至の日と冬至の日の太陽の南中
高度の差は何度か。　　　　　　　南中高度[　　　　　　]　南中高度の差[　　　　　　]

(3) 地点Oと同じ経線上にあり，地点Oの北に位置している地点Pがある。この地点Pにおける夏
至の日の太陽の南中高度は71.9°であった。地点Pは地点Oからどのくらい離れているか。地点O
と地点Pの間の経線の長さを求めよ。ただし，地点O，Pを通る経線で地球を切ったときの切り口
は円であるものとし，その円周の長さは40000kmとする。　　　　　　　　[　　　　　　]

108 太陽は，見かけ上は天球の黄道上を1年かけて動いていく。次の各問いに答えなさい。

　　　　　　　　　　　　　　　　　　　　　　　　　　　　　　（東京・筑波大附駒場高）

(1) 太陽は黄道上をどのように動くか。次のア〜エから選び，記号で答えよ。また，その原因につい
て簡単に答えよ。　　　　　　　　　　　　　　　　　　　　　　記号[　　　　]

　　　　　　　　　　原因[　　　　　　　　　　　　　　　　　　　　　　　]

　　ア　東から西に動く。　　　イ　西から東に動く。

　　ウ　北から南に動く。　　　エ　南から北に動く。

難 (2) 真夜中に見える星座は，地球から見て太陽の反対側にある。真夜中に見える次のア〜エの星座を
春夏秋冬の順番に並べよ。　　　　　　　　　[　　→　　　→　　　→　　]

　　ア　さそり座　　イ　ペガスス座　　ウ　オリオン座　　エ　しし座

109 次のⅠ，Ⅱの文章を読み，あとの問いに答えなさい。　　　　　　　（大阪・清風高）

Ⅰ. 図1は，太陽のまわりを公転する地球と黄道付近の4つの星座を，北極側から示したものである。
また，A〜Dは春分・夏至・秋分・冬至のいずれかの日の地球の位置を表している。

(1) ①地球の自転の向き，②地球の公転の向きはどちら向きか。適するものを図1の矢印a〜dから
それぞれ選び，記号で答えよ。　　　　　　　　　　　　①[　　　] ②[　　　]

(2)　春分の日の真夜中に，南の空に見える星座は何か。適するものを次のア～エから選び，記号で答えよ。　　　　　　　[　　　　]

図1

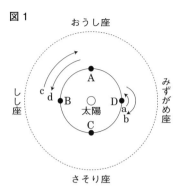

　　ア　おうし座　　イ　しし座

　　ウ　さそり座　　エ　みずがめ座

(3)　地球がDの位置にある日の真夜中に真南の空に見える星座を観測した。30日後の同じ時刻に，その星座はどのように見えるか。適するものを次のア～オから選び，記号で答えよ。

　　　　　　　　　　　　　　　　　　　　　　　[　　　　]

　　ア　30日前と同じ位置に見える。

　　イ　真南に見え，30日前よりも天頂寄りに見える。

　　ウ　真南に見え，30日前よりも地平線寄りに見える。

　　エ　30日前よりも東寄りに見える。

　　オ　30日前よりも西寄りに見える。

(4)　地球がCの位置にあるとき，夕方南の空に見える星座は何か。適するものを次のア～エから選び，記号で答えよ。　　　　　　　　　　　　　　　　　　　　　　　　　　　　　　　　　　[　　　　]

　　ア　おうし座　　イ　しし座　　ウ　さそり座　　エ　みずがめ座

(5)　地球がAの位置を通過してから1年間に，太陽は黄道付近の星座間をどのように移動しているように見えるか。適するものを次のア～エから選び，記号で答えよ。　　　　　　　[　　　　]

　　ア　おうし座→しし座→さそり座→みずがめ座→おうし座

　　イ　おうし座→みずがめ座→さそり座→しし座→おうし座

　　ウ　さそり座→みずがめ座→おうし座→しし座→さそり座

　　エ　さそり座→しし座→おうし座→みずがめ座→さそり座

Ⅱ．図2は，日本のある地点Xで太陽の南中高度を1年間観測した結果を示したものである。A～Dは春分・夏至・秋分・冬至のいずれかの日を表している。

図2

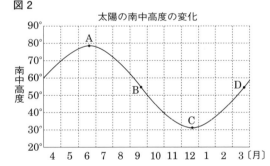

太陽の南中高度の変化

(6)　地点Xで日の出の位置が最も南寄りになるのは，A～Dのどの日か。記号で答えよ。

　　　　　　　　　　　　　　　　　　[　　　　]

(7)　地点Xで太陽が南中したとき，水平な地面に長さ50cmの細い棒を垂直に立て，その影の長さをはかると50cmであった。この観測が行われたと考えられる月をすべて答えよ。　　　　　　　[　　　　]

(8)　地点Xで太陽の南中高度が最も高い日に，太陽が天頂を通る場所の緯度として適するものを，次のア～カから選び，記号で答えよ。　　　　　　　[　　　　]

　　ア　北緯90°　　　　イ　緯度0°　　　　ウ　北緯66.6°

　　エ　北緯23.4°　　　オ　南緯66.6°　　　カ　南緯23.4°

解答の方針

109 (7)棒の長さが50cm，影の長さが50cmになるとき，棒と影を2辺とする三角形は直角二等辺三角形になることをもとに太陽の南中高度を考える。

3 太陽と月

標 準 問 題 ──────────────────────── (解答) 別冊 p.36

110 [地球と月]

月の見え方について調べるため，次の観察や調査を行った。あとの問いに答えなさい。

〔観察1〕 ある日の午後6時に，日本のある地点で月を観察した。図1はそのスケッチである。

図1

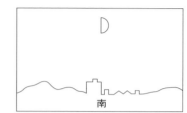

〔調査〕 地球の北極側から見た太陽，地球，月の位置関係をインターネットで調べた。図2は，その結果を模式的にまとめたものであり，AからHは約3.7日ごとの月の位置を表している。

〔観察2〕 観察1の観察から3日後の午後6時に，再び同じ場所で月の観察を行い，図1のスケッチにかき加えた。

このことについて，次の問いに答えなさい。

図2

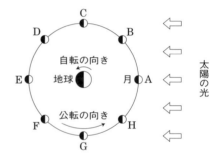

(1) 月のように，惑星のまわりを公転している天体を何というか。 [　　　　　　]

(2) 図2のAからHのうち，観察1のときの地球に対する月の位置はどれか。記号で書け。

[　　　　　]

(3) 観察2で，できあがったスケッチはどれか。次のア〜エから1つ選び，記号で書け。

[　　　　]

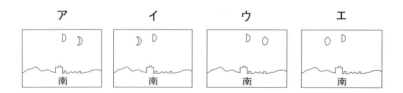

ガイド (3)月が同じ位置に見える時刻は，1日につき50分遅くなる。

111 [太陽とその動きの観察]

太陽の観察について，次の問いに答えなさい。

(1) 平成21年7月22日，日本では日食が観察され，ある地点では，図1のように見えた。

① 図中のaは，高温のガスの層である。この部分を何というか，名称を書け。 [　　　　　　]

図1

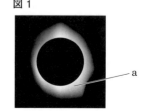

② 日食の観察をしたり，太陽の表面を観察したりするとき，しゃ光板や太陽投影板を用いるのはなぜか。

[ ]

(2) ある年の6月20日に秋田県内のS地点で，太陽の動きを調べた。図2のように透明半球を水平なところに置き，方位磁針を使って方角を合わせ，このときにできる円の中心をO点とした。サインペンの先の影がO点にくるようにして，太陽の位置を透明半球上に印をつけ，時刻も記録した。

図2
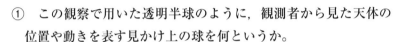

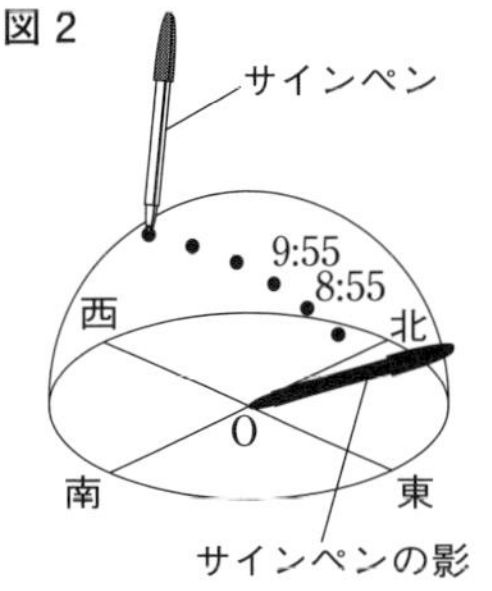

① この観察で用いた透明半球のように，観測者から見た天体の位置や動きを表す見かけ上の球を何というか。

[ ]

② 太陽の動いた道筋を図3のように各印を通る線で結び，その延長線と透明半球のふちとの交点をそれぞれP，Qとして示した。午前8時55分から午前9時55分までの印を結んだ線の長さは2.7cm，P点から各印を通ってQ点まで結んだ線の長さは40.5cmであった。この日の昼の長さは何時間か。

図3

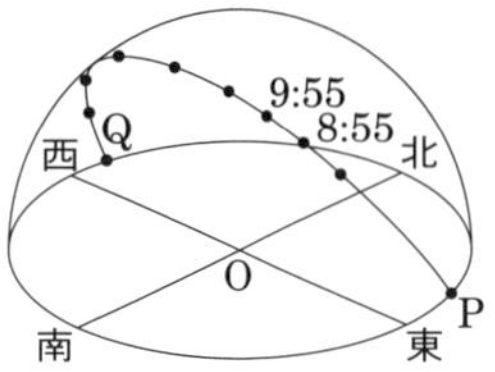

[ ]

③ この日の午前7時50分にS地点から東の方向を見ると，太陽は図4のAの位置に見えた。この日から3か月後の午前7時50分に同じ場所で見た場合，太陽はどの位置に見えるか，図4のA〜Dから最も適切なものを1つ選んで，記号を書け。

図4
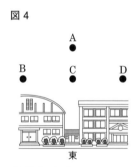

[ ]

④ S地点と緯度は同じで経度が異なる日本のT地点で，同じ日に太陽の観察を行った場合，南中高度と南中時刻はS地点と比較してどうなるか，最も適切なものを次のア〜エから1つ選んで，記号を書け。

[ ]

ア 南中高度も南中時刻も同じである。
イ 南中高度は同じで，南中時刻が異なる。
ウ 南中高度は異なり，南中時刻が同じである。
エ 南中高度も南中時刻も異なる。

ガイド (2)② 2.7cm が1時間の動きに相当することから考える。

重要 112 〉[太陽の黒点]

図1のように，天体望遠鏡に太陽投影装置を取りつけ，円
をかいた記録紙を投影板に固定し，太陽の表面のようすを
観察した。図2は，1週間，毎日同じ時刻に，同じ黒点を
観察し，記録紙にうつった黒点のようすをスケッチしたも
ののうち，10月23日と10月28日のものである。このこ
とについて，次の問いに答えなさい。

図1

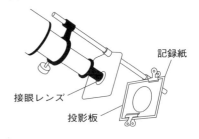

記録紙

接眼レンズ

投影板

(1) 記録紙上に太陽の黒点の像をうつし，ピントを合わせ
ると，太陽の円形の像が，記録紙の円よりも大きくうつ
った。大きくうつった太陽の円形の像を記録紙の円の大
きさと同じにするには，どのような操作をすればよいか。
最も適切なものを，次のア～エから1つ選び，その記号
を書け。　　　　　　　　　　　　　　[　　　　]

　ア　投影板を，今の位置よりも接眼レンズに近づける。

　イ　投影板を，今の位置よりも接眼レンズから遠ざける。

　ウ　天体望遠鏡に入る太陽光の量を，今よりも減らす。

　エ　接眼レンズを，今の倍率よりも高い倍率のものにとりかえる。

図2

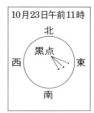

10月23日午前11時

北

黒点

西　　　東

南

10月28日午前11時

北

西　黒点　東

南

(2) 図2のスケッチから，黒点の位置が変化していることがわかった。黒点の位置が変化す
る理由として最も適切なものを，次のア～エから1つ選び，その記号を書け。　[　　　　]

　ア　地球が自転しているため。

　イ　地球が公転しているため。

　ウ　太陽が自転しているため。

　エ　太陽が公転しているため。

113 〉[日食・月食，星の動き]

地球の運動と天体の動きを調べるため，次の観察1と観察2を行った。あとの問いに答えな
さい。

〔観察1〕　11月中旬の20時ごろ，東経135°，北緯34°
の兵庫県明石市で，東の空を観察したところ，図1の
ように，冬の代表的な星座であるオリオン座の星Aが
真東に見えた。この星Aの動く方向を1時間おきに記
録し，透明半球上にはりつけて，星の動きを調べた。

〔観察2〕　2009年7月22日，太陽，月，地球が一直線
に並び，太陽が月に隠される日食が日本各地で観察さ

図1

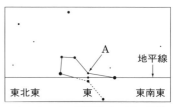

A

地平線

東北東　　　東　　　東南東

※オリオン座の地平線より下の部分は
　点線で示した。

れた。日食を観察できるメガネを使用し，福井県で10時ごろから正午頃までの日食のようすを観察した。図2の①〜⑤は時間の経過とともに移動する太陽の位置である。

図2

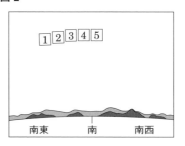

(1) 天体の動きについて説明した次の文の（　　）のなかに適当な語句を書け。

　星や太陽などの天体が，1日に1回地球のまわりを回るように見える動きを，（　ア　）運動という。この運動は，地球が地軸を中心に1日に1回（　イ　）から（　ウ　）へ自転することによって生じる見かけの運動である。

　　　　　　　　　ア［　　　　　　　］　イ［　　　　　　　］　ウ［　　　　　　　］

(2) **観察1**で，透明半球上での星Aの動きをなめらかに結び，道筋を表したものはどれか。最も適当なものを図3のア〜エから選んで，その記号を書け。

[　　　　　　]

図3

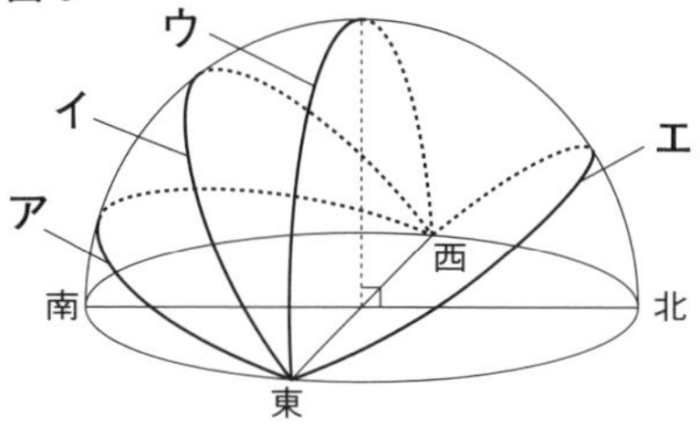

(3) **観察1**で，明石市において星Aが南中するとき，星Aが真東の地平線に見えはじめる地点の経度はいくらか。最も適当なものを次のア〜エから選んで，その記号を書け。

[　　　　　　]

ア　東経180°　　　　イ　西経135°

ウ　西経45°　　　　　エ　東経45°

(4) **観察2**で，図2の①〜⑤のそれぞれの位置で太陽が欠けていくようすを表しているのはどれか。最も適当なものを次のア〜エから選んで，その記号を書け。　　　　　[　　　　　　]

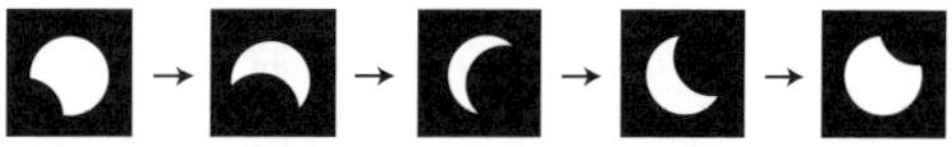

(5) 日食のとき，地球から見た太陽と月の大きさはほぼ同じになる。地球から太陽までの距離は，地球から月までの距離の400倍であるとし，太陽の直径は地球の直径の109倍であるとすると，月の直径は地球の直径の何倍になるか。答えは小数第3位を四捨五入し，小数第2位まで書け。

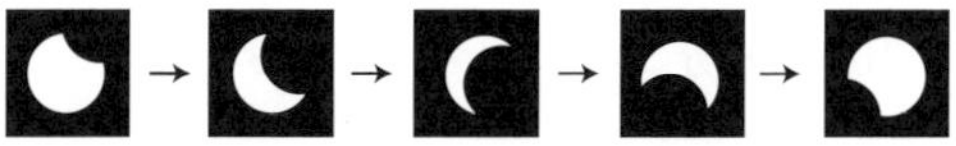

[　　　　　　]

ガイド (3) 90°西側の地点になる。

　　(5) 地球の直径を1とすると，月の直径は $\dfrac{109}{400}$ になる。

最 高 水 準 問 題

解答 別冊 p.37

114 次の文を読み，あとの問いに答えなさい。

（福岡・久留米大附設高）

太陽が月によって覆い隠される日食には，食の割合（食分）により（　①　）日食と（　②　）日食がある。（　②　）日食の場合，ダイヤモンドリングと呼ばれる現象に続いて，昼間でも空に明るい星が見えたり，太陽のまわりに（　③　）が観察される。これは地球から見た月と太陽の見かけの大きさ（視直径）がほぼ等しいためである。

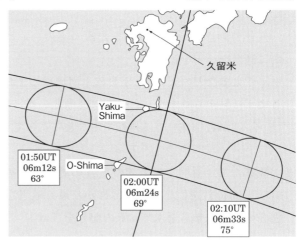

右の図は，平成21年7月22日の日食についてNASA（米国航空宇宙局）が作製したもの（部分）である。図中の各楕円は，日食の本影を示し，たとえば「01：50 UT」とは世界時で1時50分のことであり，本影の移動のようすを示している。この日食では，久留米市（東経130.5°，北緯33.3°）での最大食分は約0.9であった。

一方，月が地球の影の中に入る月食は，日食に比べて起こる回数が（　④　）い。平成19年9月14日に打ち上げられた日本初の大型月探査機は（　⑤　）と呼ばれ，アポロ計画以来最大規模の本格的な月の探査を行った。

月周回衛星となった（　⑤　）は，さまざまのくわしい観測成果をあげたばかりでなく，平成21年2月9日〜10日の月食のときには，半影の中から地球による日食をはじめて観測した。

(1) 上の文中の（　①　）〜（　⑤　）に適する語句を答えよ。

①［　　　　　　］　②［　　　　　　］　③［　　　　　　］
④［　　　　　　］　⑤［　　　　　　］

(2) 平成21年7月22日の日食で，久留米市で日食が最大になった時刻は，日本時間で何時何分頃か。上図を参考にして適するものを次のア〜オのなかから1つ選び，記号で答えよ。　　［　　　　　　］

ア　10時48分ごろ　　イ　10時52分ごろ　　ウ　10時56分ごろ
エ　11時00分ごろ　　オ　11時04分ごろ

(3) 平成21年7月22日，久留米市での太陽の南中は12時24分で，高度は77°であった。この日の地球を北極のはるか上空から見るとどのように見えるか。右の図に「夜」の部分を斜線で表して答えよ。ただし，図の緯線は10°ごとにひいてある。

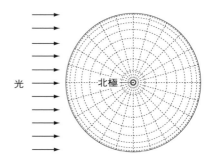

(4) 久留米市での日食で，時間の進行とともに観察される太陽のようすとして適するものを次の図のア〜コのなかから5つ選び，時間の進行の順に記号で答えよ。ただし，各図の上が観察されたときの天頂の方向で，実線で囲まれた部分が輝いている部分を示している。

［　　　　　　　　　　］

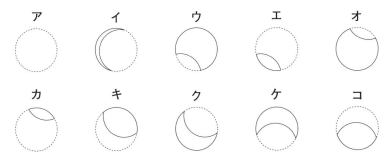

(5)　前記の（　②　）日食について，次の文中の(i)，(ii)，(iii)は｛　｝の中より適する言葉を選び，それぞれ記号で答えよ。また，（　オ　）に適する値を小数第1位を四捨五入して整数で答えよ。

　　　ただし，地球と月の大きさの比は，地球：月＝3.8：1，地球と太陽の大きさの比は，地球：太陽＝1：109とする。

　　　　前記の（　②　）日食の本影帯（本影が移動していく地域）の南北の幅はおよそ250kmあり，最長6分以上の長い時間観測された地点があった。

　　　　これは，地球から見て，月が(i)｛ア　大きく　　イ　小さく｝，太陽が(ii)｛ウ　大きく　　エ　小さく｝見えたからである。月と太陽の見かけの大きさが等しくなるとき，地球と太陽の距離は，地球と月の距離の（　オ　）倍になる。したがって地球と太陽の距離は，地球と月の距離の（　オ　）倍より(iii)｛カ　遠い　　キ　近い｝と考えられる。

　　　　　　　　　　　　(i)[　　　　　]　(ii)[　　　　　]　(iii)[　　　　　]　オ[　　　　　]

(6)　前記の月周回衛星（　⑤　）は，平成21年2月9日〜10日の月食のとき，半影の中から地球による日食の画像（ハイビジョン動画）を初めて撮影した。その画像は月による日食のものと異なるある特徴をもつものであった。その特徴として適するものを次のア〜オのなかから1つ選び，記号で答えよ。また，その理由を簡潔に答えよ。

　　　　　　　　　　　　　　　　　　　　　　　　　　　　　　記号[　　　　　]

　　　　　　　　　理由[　　　　　　　　　　　　　　　　　　　　　　　　　　　　]

ア　（　③　）が，より明るく見える。

イ　（　③　）が，より広がって見える。

ウ　地球の縁周が輝いて見える。

エ　地球の影の部分が明るく見える。

オ　ダイヤモンドリングが見えない。

解答の方針

114　(2)日食が最大になるのは，図より，およそ01：56UT頃と推察される。

　　　(3)7月22日ごろは夏至に近い時期であり，太陽の南中高度は，「90°−観測地点の緯度＋地軸の傾き」で求められることをもとに考える。

4 太陽系と恒星

標 準 問 題 ──────────────────────────── (解答) 別冊 p.37

重要 115 [星座と金星の動き]

天体の動きを調べるために，次の観察や調査を行った。あとの問いに答えなさい。

〔観察1〕 ある年の4月1日と5月1日に西の空を観察した。図1は，それぞれの日の午後9時における，オリオン座のベテルギウスと金星の位置を記録したものである。

〔観察2〕 天体望遠鏡で観察したところ，ベテルギウスは4月1日，5月1日とも小さな点にしか見えなかったが，金星は4月1日と5月1日では，見かけの大きさと形が異なって見えた。

〔調査〕 コンピュータで太陽，金星，地球の位置を調べた。図2は，地球の北極のはるか上方から見た，4月1日における太陽，金星，地球の位置関係を模式的に表したものである。

このことについて，次の問いに答えなさい。

図1

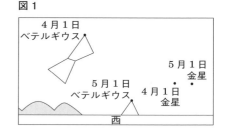

図2

(1) 次の □□□ 内の文は，観察1における星の位置の変化についてまとめたものである。

a，b，cにあてはまる語の組み合わせとして正しいものはどれか。右のア～エから選び，記号で答えよ。

[　]

	a	b	c
ア	自 転	恒 星	惑 星
イ	自 転	惑 星	恒 星
ウ	公 転	恒 星	惑 星
エ	公 転	惑 星	恒 星

> ベテルギウスの位置が変化するのは，地球が（ a ）しているからである。また，金星の位置の変化がベテルギウスの位置の変化と異なるのは，ベテルギウスが（ b ）であるのに対して，金星は（ c ）であり，地球と同じように（ a ）しているからである。

(2) 5月1日に，ベテルギウスが4月1日午後9時と同じ位置に見えるのは何時ごろか。次のア～エから選び，記号で答えよ。　　　　　　　　　　　　　　　[　]

ア 午後7時ごろ　　イ 午後8時ごろ　　ウ 午後10時ごろ　　エ 午後11時ごろ

(3) 観察2において，ベテルギウスが小さな点にしか見えなかった理由を簡潔に書け。

[　]

(4) 図3は，観察2において4月1日に観察された金星の見かけの大きさと形を表している。5月1日の金星の見かけの大きさと形を表したものはどれか。次のア～エから選び，記号で答えよ。ただし，4月1日，5月1日とも同じ倍率の天体望遠鏡で観察したものとする。

[　]

図3 ア イ ウ エ
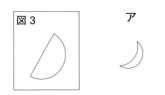

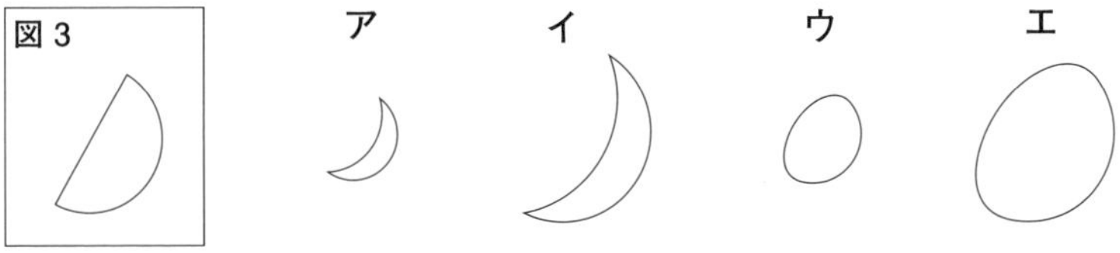

ガイド (2)星が同じ位置に見える時刻は，1か月で2時間早くなる。

116 [太陽系の天体]

天体の特徴や見え方の変化について，次の問いに答えなさい。

(1) 図1は，2016年8月1日21時，和歌山県のある場所で南の
空に観察された星座と惑星を表している。次の①，②に答えよ。

① さそり座付近にある惑星Xを天体望遠鏡で観察したところ，
図2のように見えた。この惑星Xは何という星か，その名
称を書け。　　　　　　　　　　　　[　　　　　　]

② さそり座を1か月後の同時刻に観察した。どちらに何度移
動しているか。移動した方向と角度の組み合わせと
して最も適切なものを，右のア～エのなかから1つ
選んで，その記号を書け。

[　　]

図1　南の空のようす

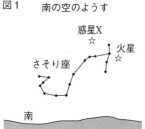

惑星X
☆
火星
さそり座 ☆

南

（2016年8月1日21時）

	方向	角度
ア	東	15°
イ	東	30°
ウ	西	15°
エ	西	30°

図2　惑星X

(2) 太陽系の惑星は，赤道半径と平均密度の関係から，
図3のようにA(◇)とB(●)の2つのグループに分け
ることができる。このとき，AグループとBグループ
の惑星の分類と主な構成物質の組み合わせとして適切
なものを，右のア～エのなかからそれぞれ1つずつ選ん
で，その記号を書け。

A[　　] B[　　]

図3

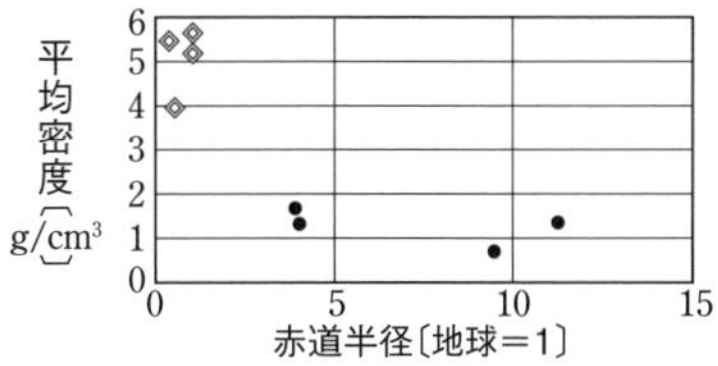

平均密度 g/cm³
赤道半径〔地球＝1〕

	分類	主な構成物質
ア	地球型惑星	岩石や金属
イ	地球型惑星	水素やヘリウム
ウ	木星型惑星	岩石や金属
エ	木星型惑星	水素やヘリウム

(3) 太陽のまわりを回る天体のうち，海王星より外側を公転する天体をまとめて何というか，
書け。　　　　　　　　　　　　　　　　　　　　　[　　　　　　　　]

(4) 図4の天体は，氷や岩石からできており，太陽に近づくとガスやちりを放
出し，尾を引いて運動している。このような天体を何というか。次のア～エ
のなかから1つ選んで，その記号を書け。

[　　]

図4　天体

ア 衛星　　　イ 小惑星　　　ウ すい星　　　エ 流星

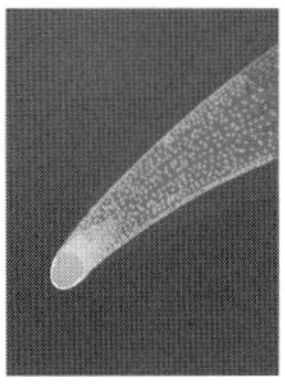

重要 117 〉[太陽や星の動きと地球の公転]

科学クラブの太郎さんは，インターネットで惑星について調べていたところ，水星と金星がある年の6月上旬の日没後，西の空に同時に観察できることを知り，6月6日と7月23日の夕方から，日本国内の同じ場所で，太陽と惑星の観察を行った。これについて次の記録を見て，あとの問いに答えなさい。

図1は，日没前の太陽の位置を18時14分から20分ごとに観察してスケッチし，整理したものである。図2は，20時ごろに金星を天体望遠鏡で観察し，明るく見えた部分を，肉眼で見たときのように向きを直して模式的に表したものである。ただし，図2では，金星の見かけの大きさは同じになるように表している。

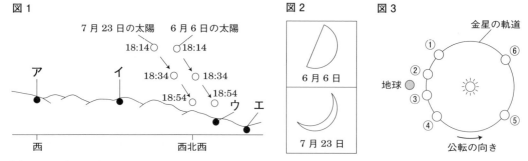

(1) この年の夏至の日は6月22日であった。同じ場所で観察したとき，図1から判断して，夏至の日に太陽が沈む(山に隠れる)位置として最も適当なものは，図1のア〜エのうちではどれか。　　　　　　　　　　　　　　　　　　　　　　　　　　[　　　　]

(2) 図3は，地球の位置を固定した状態で，太陽のまわりを回る金星のようすを模式的に表したものである。図2から判断して，6月6日の金星の位置として最も適当なものは，①〜⑥のうちではどれか。　　　　　　　　　　　　　　　　　　　　　[　　　　]

(3) 6月6日と7月23日の観察では，金星は満ち欠けして見えるだけではなく，見かけの大きさも変化して見えた。金星の見かけの大きさが変化する理由を書け。ただし，金星の観察は天体望遠鏡で同じ倍率で行っている。

[　　　　　　　　　　　　　　　　　　　　　　　　　　　　　　　]

(4) 7月23日の20時ごろ，南の空に木星が見えた。このとき，天体望遠鏡で観察すると，木星の近くに4つの明るい点が見えた。この4つの明るい点は「イオ」など，木星のまわりを回っている天体である。このように，惑星のまわりを回っている天体を何というか。

[　　　　　　　　　]

(5) 地球，水星，金星，木星の公転周期を比べるとき，公転周期の長いほうから順に，これらの4つの惑星の名前を書け。　　[　　　　　　　　　　　　　　　　　　　　　]

ガイド (5)公転周期は，太陽からの距離が大きいほど長くなる。

118 〉[火星と金星]

2月13日夜7時ごろ，東京はよく晴れていたので，赤い火星と，火星の近くに明るく光る金星を観察することができた。次の問いに答えなさい。

(1) 火星について調べた次のア〜キから，正しいものを<u>すべて選び</u>，記号で答えよ。

[   ]

  ア　衛星が2つある。

  イ　主に二酸化炭素からなる厚い大気におおわれている。

  ウ　地表面はクレーターにおおわれている。

  エ　公転の回転方向は地球と同じである。

  オ　地表面は太陽側で400℃，反対側で180℃と気温差が大きい。

  カ　直径は地球よりやや大きい。

  キ　高さ25kmに及ぶ太陽系最大の火山がある。

(2) 火星が赤く見えるのは地表面の鉄がさびているためと考えられている。これから推測されることは何か。最も適切なものを次のア〜オから1つ選び，記号で答えよ。

[   ]

  ア　過去に地表をマグマがおおっていた。

  イ　過去に火山活動があった。

  ウ　過去に酸素が存在した。

  エ　現在，地表の温度が地球より高温である。

  オ　現在，時々砂嵐が起きる。

(3) このとき，火星と金星の見える方角を表した文として最も適切なものを次のア〜エから1つ選び，記号で答えよ。また，そのときの地球・火星・金星の位置関係を正しく表した図として最も適切なものを次の図オ〜クから1つ選び，記号で答えよ。

方角[   ]　位置関係[   ]

  ア　火星と金星はともに西の空に見える。

  イ　火星と金星はともに東の空に見える。

  ウ　火星は東の空に，金星は西の空に見える。

  エ　火星は西の空に，金星は東の空に見える。

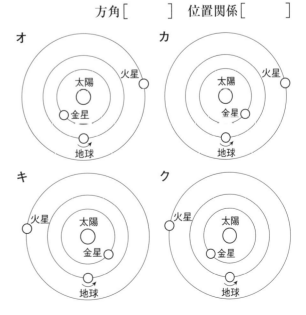

最 高 水 準 問 題 ──────────────────── 解答 別冊 p.38

119 次の文章を読んで，あとの問いに答えなさい。

（大阪星光学院高）

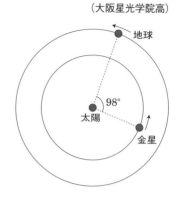

金星は，太陽のまわりをほぼ地球と同じ公転面で，太陽を中心にして，円軌道を描きながら公転している惑星であり，その公転周期は 0.62 年である。金星を地球上で観察すると，日の出前か，日の入り後にかがやいて見えるが，真夜中に見ることはできない。また，日にちがたつと，恒星に対して前とは違う位置に見え，星座の中を動いているように見える。さらに，金星を双眼鏡で観察すると満ち欠けし，大きさも変わって見える。右の図は，ある年の 1 月 1 日の太陽，金星，地球の位置関係を北極星側から見たときのようすを表している。

(1) 金星を双眼鏡で観察すると満ち欠けし，大きさも変わって見える理由として最も適当なものをア〜エから 1 つ選び，記号で答えよ。　　　　　　　　　　　［　　　　　］

　ア　金星は自ら光を出し，地球と金星の距離が周期的に変化するから。

　イ　金星は自ら光を出し，地球と金星の距離が周期的に変化し，金星の大きさも周期的に変化するから。

　ウ　金星は自ら光を出さず，地球と金星の距離が周期的に変化するから。

　エ　金星は自ら光を出さず，地球と金星の距離が周期的に変化し，金星の大きさも周期的に変化するから。

(2) 太陽，金星，地球の位置関係が図のようになっているとき，金星を日本国内のある場所から観察すると，いつごろどの方角に見えるか。最も適当なものをア〜エから 1 つ選び，記号で答えよ。

　　　　　　　　　　　　　　　　　　　　　　　　　　　　　　　　　　　　［　　　　　］

　ア　日の出前に東の空　　　　イ　日の出前に西の空

　ウ　日の入り後に東の空　　　エ　日の入り後に西の空

太陽，金星，地球の位置関係が，図のようになっているとき（ある年の 1 月 1 日）から 11 月 1 日まで，日本国内のある場所から 1 か月ごとに金星を観察し，金星の星座中の動きと金星の満ち欠けのようすを調べた。

(3) 1 月から 3 月で，金星は星座中をどの方角に動いているように見えるか。「東向き」または「西向き」で答えよ。　　　　　　　　　　　　　　　　　　　　　　　　　　　［　　　　　］

(4) 1 月から 11 月で金星の星座中の動きを観察すると，1 月から 3 月での金星の星座中の動きと，一時的に反対向きに動いている期間がある。その期間を含むものとして最も適当なものをア〜エから 1 つ選び，記号で答えよ。　　　　　　　　　　　　　　　　　　　　　　　　［　　　　　］

　ア　3 月から 5 月　　イ　5 月から 7 月　　ウ　7 月から 9 月　　エ　9 月から 11 月

(5) 次のア〜オの図は 2 月 1 日，4 月 1 日，6 月 1 日，8 月 1 日，10 月 1 日の金星の満ち欠けのようすを表している。2 月 1 日と 6 月 1 日の金星の満ち欠けのようすは，それぞれどのようになるか。最も適当なものを 1 つずつ選び，記号で答えよ。ただし，図の大きさの違いは，観察したときの見かけの大きさの違いを表している。　　　　　2 月 1 日［　　　　　］　6 月 1 日［　　　　　］

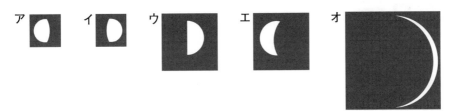

ア　イ　ウ　エ　オ

120 下の表は，太陽系の天体の特徴を表す数値を示したものである。これらの天体について，あとの問いに答えなさい。

（国立高専）

	太陽からの距離〔地球太陽間＝1〕	公転周期〔年〕	大きさ(直径)〔地球＝1〕	自転周期〔日〕	質量〔地球＝1〕
水星	0.39	0.24	0.38	58.7	0.06
金星	0.72	0.62	0.95	243	0.82
地球	1.00	1.00	1.00	1.00	1.00
火星	1.52	1.88	0.53	1.03	0.11
木星	5.20	11.9	11.2	0.41	317
土星	9.55	29.5	9.45	0.44	95.2
天王星	19.2	84.0	4.01	0.72	14.5
海王星	30.1	165	3.88	0.67	17.2
太陽			109	25.4	332946
月	0.0025*	0.075*	0.27	27.3	0.012

＊月については，地球からの距離，地球のまわりを公転する周期を(同じ単位で)示してある。

(1)　月よりも約400倍大きな太陽が，地球からの距離では月よりも約400倍遠いところにあるということが，表から読み取れる。このことによって起こる現象として最も適当なものを，次のア〜エから1つ選び，記号で答えよ。　　　　　　　　　　　　　　　　　　　　　　　　　　　[　　　　　]

ア　太陽，月，地球がこの順番でほぼ一直線に並ぶと，月の光っている部分を地球からはちょうど全部見ることのできない新月になる。

イ　太陽，地球，月がこの順番でほぼ一直線に並ぶと，月の光っている部分を地球からはちょうど全部見ることのできる満月になる。

ウ　太陽，地球，月がこの順番でほぼ一直線に並ぶと，地球の影が月のすべてをちょうど全部隠す月食が起こることがある。

エ　太陽，月，地球がこの順番でほぼ一直線に並ぶと，地球上のある場所から見たら太陽のすべてを月がちょうど全部隠す日食が起こることがある。

(2)　表から計算して判断できることとして正しいものを，次のア〜エから1つ選び，記号で答えよ。

[　　　　　]

ア　各惑星は同じ速さで公転しているが，内側ほど公転半径が短いので公転周期は短くなる。

イ　各惑星の公転の速さは内側ほど速く，しかも内側ほど公転半径が短いので公転周期は短くなる。

ウ　各惑星の公転の速さは内側ほど遅いが，内側ほど公転半径が短いので公転周期は短くなる。

エ　惑星の公転の速さは太陽からの距離ではなく，質量で決まっており，質量の大きい惑星ほど速い速さで公転している。

1 次の問いに答えなさい。

(香川県)(各5点, 計35点)

Ⅰ　日本のある地点で, 金星を観察した。これについて, 次の問いに答えよ。

(1) 右の図は, 地球を基準とした太陽と金星の位置関係を模式的に表したものである。図中のX, Yの矢印のうち, 金星の公転の向きを正しく示しているのはどちらか。1つ選んで, その記号を書け。また, 図中のア, イのうち, 金星が明け方の東の空で見られるのは, どちらの位置にあるときか。1つ選んで, その記号を書け。

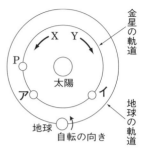

(2) 金星は, 夕方や明け方に見えるが, 真夜中には見ることができない。次のア〜エのうち, 金星を真夜中に見ることができない理由として誤っているものを1つ選んで, その記号を書け。

　ア　地球から見た金星は, 太陽から大きく離れることがないから。

　イ　金星は, 地球よりも太陽に近い所を公転しているから。

　ウ　金星は, 太陽の光を反射して光っているから。

　エ　金星は, 地球から見て太陽と反対側に位置することがないから。

Ⅱ　右の図のように, 太陽の全体が隠される日食は皆既日食と呼ばれている。これに関して, 次の問いに答えよ。

(1) 次の文は, 日食のしくみについて述べようとしたものである。文中の2つの｜　　｜内にあてはまる言葉を, ア, イから1つ, ウ, エから1つ, それぞれ選んで, その記号を書け。

　　日食は, ｜ア　太陽, 地球, 月　　イ　太陽, 月, 地球｜の順で一直線に並び, ｜ウ　地球　　エ　月｜が太陽からの光をさえぎる現象である。

(2) 皆既日食が起こった日からの月の満ち欠けを調べると, 月がだんだんと満ちていき, 1週間後の7月29日には半月になることがわかった。次のア〜エのうち, 7月29日に日本のある地点で月を見たとき, その見え方として最も適当なものを1つ選んで, その記号を書け。

　ア　月は夕方の西の空に, 月の東側半分が光って見える。

　イ　月は夕方の南の空に, 月の西側半分が光って見える。

　ウ　月は明け方の東の空に, 月の西側半分が光って見える。

　エ　月は明け方の南の空に, 月の東側半分が光って見える。

Ⅲ　次の文は, 宇宙の広がりについて述べようとしたものである。文中の□□□内に共通してあてはまる最も適当な言葉を書け。

　　太陽系は約1000億〜2000億個の恒星の大集団に属しており, これを□□□系と呼ぶ。また, 遠い宇宙を大型の望遠鏡で調べると, このような恒星の大集団がたくさん見つかっており, それらは□□□と呼ばれている。宇宙には, このような恒星の大集団が数えきれないくらい存在している。

Ⅰ	(1)	向き		位置		(2)	
Ⅱ	(1)				(2)		Ⅲ

2 図1は，ある年の8月1日午前0時ごろに，新潟県のある場所で，Aさんが，北の空のようすを観察し，こぐま座をスケッチしたものであり，図2は，同じ日時に，同じ場所で，Bさんが南の空のようすを観察し，やぎ座と火星をスケッチしたものである。また，図3は，この日の太陽，地球および，主な星座の位置関係を模式的に表したものである。これについて，次の問いに答えなさい。

（新潟県）（各5点，計25点）

図1
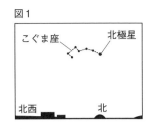

図2
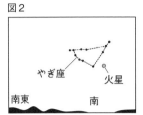

図3

(1) 図1について，次の①，②の問いに答えよ。

①　こぐま座は，時間の経過とともにその位置を変えていった。このような，地球の自転による天体の見かけの動きを何というか。その用語を書け。

②　Aさんがこぐま座をスケッチしてから3時間後に，同じ場所で，北の空では，こぐま座はどのように見られるか。最も適当なものを，ア〜エから1つ選び，記号を書け。

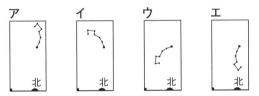

(2) 次の文は，火星について述べたものである。文中の　X　，　Y　にあてはまる語句の組み合わせとして最も適当なものを，ア〜エから1つ選び，記号を書け。

火星は地球よりも　X　の軌道を公転している惑星であり，地球から観察すると　Y　。

ア　[X　内側，　Y　月のような満ち欠けは見られない]
イ　[X　内側，　Y　月のような満ち欠けが見られる]
ウ　[X　外側，　Y　月のような満ち欠けは見られない]
エ　[X　外側，　Y　月のような満ち欠けが見られる]

(3) 図3について，この日の日没後まもない時刻に，スケッチした同じ場所で，南の空に見られる星座として最も適当なものを，ア〜エから1つ選び，記号を書け。　　　　[　　　]
ア　やぎ座　　　イ　おひつじ座　　　ウ　かに座　　　エ　てんびん座

(4) 図2，3について，スケッチした年の8月30日から31日にかけて，同じ場所で，南の空を観察するとき，やぎ座が図2と同じ位置に見られる日時として最も適当なものを，ア〜オから1つ選び，記号を書け。　　　　[　　　]
ア　8月30日午後10時ごろ　　イ　8月30日午後11時ごろ　　ウ　8月31日午前0時ごろ
エ　8月31日午前1時ごろ　　オ　8月31日午前2時ごろ

(1)	①		②		(2)		(3)		(4)	

3 大阪に住むＴさんは，太陽の動きについて調べるため，ある年の７月21日，自宅近くの日当たりのよい場所で，次の観察を行った。あとの問いに答えなさい。　（大阪府）

（各6点，計30点）

〔観察１〕 図１のように，透明半球を台紙に固定して水平に置いた。このとき，台紙にかいた２本の垂直に交わる直線の交点Ｏに，透明半球を台紙に置いたときにできる円の中心を一致させた。そして，各直線を東西南北の方向に合わせた。Ｏにフェルトペンの先の影を合わせて透明半球上に●印をつける測定を，午前７時20分から１時間ごとに午後４時20分まで行った。図２のように，午前７時20分の点をＡとし，１時間ごとの点をそれぞれ●印で記録していった。そして，これらの各点をなめらかな線で結び，透明半球のふち（図２中のＸ，Ｙ）まで延長してかいた。この結果，Ａから１時間ごとの各点の間隔はすべて2.5cmであり，ＡからＸまでの線の長さは6.0cmであった。

図1

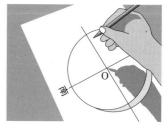

〔観察２〕 図３のように，台紙にかいた２本の垂直に交わる直線の交点に鉛筆を垂直に立てて固定して，台紙を水平に置き，各直線を東西南北の方向に合わせた。そして，午前７時20分と午前８時20分に鉛筆の影の先端に●印を記録した。

図2

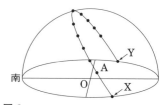

(1) **観察１**の結果から，太陽は一定の速さで地球のまわりを回っているように見えることがわかった。この太陽の見かけの動きの原因となる地球の運動は何と呼ばれているか。

(2) ７月21日の朝，太陽の中心が地平線を通過した時刻に，透明半球上の太陽の位置がＸにあると考えると，**観察１**の結果からその時刻は，午前何時何分と考えられるか。

図3

(3) 図４は，**観察２**における午前７時20分の鉛筆の影のようすである。このあと，午前７時20分から午前８時20分までの鉛筆の影はどのように変化するか。次の**ア～エ**のうち，最も適切なものを１つ選び，記号を書け。

ア　図４中のｍの方向へ移動し，長くなる。

イ　図４中のｍの方向へ移動し，短くなる。

ウ　図４中のｎの方向へ移動し，長くなる。

エ　図４中のｎの方向へ移動し，短くなる。

図4

(4) 図５は，太陽のまわりを公転している地球のようすの模式図であり，図５中のＰ，Ｑ，Ｒ，Ｓは，それぞれ春分，夏至，秋分，冬至のいずれかの日の地球の位置を示している。**観察１，２**を行った日の地球の位置は，地球の公転の道筋を４つの範囲に分けた次の**ア～エ**のうち，どれに位置すると考えられるか。最も適切なものを１つ選び，記号を書け。

図5

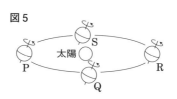

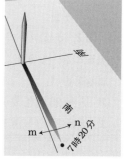

ア　ＰとＱの間　　イ　ＱとＲの間　　ウ　ＲとＳの間　　エ　ＳとＰの間

(5)　次のア〜エのうち，この年，大阪における太陽の南中高度が，**観察 1，2** を行った 7 月 21 日の太陽の南中高度に最も近かったと考えられる日を 1 つ選び，記号を書け。

　　ア　3 月 21 日　　イ　4 月 21 日　　ウ　5 月 21 日　　エ　6 月 21 日

(1)		(2)	
(3)		(4)	(5)

4　次に示す太陽の黒点の観測を行った。これについて，あとの問いに答えなさい。

(国立高専)(各 5 点，計 10 点)

〔観測〕　太陽の黒点は，1 日中観測を続けてもその位置は少ししか変化しないが，同じ時刻に何日間か続けて観測すると徐々に移動して見えることがわかった。ある年の 3 月 11 日から 3 月 17 日まで，太陽の黒点を東京で観測した。その結果を右図に模式的に示した。なお，図に示す太陽の上方向は，太陽の北方向に相当するように配置してある。また，黒点そのものの形はこの観測中はあまり変化していないことはわかっているものとする。

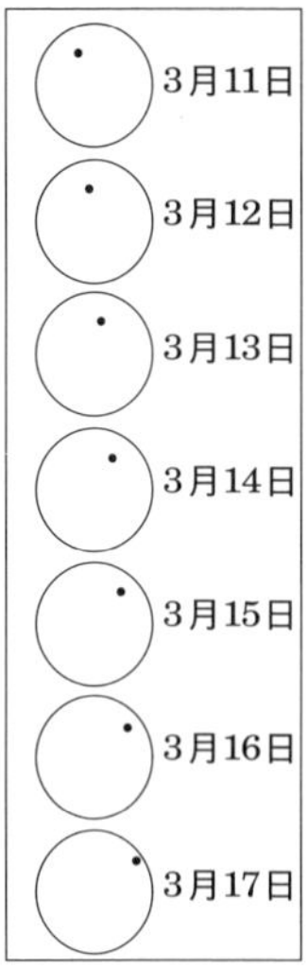

(1)　太陽の黒点が黒く見えることについて，正しいものを次のア〜エのなかから 1 つ選び，その記号を書け。

　　ア　黒点をつくる物質は固体であり，そのまわりの物質は気体でできており，色が黒く見える。

　　イ　黒点はまわりよりも温度が低く，色が黒く見える。

　　ウ　黒点はすい星が太陽表面に衝突した跡であり，黒く見える。

　　エ　水星や金星などが地球から見て太陽と重なるときに太陽の光をさえぎり，それが黒点として黒く見える。

(2)　図のように黒点の見え方が変わる原因として適切なものを，次のア〜エのなかからすべて選び，その記号を書け。

　　ア　太陽は球形である。

　　イ　太陽はガスのかたまりである。

　　ウ　太陽の自転の向きは，地球の公転の向きと同じである。

　　エ　太陽の自転周期は地球の公転周期より長い。

(1)		(2)	

1 生物どうしのつながり

標 準 問 題 ———————————————————————— 解答 別冊 p.40

121 [生物どうしのつながり]

気体 X が関係する物質の循環を次のような簡単な図で表した。図と次の文を読み，あとの問いに答えなさい。

植物の光合成によって無機物から合成された有機物は，植物から動物へと食物連鎖を通じて移動し，最終的には菌類や細菌類によって無機物にまで分解される。そして，分解された無機物は，ふたたび植物によって吸収される。また，生物のからだに取りこまれた有機物の一部は，エネルギー源として分解され，無機物となる。

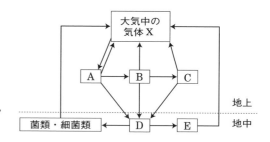

(1) 図中の A ～ E にあてはまる語句の組み合わせとして最も適切なものを，次のア～カから1つ選び，記号で答えよ。　　　　　　　　　　　　　　　　　　　　[　　　　　]

ア　A. 草食動物　　　B. 肉食動物　　　C. 遺体・排出物
　　D. 化石燃料　　　E. 水

イ　A. 肉食動物　　　B. 草食動物　　　C. 緑色植物
　　D. 遺体・排出物　E. 化石燃料

ウ　A. 肉食動物　　　B. 草食動物　　　C. 緑色植物
　　D. 遺体・排出物　E. 水

エ　A. 緑色植物　　　B. 草食動物　　　C. 肉食動物
　　D. 遺体・排出物　E. アンモニア

オ　A. 緑色植物　　　B. 草食動物　　　C. 肉食動物
　　D. 遺体・排出物　E. 化石燃料

カ　A. 緑色植物　　　B. 草食動物　　　C. 肉食動物
　　D. 遺体・排出物　E. 水

(2) 図中の B や C にあてはまるものを「消費者」というとき，次の①，②を何というか。それぞれ漢字3文字で答えよ。

① A にあてはまるもの　　　　　　　　　　　　　　　　　　　[　　　　　]
② 菌類や細菌類　　　　　　　　　　　　　　　　　　　　　　[　　　　　]

122 [動物の減少]

A さんたち5名は，カエル，カメ，コガネムシなどの沖縄の動物の数が年々減少している原因を考えている。このなかで発言の内容に誤りのある人はだれか，1人選びなさい。

[　　　　　]

Aさん 「イシカワガエルが生活するには，深い森林のきれいな川が必要なんだ。このような
　　　　環境は，林道工事やダム建設などの開発によって年々失われているんだって。」

Bさん 「林道でヤンバルクイナが車にひかれてケガをしたり，死んでしまったりしたという
　　　　ニュースを最近よく聞くね。リュウキュウヤマガメも，側溝に落ちて出られなくなり，
　　　　死んでしまうことがあるらしいよ。」

Cさん 「野生化した捨てイヌや捨てネコ，マングースに食べられているという話も聞いたな
　　　　あ。」

Dさん 「ヤンバルテナガコガネは，インターネットで高く売買されるらしいから，密猟者が
　　　　幼虫まで根こそぎ盗っていくんだって。ひどい話だよ。」

Eさん 「北部の森から住みやすい環境を求めて，東南アジアや中国大陸に逃げ出したんじゃ
　　　　ないかな。沖縄は海に囲まれているから，泳いで渡るとか，空を飛んでいくとかして
　　　　さ。」

> **ガイド** 海を長時間泳いだり，空を長時間飛んだりできる脊椎動物は，鳥類や大形の動物に限られる。

重要 **123** 〉[食物連鎖]

麻美さんは，有機物は，はじめに植物がつくり，それが食物連鎖によって，動物へと移動することに興味をもった。次の問いに答えなさい。

(1) 植物などの光合成を行う生物は，光合成によって無機物から，デンプンなどの有機物をつくることができる。食物連鎖のはじまりとなるこれらの生物は何と呼ばれるか。

[　　　　　　　　　　]

(2) 麻美さんは，食物連鎖の数量的な関係を表した図を見て，次のように考えた。□□□に適切な言葉を入れよ。

[　　　　　　　　　　]

　　自然界では，ふつう食べるものより食べられるもののほうが
　　□□□から，生物の数量的な関係は，右の図のようなピラミッドの
　　形にたとえることができるのだろう。

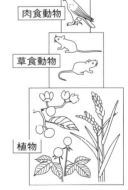

(3) 右の図は，食物連鎖の数量的な関係がつり合いのとれた状態を表した模式図である。この状態から，アのように，草食動物がふえると，その後，どのように変化すると考えられるか。アが最初になるようにしてイ～エを適切な順に並べ，記号で答えよ。ただし，図中の矢印(⇔，⇨⇦)は，数量の増減を示している。

[　　　→　　　→　　　→　　　]

ア　　　　　　　　イ　　　　　　　　ウ　　　　　　　　エ

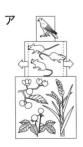 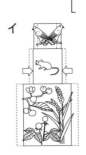 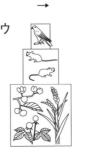 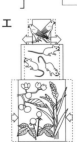

124 〉[自然環境]

地域の自然環境を守ることについて，次の問いに答えなさい。

　達也さんは，自然界のしくみを理解し，地域の自然環境を守るために自分たちができることを考えたが，ふさわしくないものが1つある。それはどれか。次のア～エから1つ選び，記号で答えよ。　　　　　　　　　　　　　　　　　　　　　　　　　　　　[　　　　]

ア　カイヅカイブキの葉の汚れぐあいを調べることを通して，空気の汚れの度合いと周囲の環境との関係について考える。

イ　近くの川に生息している水生生物の種類と数を調べることを通して，水の汚れぐあいについて考える。

ウ　森林を保全するための植林活動に参加することを通して，自然界における物質の循環について考える。

エ　繁殖力の強い外来種の魚を近くの川に放流することを通して，川での自然のつり合いについて考える。

125 〉[生物と生物のつながり]

生物の食べる・食べられるという関係について，次の問いに答えなさい。

　右図は，炭素を含む物質の流れと生物の食べる・食べられるの関係を模式的に示したものである。

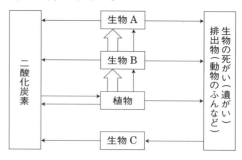

(1)　生物A，生物B，植物の間にある，食べる・食べられるの関係のつながりを何というか，書け。
　　　　　　　　　　　　　[　　　　　　　　]

(2)　生物Bの数が減少した場合，一時的に生物Aと植物の数にどのような影響が出るか，最も適切なものを，次のア～エから1つ選び，その記号を書け。　　　　　　　[　　　　]

　　ア　生物Aは増加し，植物も増加する。

　　イ　生物Aは増加し，植物は減少する。

　　ウ　生物Aは減少し，植物は増加する。

　　エ　生物Aは減少し，植物も減少する。

(3)　生物Aは，自然界の物質の循環におけるはたらきから「消費者」と呼ばれる。これに対して生物Cは何と呼ばれるか，書け。　　　　　　　　　　　　[　　　　　　　　]

┌─────────────────────────────────────┐
│ **ガイド**　(2)えさを食べる動物は，自分が食べるえさが少なくなると数が減少する。 │
└─────────────────────────────────────┘

126 〉[生物と環境]

自然界では，捕食者(食うもの)と被食者(食われるもの)の数量がそれぞれ増加したり減少したりしながら，食物連鎖のなかで共存している。今，被食者Aは捕食者Bだけに食べられ，捕食者Bは被食者Aだけを食べるものとし，被食者Aは捕食者Bが存在しない場合には無限にふえるものとする。また，被食者Aは捕食者Bによって食べられるだけで，捕食者Bに別の形や方法で利用されることがないものとする。次の問いに答えなさい。

(1)　被食者Aと捕食者Bの個体数変動を表すグラフとして最も適当なものを以下のなかから1つ選べ。ただし，グラフの横軸は時間を，縦軸は個体数を表し，被食者Aを実線で，捕食者Bを破線で表すものとする。　　　　　　　　　　　　　　[　　　　　　　]

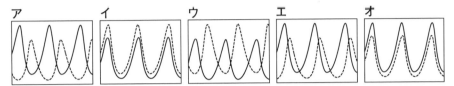

(2)　被食者となるような微生物Aとその栄養源，それに微生物Aだけを食べる捕食者となるような別の微生物Bを閉鎖された容器で培養し，被食者と捕食者が，先に述べたような個体数の周期変動を示すよう実験的に再現しようとした。だが，人工飼育下において微生物である被食者と捕食者の個体数がうまく周期変動するようにするためには，ア〜エのうちの3つを組み合わせる工夫が必要であった。不要だったと考えられるものはどれか。

[　　　　　]

ア　微生物Aが隠れる場所をつくる。

イ　微生物Bが隠れる場所をつくる。

ウ　適当な時間間隔で微生物Aを追加する。

エ　適当な時間間隔で微生物Bを追加する。

(3)　野外で被食者と捕食者が周期変動を示す例としては，19世紀〜20世紀にかけて北米森林地帯で毛皮のために捕獲された数から推定された，オオヤマネコとカンジキウサギの個体数変動が有名である。だが，この例でも周期変動は，想定されるような「食う-食われる」の単純な関係だけでは説明しきれない可能性が残るとして，現在では疑問視されている。野外環境下において，被食者や捕食者の個体数が周期変動している場合，「食う-食われる」の関係以外には，どんな要因が考えられるか。1つだけ挙げよ。

[　　　　　　　　　　　　　　　　　　　　　]

ガイド　(1)被食者がふえると少しおくれて捕食者がふえ，被食者が減ると少しおくれて捕食者が減る。

最高水準問題 ─────────────────────── 解答 別冊 p.41

127 雑木林の生き物について，あとの問いに答えなさい。 (宮城県)

謙太さんは，学校の近くにある雑木林の地面付近や土中の観察を行い，結果を次のようにまとめた。

〈地面付近〉

　表面は落ち葉や枯れ枝でおおわれていた。落ち葉の裏や下には，ダンゴムシ，ミミズ，クモ，キノコが見られ，ダンゴムシやミミズは落ち葉を食べていた。また，ₐ図のようなルーペを使って，手にとった落ち葉を観察すると，白っぽい糸のようなものが見え，カビがついていることがわかった。

〈10 cm ほど掘った土中〉

　植物の根が広がっていて，土は黒っぽく，しめっており，ミミズが見られた。積み重なった♭落ち葉は葉脈だけが残っていたり，葉の形が細かくくずれて腐葉土のようになっていたりしており，枯れ枝はもろくなっていた。また，一部がカビで白くなっていた。

(1) 下線部 a の方法として，最も適切に述べているものを，次のア〜エから１つ選び，記号で答えよ。

[　　　　]

　ア　ルーペを目にできるだけ近づけて持ち，落ち葉を前後に動かす。

　イ　ルーペを目にできるだけ近づけて持ち，目の位置を前後に動かす。

　ウ　ルーペを落ち葉にできるだけ近づけて持ち，落ち葉を前後に動かす。

　エ　ルーペを落ち葉にできるだけ近づけて持ち，目の位置を前後に動かす。

(2) 下線部 b のようになっていたのは，ダンゴムシやミミズなどが食べたこととカビやキノコなどのはたらきによるものである。次の①，②の問いに答えよ。

　①　生物どうしの食べる・食べられるという関係のつながりにおいて，植物が生産者と呼ばれるのに対し，落ち葉を食べるダンゴムシやミミズは何と呼ばれるか，書け。

[　　　　　　　　]

　②　次の文の（　　　）に適切な語句を入れよ。 [　　　　　　　　]

　　カビやキノコなどのなかまは菌類といわれ，落ち葉や枯れ枝などの（　　　）を二酸化炭素や水，そのほかの無機物に分解し，そのときに得られるエネルギーを使って生活している。

(3) 庭に植物を植えるとき，新しい落ち葉よりも，観察で見られたような腐葉土を庭の土に混ぜたほうがよい理由を，菌類・細菌類という語句を用いて説明せよ。

[

]

128 生物どうしのつながりについて，あとの問いに答えなさい。　　　　　　　(兵庫県改)

(1) 次の文の ① ～ ④ に入る適切な語句を書け。

　自然界で生活している生物の間には，食べる・食べられるの関係がある。たとえば，ミミズは，おもに落ち葉を食べ，モグラに食べられる。この関係のつながりを ① という。 ① のはじまりは，おもに植物である。植物は，太陽の光を利用して ② から有機物をつくり出しているので ③ と呼ばれ，動物は，植物やほかの動物を食べるので ④ と呼ばれる。

①[　　　　　　] ②[　　　　　　] ③[　　　　　　] ④[　　　　　　]

(2) 落ち葉を食べる生物として適切なものを，次のア～エから１つ選んで，その記号を書け。

[　　　　　]

　ア　カニムシ　　イ　クモ　　ウ　ムカデ　　エ　トビムシ

　土の中の生物のはたらきを調べるために，次の実験を行った。

〔実験〕　図のように，雑木林からとってきた土を
ビーカーに入れ，水を加えてよくかき混ぜてし
ばらく放置し，上澄み液を布でこした。そのこ
した液を３本の試験管 A，B，C に同量入れ，
①Bのみ十分に沸騰させたあと，冷ました。次に，
試験管 A，B，C に同じ濃度のうすいデンプン
溶液を同量加え，②ふたをした。

　２日後，③試験管 A，B にヨウ素液を少量加えると，試験管 A は変化がなかったが，試験管 B は青紫色となった。また，試験管 C にベネジクト液を入れて加熱すると，赤かっ色の沈殿ができた。

(3) 下線部①で，試験管 B を十分に沸騰させたのはなぜか。次の言葉に合わせて書け。

[　　　　　　　　　]

　　土の中にいた生物を，＿＿＿＿＿＿＿＿＿＿＿ため。

(4) 下線部②で，試験管にふたをしたのはなぜか。適切なものを次のア～エから１つ選んで，その記号を書け。　　　　　　　　　　　　　　　　　　　　[　　　　　]

　ア　試験管内の温度を一定に保つため。

　イ　試験管内に二酸化炭素が入らないようにするため。

　ウ　試験管内に酸素が入らないようにするため。

　エ　試験管内に空気中の小さな生物が入らないようにするため。

(5) 下線部③の結果から，デンプンが変化してできた物質は何か，その名称を書け。

[　　　　　　　]

(6) 土の中には，菌類や細菌類などの微生物や小動物が生物の遺体やふんなどを食べて生活している。これらの生物は，自然界でのはたらきから何と呼ばれるか，書け。　[　　　　　　　]

解答の方針

127　(3)新しい落ち葉だけを入れた土は，細菌類や菌類などの生物による分解があまり進んでいない。

128　(3)AとBの結果を比較することから，土の中の生物のはたらきがわかる。

129 生物どうしのつながりについて，あとの問いに答えなさい。　　　　　　　　　　（京都・洛南高）

　ある地域の生物的要素(生産者，消費者， ①)と，それを取り巻く無生物的要素を，1つのまとまりとみたものが ② である。 ② を構成している生物は互いに密接に関係している。太陽の光エネルギーは，生産者の行う ③ によって有機物の形で ② へ取り込まれ，被食と捕食の関係，いわゆる ④ によって生態ピラミッドを上部に向かって移動していく。実際の ② では1種類の捕食者が複数の種類の生物をえさとして食べるため， ④ は複雑な網目状になるので ⑤ とも呼ばれている。この生態ピラミッドがバランスを崩すと ② に深刻な影響をおよぼすこともある。

　日本近海のある海洋 ② で考えた場合，植物プランクトンが生産者となって ③ を行い，有機物を合成する。合成された有機物は， ④ を通じて動物プランクトン，イワシやアジなどの小形の魚類，さらにカツオやマグロなどの大形の魚類に取り込まれる。また，食べられなかった死がいは ① のはたらきによって無機物に変えられる。

(1) 文章中の ① ～ ⑤ に適する語を入れよ。

①[　　　　　　] ②[　　　　　　] ③[　　　　　　]

④[　　　　　　] ⑤[　　　　　　]

(2) 下線部について，その原因のひとつに日本国内に持ち込まれた「外来生物種」がある。次のア～カのうち「外来生物種」でないものを2つ選んで，記号で答えよ。　　　　　[　　　　　　]

　ア　ヒメジョオン

　イ　ナズナ

　ウ　セイタカアワダチソウ

　エ　オオクチバス

　オ　ビワマス

　カ　ブルーギル

130 雑木林の落ち葉の土をルーペで観察したところ，細かくなった落ち葉，トビムシ，クモを見つけることができた。これらを取り除いた土を用いて，土の中の菌類や細菌類のはたらきを調べるために次の実験をした。あとの問いに答えなさい。　　　　　　　　　　（奈良県）

〔実験〕 土に水を加えてよくかき混ぜ，図1のように布でこしとった。この液を用いて，あとの表1に示した3種類の液をつくり，それぞれをポリエチレンの袋A，B，Cに入れた。次に，それぞれの袋を，図2のように空気を十分に入れて密閉し，2日間25℃に保ったあと，次の**操作①**と**操作②**を順に行った。**表2**はその結果をまとめたものである。

図1

土と水を混ぜたもの

布でこしとった液

図2

袋A

袋B　　　　袋C

操作①　それぞれの袋の中の気体を別々の石灰水に通し，その変化を観察した。

操作②　それぞれの袋の中の液を別々の試験管にとり，ヨウ素液を数滴加えて反応を観察した。

表1

	ポリエチレンの袋に入れた液
袋A	布でこしとった液100cm³に，デンプン溶液100cm³を加えたもの。
袋B	布でこしとった液100cm³を，沸騰するまで加熱してから冷まし，デンプン溶液100cm³を加えたもの。
袋C	布でこしとった液100cm³に，水100cm³を加えたもの。

(1) 落ち葉はトビムシに食べられ，トビムシはクモに食べられる。このように，生物どうしの間には，「食べる」「食べられる」の関係のつながりがある。

表2

	操作①の結果	操作②の結果
袋A	白くにごった	反応なし
袋B	変化なし	反応あり
袋C	変化なし	反応なし

① この「食べる」「食べられる」の関係のつながりを何というか。その用語を書け。 [　　　　　]

② 雑木林で，クモが限りなくふえ続けることはない。「食べる」「食べられる」の関係のつながりからは，理由が2つ考えられる。1つは「クモがふえると，クモをえさとする生物がふえて，生存できるクモの数が減る。」ことである。もう1つの理由を，簡潔に書け。

[　　　　　　　　　　　　　　　　　　　　　　　]

難(2) この実験の結果からわかることについて述べた次のア～エのうち，適切なものを1つ選び，その記号を書け。 [　　　]

ア 袋Aと袋Cの結果から，菌類や細菌類のはたらきには，デンプンが必要でないことがわかる。

イ 袋Bと袋Cの結果から，菌類や細菌類のはたらきで，デンプンが分解されたことがわかる。

ウ 袋Aと袋Bの結果から，菌類や細菌類のはたらきで，二酸化炭素が発生したことがわかる。

エ 袋Bと袋Cの結果から，菌類や細菌類のはたらきで，二酸化炭素が発生したことがわかる。

(3) 右の図は，炭素が有機物と二酸化炭素に含まれており，自然界を循環していることを示そうとしたものである。有機物の流れを矢印(⇨)で，二酸化炭素の流れを矢印(→)で表すとき，この図が完成するように，図中に二酸化炭素の流れを示す矢印(→)を3本かき加えよ。

(1)食べる食べられるの関係では，生産者から消費者へと有機物が移動する。また，菌類・細菌類のはたらきで死がいやふんなどに含まれる有機物が無機物に変えられる。

2 環境保全・自然と災害

標 準 問 題 ——————————————————————————————————— 解答 別冊 p.43

重要 131 [自然の開発と破壊]

次の文を読んで，あとの問いに答えなさい。

　地球は，①太陽から適度な距離にあり，また，その表面には水が豊富に存在するなどの条件がそろっていることから，表面が平均15℃という，生物が生きていくのに適した温度になっている。このように，生物が生きていくための大切な条件がすべて備わっている地球は，かけがえのない天体である。

　しかし，近年，有害な化学物質による土や水の汚染，②生活排水中の多量の有機物による河川などの汚れ，③石油や石炭などの化石燃料を燃やしたときにできる物質による大気の汚染が広がり，地球の自然環境に大きな影響を与えている。

　さらに，大気中の二酸化炭素などの増加による地球の温暖化，フロンなどの大量使用によるオゾン層の破壊，④森林の破壊などによる生物界のつり合いの変化も大きな問題となっており，これらは地球規模で対策を考えなければならない問題である。

(1) 下線部①について，地球の表面が生物が生きていくのに適した温度になっている原因は何か。下線部①に示されている太陽から適度な距離にあること，水が豊富に存在していることのほかに考えられる原因を1つ書け。　　　　　　　　　[　　　　　　　　　　　　　　　]

(2) 下線部②の原因の1つにヘドロのような汚れが水中にたまってしまうことが挙げられるが，それはなぜか。その理由を「分解者」ということばを使って書け。

　　　　　　　　　　　　[　　　　　　　　　　　　　　　　　　　　　　　　]

(3) 下線部③の汚染によってできる酸性雨が問題になっているが，酸性雨の原因の1つと考えられているものは何か。最も適当なものを次のア〜エから1つ選び，その記号を書け。

　　　　　　　　　　　　　　　　　　　　　　　　　　　　　　[　　　　　]

　ア　酸素　　　イ　水素　　　ウ　硫黄の酸化物　　　エ　銅の酸化物

(4) 一般に，大形の鳥，小形の鳥，昆虫，植物が生活している地域では，それらの生物の種類や数量の関係は，右の図のようなピラミッドの形で表すことができる。

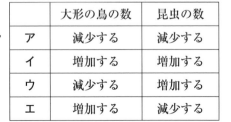

　下線部④について，右の図のように，生物どうしのつり合いが保たれている森林へ，昆虫をえさとする小形の鳥が，開発のためにすむ場所を追われて多数移りすんだとする。その後一定の期間，その森林での大形の鳥，昆虫の数量は，それぞれどのように変化すると考えられるか，最も適当な組み合わせを右のア〜エから1つ選び，その記号を書け。　　　　[　　　　　]

	大形の鳥の数	昆虫の数
ア	減少する	減少する
イ	増加する	増加する
ウ	減少する	増加する
エ	増加する	減少する

132 ▷ [ごみ問題]

次の文を読んで，あとの問いに答えなさい。

　Aさんは，日ごろから資源の大切さを考えていたので，「ごみ問題」について調べた。

(1)　環境省のホームページに「容器包装リサイクル法が施行されてから，紙製・プラスチック製容器の分別収集量が増えた。」とあった。

　①　紙の主な原料は何か。次のア～エから適切なものを1つ選んで，その記号を書け。

[　　　　　]

　　ア　ボーキサイト　　　イ　石灰岩　　　ウ　木材　　　エ　石油

　②　紙の再利用が進めば，地球環境を守るうえでどのような点で効果があるか，書け。

[　　　　　　　　　　　　　　　　　　　　　　　　　　　　　　　　]

(2)　Aさんの家では，野菜くずを「ごみ」として出さずに処理をしている。野菜くずを無機物に変えるはたらきをする菌類や細菌類を，食物連鎖のなかで何というか，書け。

[　　　　　　　]

(3)　プラスチックのごみは，地球環境に影響をおよぼすことが指摘されている。これを解決するために開発された科学技術として，どのようなものがあるか，1つ書け。

[　　　　　　　　　　　　　　　　　　　　　　　　　　　　]

133 ▷ [環境保全]

次の文章を読んで，あとの問いに答えなさい。

　地球の大気の主成分は，酸素と窒素であり，その体積比は1：4である。また，大気には酸素と窒素以外にその他の気体が少量含まれており，生物の生存や地球の熱収支に重要な役割を果たしている。生物の生存にとって有害な紫外線は，たとえば地上約10～50kmの成層圏と呼ばれる領域に存在するオゾン層によってほとんど吸収されている。

　地球に届いた太陽光は地表から反射や放射熱として最終的に宇宙に放出されるが，大気が存在するので，気温の急激な変化が和らげられている。少量の気体のなかでも二酸化炭素は約0.04％とわずかであるが，地表の平均気温を15℃程度に保つのに大きな役割を演じている。こうした気体の作用を（　①　）効果と呼んでいる。19世紀以降，産業の発展にともない人類は石炭や石油などの化石燃料を大量に消費するようになり，大気中の二酸化炭素の量も200年前と比べ30％程度増加した。これからも人類が同じような活動を続けると，21世紀末には二酸化炭素の量は現在の2倍近くなり，地球の地表の平均気温は今より2℃程度上昇すると予測されている。このように（　①　）効果の結果，地球の地表の気温が上昇する現象を（　②　）という。

　また，少量の気体（　③　）は，（　①　）効果以外にオゾン層の破壊もともない，南半球の高緯度地域にオゾンホールを生じる原因となっている。

(1)　（　①　）～（　③　）に適する語句を入れよ。

①[　　　　　]　②[　　　　　]　③[　　　　　]

(2)　地表付近の大気に含まれる気体は，窒素，酸素，オゾン，二酸化炭素以外に何があるか。

[　　　　　　　]

最高水準問題 ━━━━━━━━━━━━━━━━━━━━━━━━━━━ 解答 別冊 p.43

134 次の文を読んで，あとの問いに答えなさい。

谷さんは，学校で飼育しているゾウリムシとナミウズムシがどのような刺激に反応して行動しているのかに興味をもち，ゾウリムシとナミウズムシについて調べるとともに，観察1・2，実験を行った。

（大阪府）

【谷さんがゾウリムシとナミウズムシについて調べたこと】

・ゾウリムシは，池や水たまりにすむ⒜単細胞生物であり，刺激を受けて反応することや，養分を取り込んで消化することを，1つの細胞で行っている。ゾウリムシは，細胞の表面に生えている毛(せん毛)を動かして，水中を移動する。ゾウリムシは，毛の動きが止まると水底に沈む。

・⒤ナミウズムシは，ウズムシ(プラナリア)のなかまであり，川にすみ，光の刺激を受け取る感覚器官である目をもつ。

---

(1) 下線部⒜について，単細胞生物であるものを次のア～エからすべて選び，記号で答えよ。

[　　　　　]

ア　アメーバ　　イ　ツバキ　　ウ　乳酸菌　　エ　ナミウズムシ

(2) 下線部⒤について，ナミウズムシは水生生物による水質検査の指標になっている。次のア～エのうち，ナミウズムシは，どの水質の指標となる生物(指標生物)か。1つ選び，記号で答えよ。

[　　　　　]

ア　大変きたない(大変汚れた)水　　　イ　きたない(汚れた)水
ウ　少しきたない(少し汚れた)水　　　エ　きれいな水

〔観察1〕　ゾウリムシを水とともに透明な水槽に入れておくと，ゾウリムシは，図のように，水槽の水面近くに集まった。

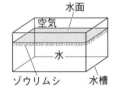

(3) 谷さんは，ゾウリムシがなぜ水槽の水面近くに集まったのかについて，次の仮説1，2をたてた。谷さんは，仮説1，2のそれぞれが正しいかどうかを確かめるために，実験を行った。あとの◻◻◻◻◻は，実験の結果についての谷さんの予想と，実験の結果をまとめたものである。また，あとのア～エは，実験の結果として考えられるゾウリムシの集まり方を模式的に表したものである。ア～エのうち，◻◻◻◻◻のなかの⒜，⒝に入れるのに最も適しているものをそれぞれ1つずつ選び，記号で答えよ。

ⓐ[　　　] ⓑ[　　　]

[谷さんがたてた仮説]
仮説1.　空気中から水に溶け込む酸素に向かって，図のように集まる。
仮説2.　重力に逆らって，図のように集まる。

〔実験〕　内径4mm，長さ10cmのガラス容器を2本準備して，2本のガラス容器のそれぞれに，ゾウリムシの入った水を入れ，1本はガラス容器の口を上にして垂直に立て，もう1本はガラス容器の口を下にして垂直に立てた。2本のガラス容器を垂直に立ててから30分後に，ガラス容器中のどの位置にゾウリムシが集まっているかを観察した。ただし，このガラス容器の口を下にしても，ガ

ラス容器の中の水がこぼれ落ちることはなかった。

> ［実験の結果についての谷さんの予想］
>
> 　仮説1が正しい場合には，ゾウリムシは　ⓐ　のように集まると考えられる。また，仮説2
> が正しい場合には，ゾウリムシは　ⓑ　のように集まると考えられる。
>
> ［実験の結果］
>
> 　ゾウリムシは　ⓑ　のように集まった。

〔**観察2**〕　ナミウズムシを水とともにペトリ皿(シャーレ)に入れ，ペンライトの光を当てると，ナミ
ウズムシは光の当たる場所から遠ざかっていった。

(4)　**観察2**におけるナミウズムシの行動から，ナミウズムシは，昼間は川のどの場所にいると考えら
れるか。次のア〜ウのうち，最も適しているものを1つ選び，記号で答えよ。

[　　　]

ア　水面近く　　　イ　川底の石の上　　　ウ　川底の石の下

---

135 ▶**外来生物**について，あとの問いに答えなさい。　　　　　　　（鹿児島・ラ・サール高）

　本来の生息地で生活している生物を（　A　）生物というのに対し，本来の生息地から異なる場所に
人為的に持ち込まれて繁殖・定着した生物を外来生物という。外来生物のなかで，地域の生態系・人
の生命・農林水産業などへ深刻な影響を及ぼす可能性のあるものを特定外来生物という。特定外来生
物が引き起こす問題には，次のようなものがある。

・同じ食物，生活環境をめぐって競争し，（　A　）生物をやぶり，（　A　）生物からそれらを奪う。

・（　A　）生物と外来生物が近縁の種である場合，種間で（　B　）が起こり，雑種が多くなる。

・寄生虫，病原菌などを持ち込み，（　A　）生物にそれらが感染する。

・（　A　）生物を被食者として捕食する。

(1)　上の文の（　A　），（　B　）に最も適する語句を答えよ。

A[　　　　　　　]　B[　　　　　　　]

(2)　日本から外国に持ち出されてその国(外国)で，外来生物となっているものを，次のア〜サから2
つ選び，記号で答えよ。　　　　　　　　　　　　　　　　　　　　[　　　　　　　]

ア　アマミノクロウサギ　　　イ　アリゲーターガー　　　ウ　オオクチバス

エ　オガサワラシジミ　　　　オ　グリーンアノール　　　カ　コイ

キ　セイタカアワダチソウ　　ク　ヒアリ　　　　　　　　ケ　ボタンウキクサ

コ　マングース　　　　　　　サ　ワカメ

(3)　日本を生息地とする（　A　）生物のヤンバルクイナにとって，天敵となっている外来生物を(2)の
選択肢より選び，記号で答えよ。　　　　　　　　　　　　　　　[　　　　]

解答の方針

135　(3)ある生物に対して捕食者や寄生者となる他の生物を天敵という。

3 エネルギーと科学技術の発展

標 準 問 題 ──────────────── 解答) 別冊 p.44

136 〉[発電]

発電について，次の文中の あ ， い にあてはまる語を書きなさい。

　発電機は，タービンや水車の運動エネルギーを　あ　エネルギーに変えるはたらきをしている。また，火力発電において，燃料として用いられる石油，天然ガス，石炭などは，大昔に生きていた動植物が，地層の中で長い年月を経て変化してできたもので，　い　と呼ばれている。　　　　　　　　　　　　　　　　　　　　　あ[　　　　　　　] い[　　　　　　　]

137 〉[電池]

右の図のように，木炭電池を使って電流を流し，しばらく電子オルゴールを鳴らし続けた。これについて，次の問いに答えなさい。

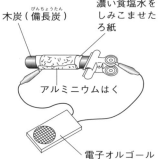

木炭（備長炭）
濃い食塩水をしみこませたろ紙
アルミニウムはく
電子オルゴール

(1)　図の電子オルゴールを長時間鳴らし続けたあと，アルミニウムはくをはがしてみると，アルミニウムはくは，どのように変化しているか，簡単に書け。

　　　　[　　　　　　　　　　　　　　　　　　　　　　]

(2)　図の電子オルゴールが鳴っているとき，エネルギーはどのように移り変わっているといえるか，最も適当なものを次のア〜エから１つ選び，その記号を書け。　　　　[　　　　]

　　ア　化学エネルギー → 熱エネルギー → 音のエネルギー

　　イ　化学エネルギー → 電気エネルギー → 音のエネルギー

　　ウ　電気エネルギー → 化学エネルギー → 音のエネルギー

　　エ　熱エネルギー → 電気エネルギー → 音のエネルギー

(3)　エネルギーをとり出すために，これまでさまざまな材料を用いた電池がつくられてきており，近年では，動力源として燃料電池を用いた自動車の実用化が進められている。燃料電池を用いた自動車は，環境に対する悪影響が少ないといわれるのはなぜか。その理由を書け。

　　　　[　　　　　　　　　　　　　　　　　　　　　　　　　　　　　　]

138 〉[イオン交換膜]

次の林さんの調べたことを読んで，あとの問いに答えなさい。

【林さんが水酸化ナトリウムの製造法について調べたこと】

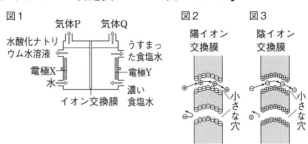

図1　気体P　気体Q　水酸化ナトリウム水溶液　うすまった食塩水　電極X　電極Y　水　濃い食塩水　イオン交換膜　図2　陽イオン交換膜　小さな穴　図3　陰イオン交換膜　小さな穴

・図1は，電気分解によって水酸化ナトリウム水溶液を工業的に製造するための装置を模式的に表したものである。この装置では，陰極と陽極の間はイオン交換膜と呼ばれる特殊な膜で仕切られており，陽イオンと陰イオンのいずれか一方しか膜を通り抜けることができない。

・イオン交換膜には，陽イオン交換膜と陰イオン交換膜の2種類がある。図2，図3はそれぞれ陽イオン交換膜と陰イオン交換膜のしくみを模式的に表したものである。陽イオン交換膜は，負の電気を帯びた小さな穴が無数にある膜であり，陽イオンは通り抜けることができるが，陰イオンは電気的に反発しあう力により通り抜けることができない。逆に，陰イオン交換膜は，陰イオンは通り抜けることができるが，陽イオンは通り抜けることができない。

・図1の装置を用いて純粋な水酸化ナトリウム水溶液を効率よく取り出すためには，食塩水と水酸化ナトリウム水溶液とが混ざり合うのを防ぐ必要がある。そのため，この装置で水酸化ナトリウム水溶液を製造する際には，図1中に示されたa{ア　電極Xを陰極，電極Yを陽極　　イ　電極Xを陽極，電極Yを陰極}にして，陰極と陽極との間をb{ウ　陽イオン交換膜　　エ　陰イオン交換膜}で仕切って電気分解を行っている。このとき，電極Xでは気体Pが発生し，電極Yでは気体Qが発生するので，この装置により水酸化ナトリウム水溶液と同時にこれらの気体も製造することができる。

(1) 上の文中のa{　　}，b{　　}から，適切なものをそれぞれ1つずつ選び，記号を書け。

a[　　]　b[　　]

(2) 下線部について，気体Pと気体Qの化学式をそれぞれ書け。

気体P[　　　　]　気体Q[　　　　]

139 〉**[光エネルギーの利用]**

発電について，次の問いに答えなさい。

　光は，光ファイバーやDVDなどの情報通信分野で利用されるだけでなく，医療やエネルギーなどの分野でも利用されている。エネルギー分野では，太陽光を活用するために，植物の光合成の研究や太陽エネルギーを貯蔵・輸送する新たなエネルギーシステムの研究などが行われている。

　右の図は，太陽光をエネルギー源として活用し，燃料電池自動車の燃料を供給する新たなエネルギーシステムのしくみを模式的に表したものである。図のように，太陽光発電で水を電気分解し，その際に発生する気体を燃料として使用する燃料電池自動車は，ガソリンや軽油を使用する自動車と比べると，どのような利点があるか。その利点を，図を参考にして，エネルギー資源と自然環境の面から，簡単に書け。

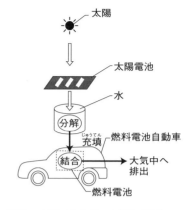

（注1）⇨はエネルギーの流れを表し，➡は物質の流れを表している。
（注2）ここでの充填とは，燃料をタンクにつめることを表している。

[　　　　　　　　　　　　　　　　　　　　　　　　　　　　　　]

140 〉**[エネルギーの変化の利用，CO_2 の減少]**

次の文を読んで，あとの問いに答えなさい。

　私たちは日々たくさんの電気エネルギーを利用している。電気エネルギーをうみ出す方法はいくつかあるが，現在，日本において最も多くの電気エネルギーをうみ出しているの

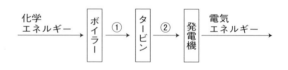

は火力発電である。図は火力発電の過程と，エネルギーの移り変わりを表している。

(1)　図の①，②にあてはまるエネルギーとして最も適当なものを，次の**ア〜エ**のなかから1つずつ選び，それぞれ記号を書け。　　　　　　　①[　　　　] ②[　　　　]

　　ア　光エネルギー　　　**イ**　運動エネルギー
　　ウ　位置エネルギー　　**エ**　熱エネルギー

(2)　図の発電機でのエネルギーの移り変わりとは逆に，電気エネルギーを②のエネルギーに変えるものとして最も適当なものを，次の**ア〜エ**のなかから1つ選び，記号を書け。

[　　　　]

　　ア　モーター　　　**イ**　豆電球
　　ウ　太陽電池　　　**エ**　電熱線

　近年，大気中の二酸化炭素の排出を抑えるため，夏はネクタイをはずして冷房の設定温度を高くしたり，冬は厚着をして暖房の設定温度を低くしたりする取り組みが全国的に広がっている。

(3) エアコン1台につき，暖房の設定温度を1℃低く設定することで，1年間に削減できる二酸化炭素の排出量〔kg〕を計算する式を，次の①〜③をもとに立てた。その式として正しいものを，あとのア〜エのなかから1つ選び，記号を書け。　　　[　　　　]

① エアコン1台につき，暖房の設定温度を1℃低くすると，1時間あたり126kJのエネルギーを削減することができる。

② 1日に9時間，年間169日，暖房を使用する。

③ 3600kJのエネルギーを削減すると，0.39kgの二酸化炭素を削減することができる。

　※1kJ＝1000J

出典：(財)省エネルギーセンター「ライフスタイルチェック25項目別削減額」

ア $\dfrac{126 \times 9 \times 169 \times 0.39}{3600}$　　イ $\dfrac{126 \times 9 \times 3600}{169 \times 0.39}$

ウ $\dfrac{126 \times 0.39}{9 \times 169 \times 3600}$　　エ $\dfrac{126 \times 9 \times 169 \times 3600}{0.39}$

重要 141 [エネルギーの移り変わり]

いろいろなエネルギーとその移り変わりを調べるために，次の実験を行った。下の考察の　ア　〜　オ　に適切な言葉や数値を入れなさい。ただし，ひもの質量は考えないものとする。

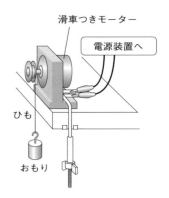
滑車つきモーター
電源装置へ
ひも
おもり

〔実験〕　図のような滑車つきモーターを使って，ひもにつけたおもりを，滑車のところまで引き上げ，かかる時間を測定した。ひもの長さは50cm，加える電圧は同じとし，おもりの質量は100g，200g，300g，400gとした。また，おもりをつけずにひもだけを引き上げるのにかかる時間も測定し，おもりの質量0gとして記録した。

〔結果〕

おもりの質量〔g〕	0	100	200	300	400
引き上げにかかった時間〔秒〕	9.9	13.3	14.5	16.8	20.3

〔考察〕

① 消費された　ア　エネルギーが最も大きいのは，おもりの質量が　イ　gのときであり，このとき，変換されたおもりのもつ　ウ　エネルギーが最も大きいといえる。

② おもりの質量が　エ　gのとき，　ア　エネルギーは，　ウ　エネルギーには変換されず，回転するモーターのもつ　オ　エネルギーや，熱や音のエネルギーに変換されたと考えられる。

　　　　ア[　　　] イ[　　　] ウ[　　　] エ[　　　] オ[　　　]

ガイド ②おもりの質量が0ならば，位置エネルギーは0である。

最 高 水 準 問 題 ——————————————————— 解答 別冊 p.45

142 次は，従来の火力発電，バイオマス発電，コージェネレーションシステムについて，発電の特徴をそれぞれまとめたものである。あとの問いに答えなさい。　（秋田県）

従来の火力発電

　a石油，石炭，天然ガスなどの化学エネルギーを使って発電する。日本の総発電量に占める割合は，最も大きい。資源の枯渇や環境への影響が課題となっている。

バイオマス発電

　生物体をつくっている有機物の化学エネルギーを使って発電する。b稲わらなどの植物繊維や家畜の糞尿から得られるアルコールやメタン，森林のc間伐材を利用している。

コージェネレーションシステム

　液化天然ガスなどの化学エネルギーを使って自家発電するとともに，そのときに発生する熱を給湯や暖房に利用するシステムである。

---

(1) 地下資源である下線部aをまとめて何というか，書け。　　　　　　　　[　　　　　　　]

(2) 右の表は，自然界で下線部b，cを最終的には無機物に変えるはたらきをする生物をなかま分けしたものである。表に示した，Ⅰ，Ⅱの生物のなかまをそれぞれ何というか，書け。

Ⅰ	カビ，キノコ
Ⅱ	乳酸菌，大腸菌

Ⅰ[　　　　　　　]　Ⅱ[　　　　　　　]

(3) 下線部aを利用する従来の火力発電に比べて，下線部b，cを利用するバイオマス発電にはどんな利点があるか，書け。[　　　　　　　　　　　　　　　　]

(4) 右の図は，従来の火力発電とコージェネレーションシステムについて，それぞれの発電に用いた化学エネルギーがどのように移り変わっていくかを，模式的に表した一例である。

① 図をもとに，従来の火力発電とコージェネレーションシステムについて，移り変わったエネルギーの割合を比較した。最もちがいが大きいのは次のどれか，1つ選んで記号を書け。

[　　　　]

　ア　利用される電気エネルギー

　イ　送電・変電にともなう損失

　ウ　利用できない排熱

　エ　利用される熱エネルギー

② 図のコージェネレーションシステムで利用される電力が4500kWのとき，このシステム全体で利用されるエネルギーは，1秒間に何kJになるか，求めよ。

[　　　　　　　]

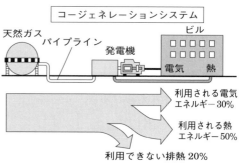

従来の火力発電
送電線　工場
電気
火力発電所
利用される電気エネルギー34%
送電・変電にともなう損失5%
利用できない排熱61%

コージェネレーションシステム
天然ガス　パイプライン　発電機　ビル
電気　熱
利用される電気エネルギー30%
利用される熱エネルギー50%
利用できない排熱20%

143 現在の日本では石油，石炭，天然ガス，水力，原子力などを利用して電気エネルギーを得ている。エネルギーと環境について，次の問いに答えなさい。 (東京学芸大附高)

(1) 夏は，エアコンの設定温度を $1 \sim 2℃$ 上げることが広く呼びかけられている。エアコンを使うと，環境にどのような悪い影響が出るか。最も適するものを，次のア〜オのなかから1つ選び，記号を書け。 [　　　]

　ア　屋外が猛暑でも室内の温度を下げられ，快適な生活をおくるのに欠かせない。

　イ　窓を開放しておけば，屋外の温度も下げることができ，効率的である。

　ウ　大規模に使えば，地球全体の温度を下げることができ，温暖化対策になる。

　エ　エアコンで室内の温度を下げると，室外の温度が上がってしまう問題がある。

　オ　ときどき外気を取り入れて室温を $1 \sim 2℃$ 上げることで，環境対策になる。

(2) 火力発電，水力発電，原子力発電などのしくみや問題点について述べた次のア〜オの文のなかから，誤っているものを1つ選び，記号を書け。 [　　　]

　ア　火力発電は石油などの化石燃料が確保されている間は，安定な電力供給が可能で，利用価値は高いが，燃焼による二酸化炭素の発生などの問題がある。

　イ　水力発電はダムにたまった水の位置エネルギーを電気エネルギーに変えるので廃棄物の処理などの心配は少ないが，ダムの建設などで自然環境の破壊を促進させる。

　ウ　原子力発電は発電量が大きく，二酸化炭素の発生などの問題はないが，放射性廃棄物の処理などに問題をかかえている。

　エ　季節風や台風などの強い風は，風力発電に最も適しており，この風を利用した大型の風力発電装置の設置は，日本でも急速に進んでいる。

　オ　水を電気分解すると水素と酸素が発生するが，燃料電池は水の電気分解とは逆に，水素と酸素を反応させて水と電気エネルギーを取り出す装置である。

(3) 化学反応について述べた次のア〜オの文から誤っているものを1つ選び，記号を書け。

[　　　]

　ア　水素の燃焼を化学反応式で示すと $2H_2 + O_2 \longrightarrow 2H_2O$ となる。

　イ　水素だけを入れた容器内で電気火花を出すと大爆発を起こし危険である。

　ウ　発熱する反応では，反応物質のもつエネルギーは生成物質のもつエネルギーより多い。

　エ　化学反応にはエネルギーを放出する反応とエネルギーを吸収する反応がある。

　オ　水の電気分解という化学反応は，エネルギーを吸収する反応である。

解答の方針

142 (4)②利用される電気エネルギーは全体の30％であることから求める。システム全体で利用されるエネルギーはこの電気エネルギーと熱エネルギーの合計である。

144 **大気中の気体の変化について，あとの問いに答えなさい。** （東京・筑波大附高）

近年，大気中の気体Xの濃度が急激に増加している。

(1) 次のグラフは，南極とハワイの2か所での過去約20年間の気体Xの濃度変化を表したものである。ハワイのグラフはAとBのどちらか。記号で答えよ。 [　　]

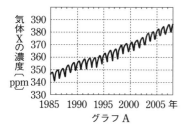
グラフA

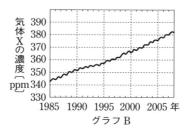
グラフB

(2) (1)のグラフがギザギザである理由として最も適切なものを，次のア〜エから1つ選び，記号で答えよ。 [　　]

ア 南半球は海が多く，南半球の夏に気体Xが海から蒸発するから。

イ 北半球は陸地が多く，北半球の夏に気体Xが陸地でよく吸収されるから。

ウ 植物の光合成による気体Xの吸収が，夏に多くなるから。

エ 昼夜で気温が異なり，夜間のほうが気体Xが陸地でよく吸収されるから。

145 **自然界にはさまざまなエネルギー資源がある。私たちは，これらのエネルギー資源から電気などをうみ出して利用している。これについて，次の問いに答えなさい。** （佐賀県）

(1) エネルギー資源のうち，石油や石炭，天然ガスは，生物の死がいが変化してできた燃料である。このような燃料を何というか，書け。 [　　 　　]

(2) 電気エネルギーは，いろいろなエネルギーが移り変わってうみ出される。その移り変わりをさかのぼったとき，太陽のエネルギーと関係していない発電方法はどれか。最も適当なものを次のア〜エの中から1つ選び，記号を書け。 [　　]

ア 火力発電 　　 イ 水力発電

ウ 風力発電 　　 エ 原子力発電

(3) 図1は，ある地点で調べた大気中の二酸化炭素濃度の変化を示すグラフであり，二酸化炭素の濃度が上昇していることがわかる。その要因について述べた下の文中の（　　）に適する語句を書き，文を完成させよ。 [　　 　　]

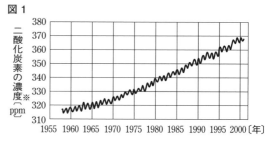
図1

※ppmとは100万分の1という意味である。

人口の増加とともに，エネルギーを得るために石油や石炭，天然ガスの消費が増加したことのほかに，農地などをつくるために（　　　　）の面積が減少したことなどが考えられる。

(4) 大気中に放出された二酸化炭素には，地球から宇宙への熱の流れをさまたげ，気温の上昇をもたらすはたらきがある。このはたらきを何というか，書け。 [　　 　　]

難(5) 日本で，電気エネルギーを使うことで1人が1日に排出する二酸化炭素の質量を求めるために，次の①～③をもとに計算式をたてた。その式として正しいものを，下のア～エの中から1つ選び，記号を書け。ただし，電気エネルギーはすべて石油による火力発電で得ると仮定する。

[　　]

① 日本では平均して1人が1日に80000kJ※の電気エネルギーを使っている。

② 石油1gの燃焼で得られるエネルギーは40kJであり，その40%を電気エネルギーに変えている。

③ 石油1gの燃焼で生じる二酸化炭素の質量は3gである。

※ 1kJ = 1000J

ア $\dfrac{80000 \times 3}{40 \times 0.4}$ 　　イ $\dfrac{80000 \times 0.4 \times 3}{40}$

ウ $\dfrac{80000}{40 \times 0.4 \times 3}$ 　　エ $\dfrac{80000 \times 40 \times 0.4}{3}$

　近年，石油からつくられたプラスチックに代わって，**写真1**のようにトウモロコシなどのバイオマスを原料にしたバイオプラスチックが，コップや弁当の容器などの身近な物に用いられている。また，次の**図2**は，トウモロコシに関連する炭素の自然界での流れを示している。

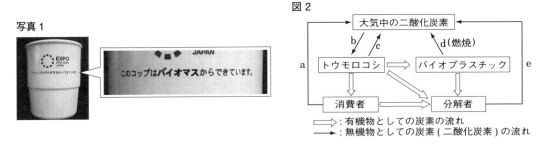

写真1

図2

```
: 有機物としての炭素の流れ
: 無機物としての炭素 ( 二酸化炭素 ) の流れ
```

(6) **図2**のb，cは，トウモロコシのはたらきによる炭素の流れである。b，cの流れは，それぞれトウモロコシの何と呼ばれるはたらきによるものか，書け。

b[　　　　] c[　　　　]

難(7) 石油からつくられたプラスチックの燃焼と異なり，バイオプラスチックの燃焼は大気中の二酸化炭素濃度をほとんど増加させないと考えられている。この場合，**図2**のa，b，c，d，eによって流れる炭素の量の間に成り立つ関係式として最も適当なものを，次のア～エの中から1つ選び，記号を書け。

[　　　　]

ア b = a + c + d 　　イ b + c = d

ウ b = a + c + d + e 　　エ b + c = a + d + e

解答の方針

144 (2)光合成がさかんになると空気中の二酸化炭素は減る。

145 (7)バイオプラスチックは，植物が大気中の二酸化炭素を用いて生成した物質を使ってつくられている。

1 川にすむ生物と川の水質について，あとの問いに答えなさい。 （大阪府）

（各4点，計20点）

〔観察〕 淀川には，砂と泥が堆積した広大な干潟や，多くの水草がしげる池のような「わんど」など多様な環境がある。それぞれの環境で淀川の水質を調べるため，A地点（図1）とB地点（図2）で，教科書をもとに川の水質の目安となる指標生物を調査した。下の表は，その結果をSさんのグループが，代表的な指標生物とともに示したものであり，○と●は採集できた生物を，●はそのなかで数の多かった2種類の生物を示す。

（注）指標生物＝川の水質などの環境を知る手がかりとなる生物

図1

A地点 ： 干潟
・河口から約8km上流
・潮の干満で干上がる
・海水の影響をうける

図2

B地点 ： わんど
・河口から約13km上流
・水の流れはない
・海水の影響をうけない

水質階級	指標生物	A地点	B地点
I「きれいな水」	サワガニ		
	ウズムシ		
	ヒラタカゲロウ		
	ナガレトビケラ		
II「少しきたない水」	カワニナ		○
	スジエビ		●
	ヤマトシジミ	●	
	イシマキガイ	●	
III「きたない水」	タニシ		●
	タイコウチ		
	ニホンドロソコエビ		
	イソコツブムシ		
IV「大変きたない水」	アメリカザリガニ		○
	セスジユスリカ		○
	エラミミズ		
	サカマキガイ		

(1) 次の文中の｛ ｝から適切なものを1つずつ選び，記号を書け。

　　一般に生物は，酸素を①｛ア 出して　イ とり入れて｝有機物を分解し，生活に必要なエネルギーをとり出す。川に有機物を含んだ水が流れ込むと，有機物を分解する細菌などのはたらきにより，水中の酸素の量は②｛ウ 増加　エ 減少｝する。水中の酸素の量は水質の主な目安である。そこで，水質を知る目安となる指標生物には，水中の酸素の量によって影響をうける生物が選ばれている。

(2) 川の水質調査では，各地点ごとに●を2点，○を1点として，水質階級ごとに点数を合計し，合計点の最も高い階級をその地点の水質階級であると判定する。この判定法にもとづき，表よりA地点の水質階級はIIで，「少しきたない水」であると判定された。

　　B地点について，それぞれの水質階級ごとの合計点を計算して水質階級を判定し，I～IVの記号と，判定した階級における合計点を書け。

(3)　B地点で採集されたタニシは草食性であり，アメリカザリガニはおもに肉食性である。

　　一般に，食べる・食べられるのつながりにおいて，草食動物の個体数Xと肉食動物の個体数Y
との間にはどのような数量関係が成り立っているか。次のア〜ウから1つ選び，記号を書け。

ア　X＞Y　　イ　X＝Y　　ウ　X＜Y

(1)	①		②		(2)	水質階級		合計点		(3)	

2　次の文は，Aさんが理科の授業で行った発表の一部である。これについて，あとの問いに答え
　　なさい。
(群馬県)((1)各2点，(2)〜(5)各3点，計16点)

　私たちの生活には電気が必要です。わが国では，電気の多くを水力・火力・原子力でつくりだして
います。そこでそれぞれの発電のしくみや問題点について説明します。

　まず水力発電では，図1に示したように，_aダムにためた水を落下させ，タービンを回して発電し
ています。_b火力発電では，図2に示すように石油などを燃やして発電しています。また，原子力発
電は核燃料(ウラン)を用いて，発電しています。

　火力発電で使われている石油は，_c図3に示す，波のような地層の間にたまったもので，数千万年
〜数億年前の生物の死がいが地層の中で長い年月の間に変化してできたものです。このため，石油は
化石燃料とよばれています。私たちは，太古の地球に降り注いだ太陽の光エネルギーをたくわえた化
石燃料を使って火力発電をしていることになります。このような特殊な条件のもとでできた化石燃料
は埋蔵量に限りがあります。_d化石燃料はこのまま使い続けるとなくなってしまいます。ですから，
私たちは省資源・省エネルギーを進めていく必要があると思います。

　最近では，水力・火力・原子力発電のほかにも，_eいろいろなエネルギー資源を利用した発電も行
われていますが，新しいエネルギー資源の開発をさらに進めていかなければならないと思います。

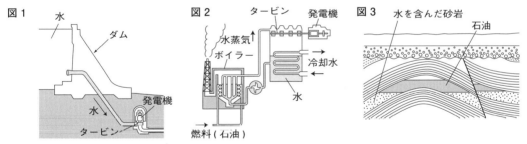

(1)　下線部aにおけるエネルギーの移り変わりを表すと，次のようになる。　①　，　②　に入るエ
　　ネルギー名を書け。　　①　→　②　→電気エネルギー

(2)　下線部bについて，石油などを燃やしてからタービンを回すまでのしくみを，「水蒸気」という語
　　を用いて説明せよ。

(3)　下線部cは地殻変動によってできたものである。このような地層の状態を何というか。

(4)　下線部dのような問題点が化石燃料にはある。これ以外で化石燃料の燃焼によって引き起こされ
　　ている問題を，具体的に1つ書け。

(5)　下線部eについて，火力・水力・原子力発電以外に行われている発電を1つ書け。

(1)	①		②		(2)	
(3)		(4)			(5)	

3 陸上の生物について，あとの問いに答えなさい。

（兵庫・灘高改）

（(5)8点，ほか各4点，計52点）

　図1は，陸上のある地域で生活する生物について，食物連鎖の各段階の生物がもつ有機物量の合計をもとに作成した，ピラミッド型の図である。各段階を下から第1層・第2層・第3層・第4層と呼ぶことにし，第1層には陸上植物が該当するものとする。

図1

(1) 陸上植物のように，無機物から有機物をつくり出す生物を，生態系のなかでは何というか。

(2) 動物のように，植物がつくり出した有機物を直接的，または間接的に取り込んで生活する生物を，生態系のなかでは何というか。

(3) 下の[動物群]は，いずれも図1の第2層から第4層に該当する動物である。各階層に該当する動物を，それぞれすべて選び，記号で答えよ。ただし，第4層に該当する動物は1つだけに限る。

　[動物群] ア カエル　イ チョウ　ウ バッタ　エ トカゲ　オ モズ　カ リス

　図1で，仮に，第2層の動物が極端にふえたとする。

(4) しばらく時間が経過すると第1層と第3層の個体数はどのように変化するか。｛ア 減少する　イ 変化しない　ウ 増加する｝から選べ。

(5) さらに時間が経過すると第2層は減少する。その理由を25字以内で述べよ。

　図2は，生態系における食物連鎖と炭素の循環を，炭素量をもとにして示した図である。二酸化炭素の形で大気中に存在する炭素が，1年間の光合成により植物へ取り込まれる量を1000とする。各層の炭素量のうち「現存量」は各層の生物が年初めの時点でもっている量を示す。また，Gは現存量の年間の増加分，Cは1層上の動物に食べられる量，Dは植物なら枯れ落ちた枝や葉に含まれる量，動物なら排出されたふんや遺体に含まれる量を示す。

図2

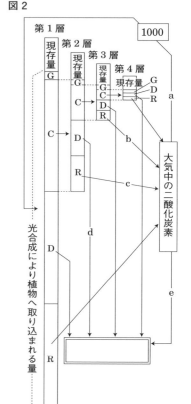

(6) 図中のa～eの矢印のうち，向きが逆に書かれているものが1つある。これを記号で答えよ。

(7) 図中の各層のRはどのような量を示しているか。

(8) きわめて安定した生態系では，どの階層も大きく増加したり減少したりすることはないため，Gの値はほぼ0となっている。あとの①，②について，次の仮定のもとで解答せよ。

・すべての階層でG＝0とする。

・光合成により植物へ取り込まれる量1000のうち，Rが60％，Dが20％，Cが20％とする。

・第2層，第3層の動物が食べて取り入れた量のうち，Rが60％，Dが30％，Cが10％とする。

・第4層の動物では，Rが50％，Dが50％とする。

・各層の動物は，1段階下の生物しか食べないものとする。

①　第 4 層の動物が 1 年間に食べて取り入れる量はいくらになるか。

②　1 年間で分解者の生物へわたる総量はいくらになるか。

(1)		(2)		(3) 第 2 層		第 3 層	第 4 層
(4) 第 1 層		第 3 層		(5)			
(6)		(7)		(8) ①		②	

4　環境問題について，あとの問いに答えなさい。

(佐賀県)(各 4 点，計 12 点)

　森林は多くの種類の植物や動物が生きていける環境をつくり出している。**図 1** は，ある地域に生息する生物について，生物体をつくっている有機物の量を階段状のピラミッドの形で表したものである。図の A，B，C，D は動物を表していて，それぞれ下の層の生物を食べている。

(1)　食物連鎖の出発点となる植物は，自分自身で有機物をつくり出すことができる。このはたらきに着目する場合に，植物は何と呼ばれるか，書け。

(2)　この地域で大規模な森林伐採が行われ，**図 2** のように植物が極端に少なくなると，生息する A 〜 D の動物にどのような影響を与えるか。最も適当なものを次のア〜エの中から 1 つ選び，記号を書け。

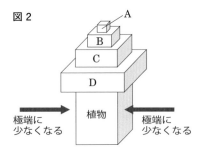

　ア　D の数はいったん減るが，A，B，C には影響がないため，やがて植物や D の数はふえ，この地域に生息する生物の数や種類は回復する。

　イ　D の数も C の数もいったん減るが，A，B には影響がないため，やがて D や C の数はふえ，この地域に生息する生物の数や種類は回復する。

　ウ　最初 D の数は減り，順に C，B の数も減る。A はもともと個体数が少ないため影響をうけることはほとんどない。

　エ　D の数は減り，順に C，B，A の数も減る。このため，この地域に生息する動物の数や種類は非常に少なくなる。

(3)　(2)とは逆に，植物の量が**図 1** より大幅に増加すると，しばらく経過したあとの A の数はどうなるか。最も適当なものを次のア〜ウの中から 1 つ選び，記号を書け。

　ア　ふえる　　　イ　変わらない　　　ウ　減る

(1)		(2)		(3)	

□ 編集協力　エデュ・プラニング合同会社　平松元子　松本陽一郎
□ デザイン　CONNECT
□ 図版作成　小倉デザイン事務所

シグマベスト
最高水準問題集
中3理科

本書の内容を無断で複写（コピー）・複製・転載する
ことを禁じます。また，私的使用であっても，第三
者に依頼して電子的に複製すること（スキャンやデ
ジタル化等）は，著作権法上，認められていません。

編　者　文英堂編集部
発行者　益井英郎
印刷所　図書印刷株式会社
発行所　株式会社文英堂
　　　　〒601-8121　京都市南区上鳥羽大物町28
　　　　〒162-0832　東京都新宿区岩戸町17
　　　　（代表）03-3269-4231

●落丁・乱丁はおとりかえします。

Σ BEST
シグマベスト

最高水準
問題集

中3理科

解答と解説

文英堂

1編　化学変化とイオン

1　水溶液とイオン

001 (1) 電解質
(2) ア…NaCl　　イ…Cl⁻

解説 (1) 電気で分解される物質を意味する。
(2) 塩化ナトリウム NaCl は，水に溶けると電離して Na⁺ と Cl⁻ になる。

⬈ 得点アップ

▶電解質と非電解質
　水溶液にしたときに電流が流れるか，流れないかについての物質の性質を示す用語である。
電解質…水溶液の状態で電流が流れる物質。
非電解質…水溶液の状態で電流が流れない物質。
　身近な物質では，塩化ナトリウム（食塩）は電解質，ショ糖（砂糖）は非電解質である。

002 イ，エ，カ

解説 食塩，塩化水素，水酸化ナトリウムは電解質のため，これらの水溶液である食塩水，塩酸，水酸化ナトリウム水溶液は電気を通す。金属である銅片も電気を通す。PET ボトルはプラスチックのため電気を通さない。塩化カリウムは電解質であるが結晶の状態では電気を通さない。砂糖は非電解質のため砂糖水は電気を通さない。

003 (1) a…原子核　　b…電子　　c…陽子
d…中性子
(2) 8

解説 (2) 電子の数は，Na⁺ は 11 − 1 = 10，Cl⁻ は 17 + 1 = 18 である。ゆえに，その差は 8 個。

004 (1) ウ
(2) 2

解説 電子を e⁻ として化学式で表すと
陽極：Cl⁻ ⟶ Cl + e⁻
　　　Cl + Cl ⟶ Cl₂
陰極：Cu²⁺ + 2e⁻ ⟶ Cu

005 (1) イ
(2) ウ
(3) $2H_2 + O_2 \longrightarrow 2H_2O$
(4) ① ウ　　② エ

解説 試験管 A には H₂，試験管 B には O₂ が体積比 2：1 でたまり，電源装置をはずして電子オルゴールにつなぐと，燃料電池になって，電子が試験管 A の電極から試験管 B の電極へ，電流はその逆に流れる。ゆえに，燃料電池の＋極は O₂，−極は H₂ である。

006 (1) ① ア　　② ウ
(2) $Zn \longrightarrow Zn^{2+} + \ominus\ominus$

解説 (2) イオンへのなりやすさは，Zn ＞ Cu であるから，Zn が先に陽イオンへと変化して電子を押し出し，その電子はオルゴールを通って銅板へ流れ，硫酸銅水溶液の Cu²⁺ と結合する。その結果できた Cu が，銅板に付着する。

007 エ

解説 金属が電子を放出して陽イオンになりやすいことを利用した電池で，Al ⟶ Al³⁺ + 3e⁻ の変化で生じた電子が，オルゴールを通って備長炭に移動し，備長炭の表面で食塩水の中の陽イオン（実は水に存在する H⁺）と結合して電子を消費するので，次々と電子が移動し，連続した電流になる。

008 (1) イ
(2) イ

解説 (1) ガラスは電気を通さないので，電極には用いない。また，両極とも亜鉛ではイオンへのなりやすさに違いがないため，電子の流れが生じない。
(2) 電流が流れはじめると，チューブの中では Zn²⁺ が増加し，チューブの外では Cu²⁺ が減少して SO₄²⁻ が余る。そのため，チューブの中と外が電気的に中性になるよう，セロハンの細孔を通って移動する。

009 (1) ウ
(2) ウ

解説 (1) 電流は電池の＋極から－極へ流れる。また，電子の移動は電流の流れと逆である。

(2) 銅板の表面では，亜鉛板から流れてきた電子が水溶液中の Cu^{2+} と結合し，Cu が生じる。

---

010 (1) 電極を精製水でよく洗う。

(2) $2HCl \longrightarrow H_2 + Cl_2$

(3) 食塩[塩化ナトリウム]，塩化水素

(4) (i) 負(マイナス)　　(ii) 電離

解説 (1) 前の実験で浸した溶液が電極に付着していると，結果に狂いが生じる。

(2) 塩酸の電気分解で生じる水素と塩素は，気体の分子であるから，H_2，Cl_2 とする。

(3) 塩酸は水溶液の名称であるから，電解質としては，溶質である塩化水素を答える。

(4) 電解質が水に溶けると，電気を帯びたイオンに解離するので，電離という。

---

011 (1) $2HCl \longrightarrow H_2 + Cl_2$

(2) 気体名…塩素

　　理由…水によく溶けるから。

(3) イ

(4) エ

(5) 気体名…水素　体積…$7.6\,cm^3$

解説 (1)(2) 塩酸を電気分解すると，陰極からは，$2H^+ + 2e^- \longrightarrow H_2$ の変化で水素が発生し，陽極からは，$2Cl^- \longrightarrow Cl_2 + 2e^-$ の変化で塩素が発生する。H_2 は水にあまり溶けないが，Cl_2 は水によく溶けるので，気体として集まる量は少ない。したがって，A が陰極，B が陽極，また，C が陰極，D が陽極になる。

(3) 前述の通り，A が陰極で，塩酸中の H^+ が電源から流れ出る電子を受けとっている。

(4) 捕集された気体は，A では H_2，D では O_2 であるから，それらの混合気体に点火すると爆発的に結びついて，H_2O を生じる。

$$2H_2 + O_2 \longrightarrow 2H_2O$$

図の ○○ は H_2，●● は O_2 を表す。

(5) 表1のデータでは，発生する H_2 と O_2 との体積比は 2：1 となっていて，この混合気体は過不足なく反応する。

表2のデータでは，O_2 が少なく，その $7.6\,cm^3$ はすべて反応するが，H_2 のほうは反応しないで

残るものがある。

ゆえに，反応しないで残る H_2 は，

$$22.8 - 7.6 \times 2 = 7.6\,cm^3$$

---

012 (1) ① ウ　　② 電離

(2)

 電気分解
水　　　　　　陽極側の気体　陰極側の気体

(3) ① エ　　② イ　　③ ウ

(4) ガソリンエンジンで走る車は，地球温暖化の原因とされている二酸化炭素を発生させるが，燃料電池が出すものは，環境に悪影響を与えない水だけであるから。

解説 (1) 水酸化ナトリウムは，水に溶けると電離して，ナトリウムイオンと水酸化物イオンに分かれる。

$$NaOH \longrightarrow Na^+ + OH^-$$

ナトリウムはイオンになりやすい物質で，この水溶液に電流を流すと，水の電離でごくわずかに存在する H^+ と OH^- が変化して H_2 と O_2 を生じるので，水だけが分解することになる。

(2) $2H_2O \longrightarrow O_2 + 2H_2$ を図式化すると，解答のようになる。

(4) ガソリンは C_5H_{12} などの有機化合物で，車のエンジンで燃焼すると，一酸化炭素 CO や二酸化炭素 CO_2，および，水 H_2O などを生じ，これらのうち，一酸化炭素は空気中の酸素と結合して二酸化炭素に変わる。

$$2CO + O_2 \longrightarrow 2CO_2$$

これらの CO_2 が温室効果ガスになって，地上から放射される赤外線を吸収し，地球の温暖化を引き起こすと考えられている。

一方，燃料電池での生成物は H_2O だけであるから，この反応だけでは環境への悪影響はない。

---

013 (1) ① 亜鉛　　② 銅

(2) イ

解説 (1) 両極を導線でつないでいないので，電池ではない。硫酸の中には H^+ があり，イオンへのなりやすさは，Zn ＞ H ＞ Cu であるから，Zn は H^+ にかわってイオンになるが，Cu は反応しない。

$$Zn + 2H^+ \longrightarrow Zn^{2+} + H_2$$

(2) 異なる金属板による，イオンへなりやすさの違いを利用して電圧を得るのが化学電池の基本原理である。イがダニエル電池の組み合わせである。

⬈ 得点アップ

▶電池の電圧

組み合わせる金属で起電力(取り出される電圧)や，どちらが+極になるか−極になるかが決まっている。

・銅：+極，マグネシウム：−極…2.7V

・銅：+極，亜鉛：−極…1.1V

・亜鉛：+極，マグネシウム：−極…1.6V

果物の汁には電解質成分が含まれているので，果物の汁と金属からも電池ができる。

▶いろいろな電池

・マンガン乾電池…二酸化マンガンを+極，亜鉛を−極，塩化アンモニウムを電解質とした電池。起電力は1.5V

・ボルタ電池…+極に銅，−極に亜鉛，うすい硫酸を電解質とした電池。起電力は1.1V

・ダニエル電池…+極に銅，−極に亜鉛，硫酸銅の水溶液と硫酸亜鉛の水溶液を電解質とした電池。起電力は1.1V

---

014 (1) ア，ウ

(2) 物質…電解質

　　理由…水溶液中のイオンが，電極で電子をうけ取ったり与えたりするため。

(3) 気体X：色…黄緑色

　　　　　　におい…刺激臭

　　気体Z：色　無色

　　　　　　におい…無臭

解説 (1) 塩化水素 HCl，塩化銅 CuCl₂，水酸化ナトリウム NaOH，塩化ナトリウム NaCl の4種類は電解質。砂糖，エタノールの2種類は非電解質である。

(2) 陰極では，電源から流れこんでくる電子と溶液中の陽イオンが結合して電子を消費し，陽極では，溶液中の陰イオンが電子を放出して供給するので，連続した電子の流れが得られる。

---

(3) 4種類の電解質水溶液の電気分解での変化は次のようになる。

$$HCl \cdots 2HCl \longrightarrow H_2 + Cl_2$$
$$CuCl_2 \cdots CuCl_2 \longrightarrow Cu + Cl_2$$
$$NaOH \cdots 2H_2O \longrightarrow 2H_2 + O_2$$
$$NaCl \cdots 2NaCl + 2H_2O \longrightarrow 2NaOH + H_2 + Cl_2$$

生成物のうち，Cu は赤色の固体であるから，水溶液(い)は CuCl₂ で，気体 X は Cl₂(黄緑色・刺激臭)である。これと同じ Cl₂ を発生させる水溶液(あ)は，HCl か NaCl で，陰極ではどちらも H₂ が発生する。それと同じ H₂ が発生する水溶液(う)は，残る NaOH である。

---

015 (1) A…H₂　B…Cl₂

(2) $2HCl \longrightarrow H_2 + Cl_2$

(3) ウ

(4) イ

(5) $2H_2 + O_2 \longrightarrow 2H_2O$

(6) 燃料

(7) ① Zn^{2+}　② ⊖⊖　　(順不同)

解説 (1) HCl 水溶液を電気分解するときの両電極での変化は，

電極A(陰極)　$2H^+ + ⊖⊖ \longrightarrow H_2$

電極B(陽極)　$2Cl^- \longrightarrow Cl_2 + ⊖⊖$

(2) まず電離によって

$$HCl \longrightarrow H^+ + Cl^- \quad となり，$$

さらに上記(1)の反応が起きる。係数をそろえることに注意する。

(3) 電極A では，$H^+ + ⊖ \longrightarrow H$ であるから，ウになる。

(4) NaOH 水溶液の電気分解では，水だけが分解される。$2H_2O \longrightarrow 2H_2 + O_2$

電極A で発生する H₂ と，電極B で発生する O₂ との体積比は，2：1 である。

(5) H₂ と O₂ による燃料電池では，水が生じる。

$$2H_2 + O_2 \longrightarrow 2H_2O$$

(6) 燃料電池では，両電極に H₂ と O₂ とを供給すれば連続して電流が流れる。

(7) これはボルタ電池で，両電極板で起こる変化は，

(Zn 板)　$Zn \longrightarrow Zn^{2+} + ⊖⊖$

(Cu 板)　$2H^+ + ⊖⊖ \longrightarrow H_2$

016 (1) ＋極…銅板　　記号…ウ

(2) 亜鉛板の表面では亜鉛原子が亜鉛イオンになってうすい塩酸に溶け，このとき，亜鉛原子から失われた電子が亜鉛板からモーターを通って銅板まで流れ，銅板表面で水素イオン2つが電子2つをうけ取って水素が発生する。

(3) BTB 溶液を緑色から黄色に変える。

(4) イ，ウ

(5) ① 右図

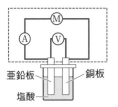

亜鉛板　　銅板
塩酸

② 電池 A と電池 D では塩酸の濃度だけでなく，亜鉛板と銅板の塩酸に入れる面積も変わっているため，濃度と面積のどちらが影響したのか判断できないため。

解説 (1) 電子オルゴールは決まった方向に電流が流れないと音が鳴らないため，確認に用いることができる。

(3) 他にも，「青色リトマス紙を赤色に変える。」などがある。

(4) 水溶液が電解質であり，2つの金属板が異なった種類の金属になっていれば，電流が流れるので，イとウが正しい。

(5) ① 回路1本の導線で亜鉛板と銅板をつなぐようにし，その途中に電流計とモーターとをつなぐ。電圧計は回路と並列に，電圧を測りたい亜鉛板と銅板の間につなぐ。

② 確かめたい条件があるときは，それ以外の条件を全て同じにする必要がある。

017 (1) ① 陽イオン…NH_4^+
　　　　陰イオン…Cl^-
　　② 陽イオン…Ca^{2+}
　　　　陰イオン…OH^-

(2) 水に溶け，空気よりも軽いから。

(3) ① 水酸化物イオン
　　② あ…NH_3　　い…NH_4^+

う…OH^-　　（い，うは順不同）

③ 気体のアンモニアが水に溶けることで，フラスコ内の圧力が大気圧よりも低くなったから。

(4) え…NH_4^+　　お…OH^-
（え，おは順不同）
か…NH_3　　き…H_2O
（か，きは順不同）

(5) ① 1.06 g　② 0.74 g

解説 (1) ① 塩化アンモニウム NH_4Cl は塩化物イオン Cl^- とアンモニウムイオン NH_4^+ とが結びついてできた物質である。

② 水酸化カルシウム $Ca(OH)_2$ はカルシウムイオン Ca^{2+} と水酸化物イオン OH^- とが結びついてできた物質である。

(2) 水に難溶な気体は水上置換法で，水に溶ける気体は空気より密度が小さければ上方置換法で，密度が大きければ下方置換法で捕集する。

(3) ① フェノールフタレイン溶液はアルカリ性のとき赤色を示すので，水溶液にアルカリ性の性質を与える水酸化物イオン OH^- の発生が関係している。

② アンモニア NH_3 自身は水酸化物イオン OH^- を含んでいないが，水 H_2O との反応でアンモニウムイオン NH_4^+ と水酸化物イオン OH^- を発生させる。

③ フラスコ内を満たしていたアンモニアの気体が水に溶けると，フラスコ内の気体の量は減少するが，水の体積はほとんど変化しないため，フラスコ内の気圧が下がる。これによってフェノールフタレイン溶液を入れた水が吸い上げられ，吸い上げられた水にさらに気体のアンモニアが溶けることが繰り返され，水が噴き出し続けることになる。

(4) 塩化アンモニウムと水酸化カルシウムとの反応では，アンモニウムイオンと水酸化物イオンとがアンモニアと水に変化する。塩化物イオンとカルシウムイオンは変化しない。

(5) (1)(4)からこの反応を化学反応式で表すと，
$2NH_4Cl + Ca(OH)_2 \longrightarrow 2NH_3 + CaCl_2 + 2H_2O$
となることから，塩化アンモニウム NH_4Cl 2個と水酸化カルシウム $Ca(OH)_2$ 1個から，アンモニア NH_3 2個と塩化カルシウム $CaCl_2$ 1個，水

H₂O 2 個ができることがわかる。原子の質量比から，塩化アンモニウムとアンモニアの質量の比は 53：17，アンモニア 500 mL の質量は 0.500 × 0.68 ＝ 0.34 g なので，反応に関わった塩化アンモニウムの質量を x g とすると，

$$x : 0.34 = 53 : 17$$
$$17x = 0.34 \times 53$$
$$x = 1.06$$

よって①は 1.06 g

次に，水酸化カルシウム 1 個とアンモニア 1 個の質量の比は 74：17，反応に関わった水酸化カルシウムの質量を y g とすると，反応で生じたアンモニアの数は水酸化カルシウムの数の 2 倍なので，

$$y : 0.34 = 74 : 17 \times 2$$
$$34y = 0.34 \times 74$$
$$y = 0.74$$

よって②は 0.74 g

---

018 (1) ① X…Zn^{2+}　　Y…SO_4^{2-}
　　　　　（X, Y は順不同）
　　　　② イ
　　　　③ a…2　　b…2
　　(2) 実験 2 は電解質の水溶液で，実験 3 は非電解質の水溶液だったから。

解説 (1) ① 硫酸亜鉛は水に溶けると，Zn^{2+} と SO_4^{2-} に電離する。
② 電圧計の値が＋側を示すか－側を示すかによって，電流の向きがわかるため，どちらが＋極か判断することができる。
(2) 電解質の水溶液に異なる種類の金属を入れ，金属どうしを導線でつなぐと，電流が流れる。

---

2 酸・アルカリとイオン

019 ウ

解説 陰イオンである水酸化物イオン OH^- が正の電荷に引かれて陽極側に移動するため，陽極側がアルカリ性を示すようになる。

---

020 (1) 塩化水素
　　(2) 緑色
　　(3) 水

解説 (1) 塩酸は，塩化水素 HCl という気体が水に溶けた溶液である。
(2) BTB 溶液による色は，酸性で黄色，中性で緑色，アルカリ性で青色である。
(3) 化学反応式は，HCl ＋ NaOH ⟶ NaCl ＋ H₂O である。

---

021 (1) H_2
　　(2) ① 右図

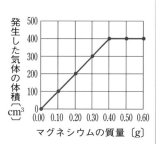

　　　　② 960 cm³
　　(3) 塩酸 50 cm³ 中の $\frac{1}{4}$ の HCl が NaOH で中和されて減少したから。

解説 (1) Mg と HCl の反応は
Mg ＋ 2HCl ⟶ MgCl₂ ＋ H₂
(2) ① Mg の質量と H₂ の体積とは比例関係で，Mg 0.10 g ごとに H₂ が 100 cm³ 発生し，Mg を 0.40 g 入れたとき，HCl がちょうどなくなって，それ以上 Mg を入れても，発生する H₂ は 400 cm³ のままで変わらない。
② 塩酸の体積：Mg の質量：H₂ の体積
＝ 50 cm³：0.40 g：400 cm³
の関係にあるから，塩酸 120 cm³ では，溶ける Mg の質量 x 〔g〕と発生する H₂ の体積 y 〔cm³〕は，
$$x = 0.40 \times \frac{120}{50} = 0.96\,g < 1.00\,g$$
$$y = 400 \times \frac{120}{50} = 960\,cm^3$$

(3) はじめは，塩酸 50 cm³ に Mg 0.40 g が溶けて，H₂ 400 cm³ が発生した。それが，H₂ が 300 cm³ であったということは，NaOH 水溶液を加えたことで，塩酸中の 4 分の 1 の塩化水素が中和されて，酸の性質を失ったことになる。

---

022 (1) 黄

(2) 化学式…NaCl　　記号…ウ

(3) ① 中和　　② 硫酸バリウム

解説 (1) BTB 溶液による色は，酸性では黄色，中性では緑色，アルカリ性では青色である。

(2) 中和の反応式は，

HCl + NaOH ⟶ NaCl + H₂O

NaCl の結晶は立方体である。

(3) ② H₂SO₄ + Ba(OH)₂ ⟶ BaSO₄ + 2H₂O

の中和反応で，硫酸バリウムが沈殿する。

---

023 B…エ　　E…ア

解説 実験の結果をまとめると次のようになる。

	BTB 溶液	H₂SO₄	加熱で乾燥
A	青色…アルカリ性	白色沈殿	−
B	青色…アルカリ性	沈殿なし	−
C	黄色…酸性	−	−
D	緑色…中性	−	白色結晶
E	緑色…中性	−	結晶なし

アルカリ性の A，B のうち，H₂SO₄ を加えて白色沈殿を生じる A は Ba(OH)₂（沈殿は BaSO₄）である。

B は NaOH の水溶液である。

酸性の C は HCl の水溶液である。

中性の D，E のうち，加熱して結晶が残る D は NaCl の水溶液である。

ゆえに，E は蒸留水である。

⤴得点アップ

▶指示薬

水溶液の酸性,中性,アルカリ性を調べる薬品。

・リトマス紙…赤と青がある。

青色リトマス紙：青から赤に変色→酸性

赤色リトマス紙：赤から青に変色→アルカリ性

・フェノールフタレイン溶液

無色から赤に変色→アルカリ性

・その他，指示薬として使える物質

紫キャベツの汁：酸性→赤，中性→青，アルカリ性→黄色

---

024 (1) 硫酸バリウム

(2) ろ過

(3) ア

(4) ① 中和　　② 水

解説 (1) Ba(OH)₂ + H₂SO₄ ⟶ BaSO₄ + 2H₂O

の中和反応で，硫酸バリウムが沈殿する。

(3) ビーカー A の Ba(OH)₂ 水溶液に H₂SO₄ を加えたとき，H₂SO₄ が過剰であれば，ビーカー B の水溶液に Ba(OH)₂ 水溶液を加えたとき，再び BaSO₄ の白色沈殿が生じる。実験結果はその通りになったので，ビーカー B の水溶液は H₂SO₄ による酸性を示す。

(4) ただし，ごく一部には水ができない中和もある。

---

025 (1) 物質名…硫酸バリウム

化学式…H₂O

(2) あ…黄色　　い…青色

(3) ア，イ

(4) ウ

(5) ウ，エ

解説 (1) H₂SO₄ + Ba(OH)₂ ⟶ BaSO₄ + 2H₂O

の中和反応。

(2) 表のデータより，Ba(OH)₂ 水溶液を 10 cm³ 加えたときの沈殿量が 0.13 g であること，中和反応が完了したときの沈殿量が 0.22 g であることから，中和して中性にするのに必要な Ba(OH)₂ 水溶液の体積を V cm³ とすると，

$$\frac{0.13}{10} \times V = 0.22 \qquad V \fallingdotseq 16.9 \, \text{cm}^3$$

ゆえに，加えた Ba(OH)₂ 水溶液の体積が 16.9 cm³ より少ない B は酸性，16.9 cm³ より多い C と D はアルカリ性である。

(3) Mg を入れて気体（H₂）が発生するのは，酸性の水溶液であるから，A と B である。

(4) D の水溶液はアルカリ性で，水を加えてもその性質は変わらない。

(5) 中和が完了するのは，(2)より，Ba(OH)₂ 水溶

液を 16.9cm³ 加えたときで，これより多く加えても，沈殿量は 0.22g で同じになる。

---

026 (1) 名称…水素イオン
化学式…H⁺
(2) 5cm³ のとき…ア，ウ
10cm³ のとき…ア，ウ
(3) エ

解説 (1) 酸性を示す本体は，水素イオン H⁺ である。

(2) 表のデータから，塩酸 a 10cm³ と NaOH 水溶液 10cm³ とがちょうど中和する。したがって，5cm³ のときは NaOH 不足で酸性，10cm³ のときは中和完了で，食塩水になる。フェノールフタレイン溶液は酸性から中性の溶液では無色である。また，どちらも溶液中にイオンがあるので，電流を通す。

(3) NaOH 水溶液 10cm³ と中和する塩酸の体積は，塩酸 a は 10cm³，塩酸 b は 20cm³，塩酸 c は 5cm³ であるから，塩酸 b の濃度を n とすると，塩酸 a は $2n$，塩酸 c は $4n$ になる。

---

027 (1) ア，ウ，エ
(2) イ，カ，ク
(3) ウ

解説 (1) $HCl + NaOH \longrightarrow NaCl + H_2O$ の中和反応で，中和点を知るのに役立つ物質を選べばよい。BTB 溶液は，中和点では黄色→緑色と変わる指示薬なので，もちろん役立つが，アルミニウム Al と鉄 Fe の小片も，中和点では H_2 の発生が止まるので，指示薬と同じはたらきをする。ただし，Al は両性の金属で HCl と NaOH の両方と反応して H_2 を発生させるので，NaOH を入れ過ぎないよう，注意深く操作する必要がある。

(2) どの文もまぎらわしい表現で，意味を理解するのに苦しむだろう。

ア，イ…短時間に中和の操作を行うものとすると，Al や Fe との反応による HCl の減少量はごくわずかなので，中和に要する NaOH 水溶液の体積に変化はなく，V も一定になる。ゆえに，イが正しい。

ウ，エ，オ…A として BTB 溶液を用いたときは，時間が長くなっても HCl の量に変化はないので，V も変化しない。ゆえに，ウとエは誤り。また，

A として Al と Fe を用いたときは，時間が長くなると，HCl が反応によって減少するので，中和に要する NaOH 水溶液の量は少なくなり，未反応の V は多くなる。ゆえに，オも誤り。

カ，キ…前述のように，A として Al と Fe を用いたときは，時間が長くなると HCl が減少し，中和しないで残る NaOH 水溶液の V は多くなる。ゆえに，カは正しく，キは誤り。

ク…BTB 溶液を加えた場合は，時間が長くなっても HCl の量に変化がないので，V も変化しない。ゆえに，正しい。

(3) 中和点までは，加えた NaOH 水溶液の体積に比例して，中和生成物の NaCl の量が増加するが，中和点を過ぎると，加えた NaOH の量が NaCl の量に加わる。増える物質が変わるので，グラフは折れ線になる。この条件を満たすグラフは，ウだけである。なお，この場合のグラフの傾きは，質量が NaCl > NaOH であるため，少し小さくなる。

---

028 ア

解説 X 液（NaOH 水溶液）10cm³ と Y 液（HCl 水溶液）5cm³ を混合すると酸性，ということは，Y 液が過剰であるということで，中和の量は X 液の量で決まり，そのとき生成した NaCl が 1.0g になる。

X 液が 20cm³ のとき，Y 液を 10cm³ 混合すると最初の 2 倍であるから混合液は酸性で，Y 液を 15cm³ 混合すると Y 液がさらに過剰になるだけで，中和の量は X 液の量で決まっている。したがって，生成する NaCl は最初の 2 倍の 2.0g になる。

---

029 (1) ア
(2) ウ
(3) イ
(4) ア

解説 (1) A と B はアルカリ性で，それと同じ性質の液は，石灰水である。なお，レモン汁，食酢，炭酸水は酸性。

(2) D と E は，リトマス紙の赤変から酸性で，BTB 溶液では黄色。

(3) C が中性で，そのときの混合比は X : Y = 20 : 30 である。E 16cm³ 中の X と Y は
$$X = 16 \times \frac{30}{30 + 10} = 12\,cm^3$$
$$Y = 16 - 12 = 4\,cm^3$$

ここで，Y を x〔cm³〕加えて中性になったとすると，

$$\frac{Y}{X} = \frac{30}{20} = \frac{4+x}{12} \qquad \therefore \quad x = 14\,cm^3$$

(4) C は NaCl の水溶液であるから，電気分解すると，陽極からは Cl_2 が発生する（e^- は電子）。

$$2Cl^- \longrightarrow Cl_2 + 2e^-$$

Cl_2 は空気の約 2.5 倍の密度で，強い酸化作用で漂白・殺菌を行う。

---

030 (1) a…黄　　b…緑　　c…青

(2) a 点，c 点では気泡が発生したが，b 点では変化がみられなかった。

(3) 1.2 倍

(4) 24 cm³

(5) ①オ　　②ア　　③エ　　④カ

解説 (1) BTB 溶液は酸性で黄色，中性で緑色，アルカリ性で青色を示す。

(2) アルミニウムは塩酸にも，水酸化ナトリウム水溶液にも溶ける。しかし b 点では塩酸と水酸化ナトリウムがちょうど中和して中性になっており，アルミニウムは溶けない。

(3) 図 1 より 10 cm³ の水溶液 W（塩酸）に対して，中和には 12 cm³ の水溶液 Y（水酸化ナトリウム水溶液）が必要となっている。このとき，水溶液 W の塩化物イオンの数と，水溶液 Y のナトリウムイオンの数が等しくなっている。中和時の水溶液の体積の比の逆が m と n の比とわかるので，

$$m:n = 12:10$$

よって m は n の 1.2 倍である。

(4) 硫酸と水酸化ナトリウムの中和を化学反応式で書くと $H_2SO_4 + 2NaOH \longrightarrow Na_2SO_4 + 2H_2O$ となる。

つまり(3)の塩酸と水酸化ナトリウムの中和の化学反応式 $HCl + NaOH \longrightarrow HCl + H_2O$ と比べると，水溶液 X を中和するのに必要な水溶液 Y の量は水溶液 W のときの 2 倍になるので，

$$12 \times 2 = 24\,cm^3$$

(5) ①② ナトリウムイオンや塩化物イオンは中和反応で変化しない。そのためナトリウムイオンは水酸化ナトリウム水溶液を加えただけ，比例して増えていく。塩化物イオンは最初の量から変化しない。

③④ 硫酸と水酸化バリウム水溶液の中和では，硫酸イオンとバリウムイオンが反応し，硫酸バ

リウムとなって沈殿する。そのため，バリウムイオンは硫酸イオンが残っている間は増えず，硫酸イオンを消費し終えたあと，増加していく。硫酸イオンは水酸化バリウム水溶液が加えられたぶん減っていき，ちょうど中和した時点で硫酸イオンの数は 0 になる。

---

031 (1) 水上置換法

(2) 74.5（74.4，74.6 でもよい）

(3) ◎…塩素原子

化学反応式…$2H_2 + O_2 \longrightarrow 2H_2O$

(4) 0.12g

(5) 塩化ナトリウム

(6) E

解説 (2) 目盛りの間を $\frac{1}{10}$ まで目分量で読むことが必要。

(3) 反応モデルを化学反応式で書くと，

$$Mg + 2HCl \longrightarrow MgCl_2 + H_2$$

(4) 表 1 では，12 cm³ 加えるまで塩酸の体積と発生気体の体積は比例関係で，塩酸が多いと反応量は Mg の量で決まり，発生気体の量は一定になる。

Mg と塩酸が過不足なく反応したときの塩酸の体積を x〔cm³〕とすると，

$$\frac{塩酸}{気体} = \frac{10.0}{125.2} = \frac{x}{150.0}$$

$$\therefore \quad x = 11.98 \fallingdotseq 12.0\,cm^3$$

ただし，塩酸の量が 11.98 cm³ 以上になると，Mg が 0.15g で一定なので，発生気体も 150.0 cm³ で一定になる。したがって，塩酸 14.0 cm³ には Mg 0.15g 以上が反応でき，気体が 150 cm³ 以上発生する。

この問題では，発生気体は 120.0 cm³ であるから，Mg は 0.15g 以下で，その質量を y〔g〕とすると，

$$\frac{気体}{Mg} = \frac{150.0}{0.15} = \frac{120.0}{y}$$

$$\therefore \quad y = 0.12g$$

(6) A ～ E の溶液のうち，中和後の未反応の塩酸の量が多いほど，つまり，加えた NaOH 水溶液の量が少ないほど，多量の気体 H_2 が発生する。

---

032 (1) $HCl + NaOH \longrightarrow NaCl + H_2O$

(2) ①イ　　②ア　　③エ　　④キ

(3) $y = 3m - 0.3mx$

解説 (2) HCl 水溶液 10mL 中の H^+ と Cl^- はどちらも n 個，これと過不足なく反応する NaOH 水

溶液 10 mL 中の Na^+ と OH^- は，どちらも n 個になる。

この中和反応を化学反応式で表すと

$H^+ + Cl^- + Na^+ + OH^-$
$\longrightarrow H_2O + Cl^- + Na^+$

したがって，各イオンの個数は次のようになる。

NaOH 水溶液	0 mL	10 mL	20 mL
H^+	n	0	0
Cl^-	n	n	n
Na^+	0	n	$2n$
OH^-	0	0	n

これらの変化を正しく表すグラフを選ぶ。

(3) この反応を表す化学反応式と，各溶液 10 mL 中のイオンの個数は，次のようになる。

$Ba^{2+} + 2OH^- + 2H^+ + SO_4^{2-}$
m 個　$2m$ 個　$2m$ 個　m 個
$Ba(OH)_2 + H_2SO_4 \longrightarrow BaSO_4 + 2H_2O$

硫酸 x〔mL〕中のイオンの個数は

$H^+ \cdots 2m \times \dfrac{x}{10}$〔個〕
$SO_4^{2-} \cdots m \times \dfrac{x}{10}$〔個〕

したがって，溶液中に残った Ba^{2+} と OH^- の個数 y は，

$y = \left(m - \dfrac{mx}{10}\right) + \left(2m - \dfrac{2mx}{10}\right)$
$= 3m - 0.3mx$〔個〕

---

033 (1) 42 g

(2) $H_2SO_4 + Ba(OH)_2$
$\longrightarrow BaSO_4 + 2H_2O$

(3) 177 g

(4) 206 g

(5) 水酸化バリウム水溶液…6000 g
液面からの高さ…0.9 cm

解説 (1) 液面に浮かんでいる状態では，物体の重さと浮力とがつり合っている。浮力と等しい押しのけた硫酸の重さに対応する質量は，密度×体積であるから，

$1.50 \times (3 - 1.6) \times 4 \times 5 = 42$ g

(3) 反応量の関係は，

$H_2SO_4 + Ba(OH)_2 \longrightarrow BaSO_4 + 2H_2O$
　　10　　　　17　　　　　　　　2×2

10% 硫酸 100 g 中の H_2SO_4 は 10 g，17% 水酸化バリウム水溶液 100 g 中の $Ba(OH)_2$ は 17 g であ

るから，過不足なく反応して H_2O が 4 g できる。したがって，H_2O の全量は

$(100 - 10) + (100 - 17) + 4 = 177$ g

(4) 物体 A の重さ＝浮力であり，その重さに対応する質量は混合液（中和でうすくなった硫酸）の密度×押しのけた混合液の体積となるので，硫酸の密度を d〔g/cm³〕とすると，

$42 = d \times (3 - 1.5) \times 4 \times 5$
$\therefore\quad d = 1.4$ g/cm³

表の数値から，このときの硫酸の濃度は 50% になる。

求める $Ba(OH)_2$ 水溶液を x〔g〕とすると，加えられた $Ba(OH)_2$ は，$\dfrac{17}{100}x$〔g〕

中和されて減少した H_2SO_4 は，
$\dfrac{17}{100}x \times \dfrac{10}{17} = 0.10x$〔g〕

$Ba(OH)_2$ 水溶液中の水は，
$\dfrac{83}{100}x = 0.83x$〔g〕

中和で生成した水は，
$\dfrac{17}{100}x \times \dfrac{4}{17} = 0.04x$〔g〕

以上の混合液の濃度が 50% であるから，

$\dfrac{600 - 0.10x}{1000 - 0.10x + 0.83x + 0.04x} = \dfrac{50}{100}$
$\therefore\quad x \fallingdotseq 206.2$ g

(5) 中和が完了して水だけになると，密度は 1.00 g/cm³ になる。求める液面から出る長さを a〔cm〕とすると，物体 A の重さ＝浮力　の関係から，

$42 = (3 - a) \times 4 \times 5$
$\therefore\quad a = 0.9$ cm

また，最初 600 g あった H_2SO_4 と過不足なく反応する $Ba(OH)_2$ 水溶液を y〔g〕とすると，

$600 : \dfrac{17}{100}y = 10 : 17$
$\therefore\quad y = 6000$ g

第1回 実力テスト

1 (1) B

(2) 6個

(3) $Cu^{2+} + 2e^- \longrightarrow Cu$

(4) 図2

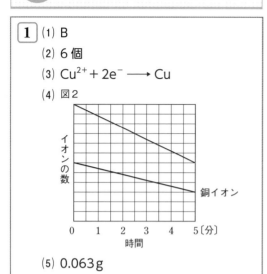

グラフ:縦軸「イオンの数」、横軸「時間」0 1 2 3 4 5〔分〕、「銅イオン」

(5) 0.063g

解説 (1) 異なる種類の金属が電解質の水溶液に入れられた装置Bが電池になっている。

(2) 4個のアルミニウム原子がイオンになると、$4 \times 3 = 12$個の電子が失われるので、それらを12個の水素イオンがうけ取り、6個の水素分子となる。

(3) 導線から流れてきた電子2個を1個の銅イオンがうけ取り、1個の銅原子となる。

(4) 塩化物イオン2個が電子を1個ずつ放出して塩素Cl_2となるので、(3)とあわせて考えると銅イオンの2倍のペースで塩化物イオンが減少していくことになる。また塩化銅は$CuCl_2 \longrightarrow Cu^{2+} + 2Cl^-$と電離するので、実験開始時の塩化物イオンの数は銅イオンの倍である。

(5) 銅原子1個が生じる際に分解される銅原子と、塩化銅の質量比は$20:20+11 \times 2 = 20:42 = 10:21$

よって、銅が0.030g生じる際に分解される塩化銅の質量をxとすると、$0.030:x = 10:21$

$$10x = 0.030 \times 21$$
$$x = 0.063g$$

2 (1) エ

(2) X…水素 　Y…酸素

(3) 燃料

(4) エ

解説 (1) ＋極になるほうは電子をうけ入れるほう（電流を流し出すほう）であるから、図1では備

長炭、図2では銅板である。

(4) 電池の電圧（起電力）は主として両電極で反応する物質の種類によって決まる。極板の表面積を大きくすると、それだけ電子のうけ渡しがしやすくなり、電流が流れやすくなるだけなので、エが誤り。これは、電池の並列つなぎと同様に考えることもできる。

3 (1) a…HCl 　b…NaCl

(2) c…酸 　d…1.6

(3) オ

解説 (2) $HCl + NaOH \longrightarrow NaCl + H_2O$の中和反応での質量の関係は

$$HCl : NaOH : NaCl$$
$$= 10 \times 1.0 \times \frac{2.0}{100} : 10 \times 1.0 \times \frac{2.2}{100} : 0.32$$
$$= 20 : 22 : 32 = 10 : 11 : 16$$

混合したHClとNaOHの質量は、

$$HCl \cdots 30 cm^3 \times 1.0 g/cm^3 \times \frac{5.0}{100} = 1.5g$$
$$NaOH \cdots 55 cm^3 \times 1.0 g/cm^3 \times \frac{2.0}{100} = 1.1g$$

この混合ではHClのほうが過剰で、NaOH 1.1gからできるNaClをx〔g〕とすると、

$$NaOH : NaCl = 11 : 16 = 1.1 : x$$
$$\therefore \quad x = 1.6g$$

(3)
$$HCl \cdots 10 cm^3 \times 1.0 g/cm^3 \times \frac{3.0}{100} = 0.30g$$
$$NaOH \cdots 20 cm^3 \times 1.0 g/cm^3 \times \frac{2.0}{100} = 0.40g$$

この混合ではNaOHのほうが過剰で、残るNaOHをy〔g〕とすると、

$$HCl : NaOH = 10 : 11$$
$$= 0.30 : (0.40 - y)$$
$$\therefore \quad y = 0.07g$$

また、生成するNaClをz〔g〕とすると、

$$HCl : NaCl = 10 : 16 = 0.30 : z$$
$$\therefore \quad z = 0.48g$$

加熱後に残る固体は、未反応のNaOHと生成したNaClとの和になるから、

$$0.07 + 0.48 = 0.55g$$

$\boxed{4}$ (1) イ

(2) $H_2SO_4 + Ba(OH)_2$
$\longrightarrow BaSO_4 + 2H_2O$

(3) カ

(4) 137

解説 (3)　BTB 溶液で緑色になり，中和が完結した時点では，反応式からわかるように，$BaSO_4$ の沈殿と水だけになり，イオンはなくなるので電流は 0 で，ブザー音は出なくなる。それ以降は Ba^{2+} と OH^- が増加するので，ブザー音は少しずつ大きくなる。

(4)　原子の質量比から各化合物の質量比を求めると，

$H_2SO_4 = 98$

$Ba(OH)_2 = x + 34$　　　$BaSO_4 = x + 96$

である。

　$Ba(OH)_2$ を過剰に加えたので，生成する $BaSO_4$ の沈殿の量は H_2SO_4 の量で決まる。

$$H_2SO_4 : BaSO_4 = 10 \times 1.07 \times \frac{8.4}{100} : 2.14$$
$$= 98 : (x + 96)$$

$\therefore \quad x ≒ 137$

2編　生命の連続性

1 生物の成長とふえ方

034 (1) 栄養生殖

(2) エ

解説 (1)(2)　無性生殖には他にも，単細胞生物にみられる細胞分裂によって 2 つにふえる分裂や，多細胞生物の動物でも，親の体から分かれて新しい個体となるものや，植物ではヤマノイモなどの種でむかごから発生するものなどがある。無性生殖によってふえた個体は，親と同じ遺伝子をもつクローンになる。

035 (1) 受精卵

(2) 胚

(3) 右図

左右どちらをぬってもよい。

(4) 形質を伝えるもととなる遺伝子が親からそのまま子にうけつがれるから。

解説 (1)　精子の核と卵の核が受精したあとは受精卵という。

(2)　受精卵が細胞分裂をくり返し，食物を取りはじめるまでの時期のこと。

(3)　雌の親と雄の親からそれぞれ染色体を 1 本ずつうけつぐ。

(4)　無性生殖では，親の染色体がそのまま子にうけつがれるので遺伝子も同じものとなり，親と子の形質は同一となる。

036 (1) 花粉が乾燥するのを防ぐため。

(2) ① 精細胞　　② 胚珠

(3) 卵細胞…7 本
　　受精卵…14 本

(4) イ

解説 (1)　花粉が乾燥してしまうと細胞分裂が進まないので乾燥させないようにする。

(2)　① 花粉内にあるのは精細胞である。

② 胚珠は成長すると種子となる部分である。

(3) 卵細胞は減数分裂を行ってできるので

$$14 \div 2 = 7 \text{ 本}$$

受精卵は，減数分裂を行ったあとの精細胞

$$14 \div 2 = 7 \text{ 本}$$

と卵細胞の核どうしが合体するので

$$7 + 7 = 14 \text{ 本}$$

となる。

(4) 水溶液中の砂糖は，養分と同じはたらきをする。砂糖による養分がない場合でも，花粉中にある養分を使って花粉管は伸びる。

---

037 (1) 核

(2) 体細胞分裂が起こっている。

(3) X…A　　Y…C　　Z…B

(4) 細胞の大きさに変化がなかったため。

(5) ① 多細胞　　② 増加　　③ 成長

解説 (1) 染色液により染まる部分である。

(2) ひも状のつくりは染色体で，細胞分裂の過程で現れる。

(3) 根の先端付近は細胞分裂が活発に行われている部分である。根の先端付近では新しい細胞が次々に生まれるため，1つ1つの細胞は小さい。この部分から上にいくほど，細胞は成長して大きくなっている。よって，細胞が小さい順に根の先端に近いところを選べばよい。

(4) 細胞が成長して大きくならなければ，根の長さも変化しない。

(5) 多細胞生物では，細胞分裂で発生した新しい細胞が大きくなることをくり返して成長する。

---

038 (1) イ

(2) エ

(3) ウ，エ

(4) ① 胚　　② 胚珠　　③ 子房

解説 (1)(2) うすい塩酸に浸し，細胞を離れやすくしたあとで染色液をかけて染色する。

(3) ア，イ，カは，根の部分で行われるのは体細胞分裂で生殖細胞がつくられる減数分裂ではないので誤り。オは，体細胞分裂は根の先端付近でさかんに行われるが，根全体では行われない部分もあるので誤り。

(4) 子房は成長して果実になり，胚珠は種子となる部分である。

---

039 (1) イ

(2) ① 花粉管　　② 精細胞

(3) 子が親と同じ形質をもつため，安定して優れた個体を生産できる。

解説 (1) まず低倍率の状態で観察したい対象を視野の中心におき，倍率を上げていく。

(3) 栄養生殖によってふえた個体は，親と同じ遺伝子をもち，同じ形質を現す。そのため，優れた形質の個体から栄養生殖によってふやすことで，くり返し優れた個体を生産することができる。

---

040 ア，ウ

解説 イでジャガイモは有性生殖も行うので誤り。エで受粉とは雌しべの柱頭に花粉が付着することなので誤り。オで受精卵は体細胞分裂によって成長するので誤り。カで生殖細胞の染色体数は体細胞の半分の 22 本となるため誤り。

---

041 (1) ① 2時間後…A　　7時間後…D

② イ

(2) ① 根の先端から 3mm の位置

8時間後…イ　　16時間後…ク

根の先端から 5mm の位置

8時間後…カ　　16時間後…シ

② 根の先端から 3mm の位置

8時間後…キ　　16時間後…ク

根の先端から 5mm の位置

8時間後…ウ　　16時間後…ウ

解説 (1) 図1から，それぞれの印の間の長さが成長した長さなので，印の間隔が長いほど成長速度が速い。2時間後では印3～6で他の部分より成長速度が速いことが読み取れるので，あてはまるグラフはAとなる。7時間後では，印2～3で最も成長速度が速いことが読み取れるので，あてはまるグラフはDとなる。また，図1から，時間がたつと成長速度が最も速い部分は，若い番号の印へと移っていくと考えられる。ただし，印0～1ではまったく成長していないことから，16時間後では印1～2が最も成長速度が速いと予想できる。

(2) ① 3mm，5mm の 8時間後の位置は，それぞ

れ図1から読み取れば6.5mm，11.8mmになる。根の先端から5mmの位置の細胞は，8時間後以降は成長しないことが図1から読み取れる。つまり，その細胞よりも根の先端に近い細胞が成長することで結果的に根の先端から遠い位置となる。根全体では，印0に注目すると8時間で8mm成長することがわかる。8時間後の位置に根全体が成長した分である8mmを加えればよいので，16時間後の5mmの位置は

$$11.8 + 8 = 19.8 \text{mm}$$

と予想できる。先端から6.5mmの位置については，図1より，8時間で6.5mm→約14mmの位置に移動することが読み取れるので，最も近い14.2mmを選べばよい。

② 図2のグラフより，8時間後については，根の先端から3mm→6.5mmで細胞の長さは，約20μm→約100μmより 100÷20＝5倍

　同様に根の先端から5mm→11.8mmで細胞の長さは約60μm→約120μmより 120÷60＝2倍となる。16時間後については，図2より細胞の長さは120μmで成長が止まり，それ以上成長しないことが読み取れるので，それぞれ

120÷20＝6倍，120÷60＝2倍

となる。

---

042 (1) ア
(2) ア
(3) エ

解説 (2) アは虫媒花，イ，ウ，エは風媒花である。ナツミカンは虫媒花である。

(3) 果樹園の果実は商品として出荷するためのものが多く，接ぎ木では確実に親木の性質をうけつがせることができるので，台木にじょうぶな性質の個体(品種)を使うことで病気や寒さに強い木を育てることができたり，実をつけるまでの期間を短くすることができる。問題の選択肢のなかでは，有性生殖との最も大きなちがいであるエが解答となる。

---

2 遺伝の規則性と遺伝子

043 (1) 減数分裂
(2) DNA(デオキシリボ核酸)
(3) X…顕性　　Y…潜性
(4)
(5) ① オ　　② エ

解説 (1) 生殖細胞をつくるときには細胞1つあたりの染色体数が親の体細胞の半分になる減数分裂が行われる。

(4) くがしわ形であることから，くの遺伝子の組み合わせはrr，いとえはrとわかる。残った生殖細胞あ，うはRとなるので，おはRR。かときはRrである。

(5) 孫のもつ遺伝子の組み合わせの比はRR：Rr：rr＝1：2：1とわかる。丸形の種子となるのはRRとRrの場合，しわ形となるのはrrの場合なので，丸形としわ形の比は3：1となる。今，しわ形が1850個なので，丸形は1850×3＝5550個と考えられる。また丸形のうちRとrの両方の遺伝子が含まれるのはRrの遺伝子の組み合わせをもつものなので，1850×2≒3700個と考えられる。

---

044 (1) ① ア　　② ウ
(2) 法則…ぶんり　　略称…DNA
(3) 右図
オ

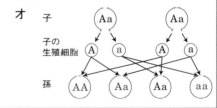

解説 (1) ②形質の異なる親の純系をかけ合わせたとき，顕性の遺伝子と潜性の遺伝子が1本ずつ子に伝わるので，すべての子に顕性の形質が現れる。

(3) 生殖細胞では減数分裂によって染色体の数が親の体細胞の半分になる。生殖細胞の遺伝子を決定

したら，図の矢印にしたがって遺伝子を組み合わせていけばよい。

孫では AA，Aa，Aa が丸い種子となるので，$\dfrac{3}{4} = 0.75$ より 75％となる。

---

045 (1) 花弁
　　 (2) ① Aa
　　　　② 遺伝子の組み合わせ，子葉の色
　　　　　の順に
　　　　　AA，黄色
　　　　　Aa，黄色
　　　　　Aa，黄色
　　　　　aa，緑色　（上下の順不同）

解説 (2)　純系の親で黄色の子葉のエンドウの遺伝子の組み合わせは AA，緑色の子葉のエンドウの遺伝子の組み合わせは aa である。これらをかけ合わせたとき，子にはそれぞれの親の遺伝子が 1 本ずつ入るので，子の遺伝子の組み合わせはすべて Aa となる。子の Aa と Aa をかけ合わせてできる孫の遺伝子の組み合わせは AA，Aa，Aa，aa となる。このうち A が含まれるものは黄色の形質が現れ，A が含まれない aa のみ緑色の形質が現れる。

---

046 ウ

解説　遺伝子の組み合わせが AA と aa の親をかけ合わせてできる子の遺伝子の組み合わせはすべて Aa となる。子がすべて赤い花が咲く個体であることから花の色を赤くする A が顕性であるとわかる。したがって，遺伝子の組み合わせに A が含まれていれば赤い花が咲く個体となる。

---

047 (1) 顕性(の形質)
　　 (2) ア

解説 (2)　孫では，丸い種子としわのある種子の数が 3：1 となるので，しわのある種子の数は
　　　12000 ÷ 4 = 3000 個
となる。

---

048 (1) イ
　　 (2) ② ア　　③ ウ　　④ イ
　　 (3) ウ
　　 (4) (あ)…イ　　(い)…ア
　　　　(う)…ア　　(え)…カ
　　　　(お)…ア　　(か)…カ

解説 (1)　減数分裂で染色体の数はもとの細胞の半分になり，受精することで 2 倍になるので，もとの数に戻る。

(2)　個体②は，純系で種子が黄色より遺伝子の組み合わせは AA，個体③は，遺伝子の組み合わせが AA と aa の親をかけ合わせたものなので，A と a をそれぞれ 1 本ずつけつぎ Aa となる。個体④は，A が顕性の形質を現す遺伝子で，遺伝子に A を含む場合は黄色となるので，緑色の形質が現れる遺伝子の組み合わせである aa となる。

(3)　個体⑥は緑色の種子から育てたので aa をもつ。個体⑤は AA または Aa をもつ。個体⑤と個体⑥をかけ合わせたものは，緑色の種子ができるので aa をもつものが含まれる。したがって，個体⑤は Aa である。

(4)　仮説が正しいとすると，実験 1 でも実験 2 でも緑色の種子はできないことになる。

---

049 (1) ① ウ　　② キ　　③ オ
　　 (2) ① カ　　② キ　　③ ア
　　 (3) ア
　　 (4) オ
　　 (5) ⑥ オ　　⑦⑧ オ，ク　（順不同）
　　　　(あ)：(い)：(う)：(え)＝ 1：1：1：1

解説 (1)　①丸形・緑色の親の遺伝子は AAbb，②しわ形・黄色の親の遺伝子は aaBB，これらをかけ合わせた第一子世代③は親の対となっている遺伝子を 1 本ずつけつぐので遺伝子は AaBb となる。

(2)　生殖細胞では，減数分裂により染色体の数がもとの細胞の半分となり，①では Ab のみ，②では aB のみとなる。③では AB，Ab，aB，ab が同じ割合となる。

(3)　(2)より，生殖細胞の核どうしが合体し，第二子世代の遺伝子の組み合わせは次の表のようになる。

	AB	Ab	aB	ab
AB	AABB	AABb	AaBB	AaBb
Ab	AABb	AAbb	AaBb	Aabb
aB	AaBB	AaBb	aaBB	aaBb
ab	AaBb	Aabb	aaBb	aabb

丸形・黄色となるのは表中の A, B を含む 9 種類となる。

(4) (3)の表より④の遺伝子の組み合わせは AABB, AABb, AaBB, AaBb である。ここからできる生殖細胞はそれぞれ

$$AABB \rightarrow AB$$
$$AABb \rightarrow AB, \ Ab$$
$$AaBB \rightarrow AB, \ aB$$
$$AaBb \rightarrow AB, \ Ab, \ aB, \ ab$$

であり，AB：Ab：aB：ab ＝ 4：2：2：1 となる。

(5) ⑤は A, B をもたないが，⑥とかけ合わせて丸形，黄色ができることから，⑥は A と B をもつことがわかる。⑥が AABB の場合，⑤と⑥をかけ合わせるとすべて丸形・黄色となることから，⑥は AaBb である。⑦と⑧は，表の比よりできる個体の数が 8 の倍数であることがわかる。このことから生殖細胞の種類は 4 種類と 2 種類である。(4)より，4 種類の生殖細胞ができる遺伝子の組み合わせは AaBb となる。もう一方は，かけ合わせて丸形としわ形が同数できることからaa，黄色：緑色 ＝ 3：1 より Bb をもつ。aaBb からは aB, ab の 2 種類の生殖細胞ができ，条件を満たす。したがって，⑦と⑧は AaBb と aaBb となる。Aabb と aaBb をかけ合わせると，結果は下の表のようになり，(あ)(い)(う)(え)の数の比は 1：1：1：1 となる。

	Ab	ab
aB	AaBb	aaBb
ab	Aabb	aabb

なり，しわの種子となるのは aa をもつもののみである。aa が 100 個のとき，Aa は

$$100 \times 2 = 200 \text{ 個}$$

となる。

(3) AA を自家受粉させた場合できるのはすべて AA で，AA：AA：AA：AA ＝ 1：1：1：1
　同様に aa では，aa：aa：aa：aa ＝ 1：1：1：1
　Aa では，AA：Aa：Aa：aa ＝ 1：1：1：1
　Aa の種子は 2 つなので
　　AA：Aa：Aa：aa ＝ 2：2：2：2
　すべてのできた種子について，これらを合計し，
　　AA：Aa：aa ＝ (4＋2)：(2＋2)：(4＋2)
　　　　　　　 ＝ 6：4：6 ＝ 3：2：3
　aa がしわの種子となるので，aa が 450 個のとき，Aa は

$$450 \times \frac{2}{3} = 300 \text{ 個}$$

となる。

⨀ 得点アップ

▶**細胞分裂と染色体の数**

　染色体の数は生物の種類によって決まっており，細胞分裂の前後で，細胞がもつ染色体の数は変わらない。染色体をつくる遺伝子が複製（コピー）されて，もとと同じ染色体がつくられているからである。

---

050 (1) A

(2) 200 個

(3) 300 個

解説 (1) 減数分裂により Aa から A をもつ細胞ができ，それが分裂したあと，精細胞となるのでもう一方も A をもつ。

(2) F₂ では，AA：Aa：Aa：aa ＝ 1：1：1：1 と

3 生物の多様性と進化

051 (1) A…両生類　　B…は虫類
　　　 C…哺乳類　　D…鳥類
　　(2) イ，オ，ケ
　　(3) ア…両生類　　イ…哺乳類
　　　 ウ…は虫類　　エ…鳥類
　　　 （ウ，エは順不同）

解説 (1) 脊椎動物は，水中から陸上へと生活の場を広げてきた。
(3) 系統樹は，進化の順を図で表したものであり，枝の根元の部分ほど古い時代に現れたことを示している。(1)の進化の順を枝の根元に近い順にあてはめ，最も古い両生類がアとなり，鳥類がは虫類から分かれたことからウ，エにあてはまる。

052 (1) 相同器官
　　(2) イ

解説 (1) 相同器官は，ある生き物が長い時間の中で世代を重ねる間に変化して，別の生き物になった証拠の1つである。
(2) 鳥類は，は虫類の1グループから進化した生物で，シソチョウは鳥類とは虫類両方の特徴を備えている。

053 歯がある。（羽に爪がある。長い尾がある。）

解説 シソチョウは，羽毛が生えていることや，前あしが翼になっていることといった鳥類の特徴と，歯や長い尾をもつことや，翼に爪をもつことといった，は虫類の特徴の両方を備えている。

054 (1) 0.6cm
　　(2) ア
　　(3) エ

解説 (1) 人類の誕生が700万年前なので，
$400 \text{cm} × 700 \text{万年} ÷ 46 \text{億年} = 0.60…$　よって約0.6cm
(2) アンモナイトや恐竜が生息していた時代は中生代と呼ばれ，2億5000万年前ごろから6600万年前ごろまで続いた。ナウマンゾウやビカリアが生息していたのは，中生代のあと現代まで続く新生代である。
(3) 古生代から中生代に移る頃に両生類からは虫類や哺乳類が分かれたので，この時期を含むエが正しい。

055 (1) オ
　　(2) A…は虫
　　　 B…哺乳
　　(3) イ，ウ，サ
　　(4) ウ
　　(5) ウ

解説 (1) 地質年代は大きく3つに分けられ，古生代は約5億4000万年前から2億5000万年前，中生代は約2億5000万年前から6600万年前，新生代は，約6600万年前から現代までである。
(2) 恐竜はは虫類，わたしたち人類は哺乳類である。
(3)(4) 隕石の衝突により，塵などが激しく巻き上げられ，太陽の光をさえぎることによる寒冷化など，急激な気候の変化があったと考えられる。哺乳類は，まわりの温度が変化しても体温を一定に保つことができる恒温動物であり，このような環境を生き延びることに適している。
(5) は虫類と哺乳類のように異なるなかまの生物が似たような特徴をもつのは，環境や生活様式に適応したためと考えられる。どちらも生活の場が水中であるため，それに適応し，似たような姿になったと考えられる。

⤴ 得点アップ

▶進化の過程を示す生物
　生物は，突然は虫類が絶滅し，鳥類が現れたというようなことではなく，長い時間をかけてゆるやかに進化した。また，生物が進化し，鳥類や哺乳類が現れても，進化のもととなったは虫類がいなくなるわけではない。進化の過程を示すような，異なる生物のなかまの特徴をあわせもつ生物も見つかっている。は虫類と鳥類の特徴をもつシソチョウや，哺乳類であるが，卵生であるカモノハシは，進化の過程を示すよい例である。

056 (1) ヤモリ…ⅲ　　クジラ…ⅴ
　　　　ペンギン…ⅳ　　イモリ…ⅱ
　　　　シーラカンス…ⅰ
　　(2) ⅲ，ⅳ
　　(3) ① a…A　　b…B　　c…B
　　　　②A，B，C
　　(4) ① ⅰ…ア　　ⅲ…ア　　ⅳ…ウ
　　　　②冬眠
　　　　③ⅳ
　　(5) 子を多く産むから

解説 (2)　水場を離れ乾燥した陸に適応するためには虫類や鳥類は卵の殻を発達させたと考えられる。

(3)　物質Aはアンモニアで，周囲に水が豊富な環境に生息する魚類や両生類の子が，この物質の形で窒素を排出する。物質Bは尿素で，乾燥した陸上に適応した両生類や哺乳類が，この物質の形で窒素を排出する。物質Cは尿酸で，は虫類や鳥類がこの物質の形で窒素を排出する。Bの尿素の形よりも，より乾燥した環境に適応した進化と考えられる。また②は卵の中では発生初期ほど水分が豊富であり，その後外部から補給されることはないので，徐々に利用できる水分が減少していくことから考える。

(4)　鳥類と哺乳類は恒温動物，これら以外は変温動物である。変温動物の体温は周囲の温度によるため，周囲の温度が低すぎると活動ができなくなる。そのため，これらの動物の中には冬の間活動せず，冬眠して過ごすものもいる。また恒温動物は高い体温を保つために，変温動物よりも多くのエネルギーを消費するため，それをまかなう食事量も多いと考えられる。

(5)　親の保護がない生物は，生まれた子のうち，次の世代を残すまで生き残ることのできる個体の割合が，親の保護のある生物よりも低いといえる。生き残る割合が低くても，生まれる子の数が多くなれば，次の世代の個体数をたもつことができる。

第2回 実力テスト

1 (1) ① 図1…C
　　　　図2…イ
　　② 分裂後の細胞が大きくなる。
　　(2) ① 記号…ⓘ
　　　　名称…無性生殖
　　② 右図

　　　左右どちらをぬってもよい。
　　(3) ①ウ　　②イ　　③DNA

解説 (1)　①図1で，細胞分裂がさかんに行われているのは根の先端付近であるC。根の先端付近の細胞は分裂したばかりのため小さく，根の先端から上にいくほど，細胞は大きくなる。

(2)　無性生殖では，親の遺伝子をそのまま子がうけつぐため，子の形質は親と同一となる。有性生殖では，子はそれぞれの親の2本の遺伝子のうち1本ずつをうけつぐ。

(3)　それぞれの親の遺伝子の組み合わせはAAとaaなので，その1本ずつをうけつぐ子の遺伝子の組み合わせはすべてAaとなる。遺伝子の組み合わせがAaのときに現れる形質が顕性の形質である。

2 (1) イ
　　(2) ア→エ→イ→オ→ウ
　　(3) 染色体
　　(4) X…ふえ
　　　　Y…大きく

解説 (2)(3)　順に，エ：細胞の核の中にひも状の染色体が見えるようになる。→イ：染色体が中央に集まる。→オ：集まった染色体が2つに分かれ両端に移動する。→ウ：間に仕切りができ，2つの細胞となる。

3 (1) ① ア
　　② (あ) 無性　　(い) 有性
　　　 (う) イモ　　(え) 種子
(2) ① 分離の法則　　② ウ

解説 (1)　② 有性生殖では，子の形質は親の遺伝子の組み合わせによって決まるため，すべて同じ形質になるとは限らない。

(2)　② 孫の代の遺伝子の組み合わせは AA，Aa，Aa，aa であり，種子の数の比は

　　AA：Aa：Aa：aa ＝ 1：1：1：1

より

　　AA：Aa：aa ＝ 1：2：1

となる。しわのある種子の遺伝子の組み合わせは aa なので，Aa の遺伝子の組み合わせをもつ種子の数は

　　150 × 2 ＝ 300 個

となる。

3編　運動とエネルギー

1　力のはたらき

057 (1) イ
　　(2) ① 0.6N　　② ア

解説 (1)　測定値を示す，多くの点の近くを通るように直線を引く。今の場合，ばねの伸びとおもりの重さは比例することを用いて，グラフは直線になる。

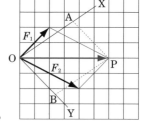

(2)　① F_1 と F_2 の 2 つの力の矢印を平行四辺形の 2 辺となるように作図をすると，図の OP が合力となる。その長さから 0.6N とわかる。

② つるまきばねの伸び方が変わらないから，やはり合力は OP を結ぶ矢印で表される。したがって，OP を対角線とする平行四辺形をかけばよい。かき方は P 点から OX には OY と平行な直線を，OY には OX と平行な直線を引けばよい（図を参照）。これを見ると，OX に重なる力（OA となる）は F_1 より大きく，OY に重なる力（OB となる）は F_2 より小さいことがわかる。

058

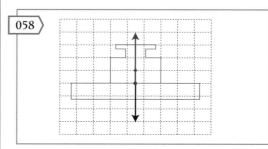

解説 台からうける力であるから，作用点は台と分銅の接触するところになる。力の大きさは，分銅が動かないでいるから，分銅にはたらく重力と台からの力（垂直抗力という）が同じ大きさとなり，つり合っている。したがって，力の矢印の長さは分銅にはたらく重力の矢印の長さと同じ長さにすればよい。分銅には台から鉛直上向きに垂直抗力がはたらいている。

この垂直抗力は重力の反作用と勘違いされることが多い。作用と反作用は，1 つの物体にはたらく力

ではない。2物体間にはたらく力であることに注意
しよう。

次のように考えればよい。

右の簡単な模式図で説
明する。これは問題を解
くのに直結するものでは
ないが，作用と反作用を
正しく理解することは大
切なことである。

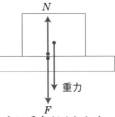

まず上の分銅には鉛直下向きに重力がはたらく。
この重力により分銅は下に落ちようとする。そのた
めに台を下に押す。その力が図の F であり，これ
が分銅が台に与える作用である。台が分銅から作用
F をうけるから，台は分銅に同じ大きさで逆向きの
力を返す。それが図の N であり，台から分銅に返
された反作用である。したがって，$F = N$ である。
ここで N は重力の反作用ではなく，F の反作用で
ある。今の場合，分銅は動かず静止している。それ
ゆえ，分銅にはたらく力はつり合っていることがわ
かる。よって，重力と垂直抗力 N は大きさが等し
く逆向きであることがわかる。

059 (1) ア，イ，エ
(2) 慣性の法則
(3) 4cm
(4) イ
(5) 120°
(6) エ

解説 (1) 物体の質量は変わらない。分解した場合
などは，別の物体になったとみなす。
(2) 物体に力がはたらいていないか，はたらいてい
てもつり合っているとき，慣性の法則が適用でき
る。
(3) 「1N を 5cm の長さとした」とあるので，
$$0.8N \times 5cm/N = 4cm$$
(4) 力の合成，分解の作図のときは，平行四辺形を
使って求める。
(5) 力 A，力 B，力 F_1 の大きさがすべて 1N で等
しいとき，正三角形ができており，力 A と力 B
の間の角度は 120°
(6) 荷物が Q の高さにあるとき，P の高さのとき
よりも動滑車を支えるひもの角度が広がる。平行
四辺形の法則により，同じ重さを支えるのに必要
な力は，角度が小さい P のとき（F_3）の方が，Q

のとき（F_4）より小さい。

060 (1) 右図
(2) ア

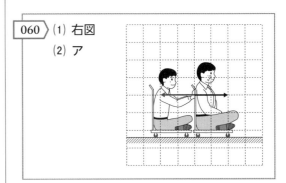

解説 (1) 一郎が先生を押す力が作用で，先生から
一郎にはたらく逆向きで同じ大きさの力が反作用
である。
(2) 一郎からの作用のために先生は右に（前方に）動
き，先生からの反作用で一郎は左に（後方に）動く。

061 (1) 右図
(2) 68g
(3) エ
(4) ア
(5) ① 0.04N
② 6cm³

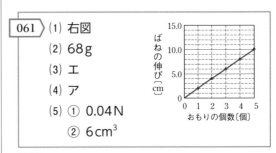

解説 (1) 「ばねの伸び」は「何もつるしていないと
きのばねの長さ」からの増分である。
(2) 立方体 A の質量を x〔g〕とすると，質量と重さ
が比例し，その重さとばねの伸びが比例するから，
$$(20 \times 5)g : 10cm$$
$$= x〔g〕: (11.8 - 5.0)cm$$
より，$x = 68g$
(3) 表2より，直方体 B の空気中のばねの伸びは，
$$18.6 - 5.0 = 13.6cm$$
で，立方体 A の2倍なので，質量も2倍とわかる。
直方体 B の体積は立方体 A の2倍だから，密度
は立方体 A と等しい。また，立方体 C の空気中
での伸びは最小で質量は最小，体積は立方体 A
と同じなので，密度も最小である。
(4) 浮力がはたらくと，糸が直方体 B を支える力
は小さくなるため，Y 側だけ水に沈みはじめると，
Y 側の棒が上がる。浮力の大きさは物体が押しの
けた液体の重さに等しいため，体積の等しい2つ
の直方体がすべて水に沈むと，両者にはたらく浮
力が等しくなるため，棒は水平になる。
(5) ① 表2より，1N の力がかかる5個のおもりを

つるしたときと比べる。ばねの伸びはかかる力
と比例するから，

$$1\text{N} : 10\text{cm} = x\text{(N)} : 0.4\text{cm}$$

より，$x = 0.04\text{N}$

② ばねが0.4cm縮むとき，立方体Cは1.0cm沈む。
さらに0.2cmばねが縮むと，ばねははじめの
長さに戻るので，立方体Cは水面から1.5cm
沈んだところで静止する。よって，立方体C
の沈んでいる部分の体積は

$$2\text{cm} \times 2\text{cm} \times 1.5\text{cm} = 6\text{cm}^3$$

となる。

---

062 ① イ　　② ア

解説 ペットボトルをにぎると，試験管の中の空気
も押し縮められ，試験管は下に沈む。このとき圧力
は増えている。

---

063 エ

解説 水圧は水の深さに比例するので，深いところ
ほど矢印が長くなる。

水圧はあらゆる向きからはたらくので，ア，イの
ように上下しか矢印が記されていないものは不適で
ある。

---

064 (1) 20N　　(2) 330N

解説 (1) 空気中で50N，水中で30Nの目盛りを
示しているので，浮力は

$$50\text{N} - 30\text{N} = 20\text{N}$$

である。

(2) 20Nの重さに相当する量の水があふれたので，
水の重さは280Nである。おもりが50Nなので，
合わせて

$$280\text{N} + 50\text{N} = 330\text{N}$$

となる。

⊕ 得点アップ

▶浮力
浮力＝（空気中での重さ）－（水中での重さ）

---

065 (1) 10.3m
　　(2) ① 真空　　② 大気圧　　③ 水蒸気
　　(3) 33hPa

解説 (1) 水の密度は水銀の密度の13.6分の1と
なるので，柱の高さは水銀を使ったときの13.6
倍となる。よって，

$$76.0 \times 13.6 = 1033.6\text{cm}$$

で，求める高さは10.3mとなる。

(3) 水の柱の体積は，

$$1000\text{cm} \times 1\text{cm}^2 = 1000\text{cm}^3$$

である。よって，この水の質量は1000gとなり，
重力は9.8Nである。$1\text{cm}^2 = \dfrac{1}{10000}\text{m}^2$ より，水
の柱の圧力は，

$$9.8 \div \frac{1}{10000} = 98000\text{Pa}$$

で，980hPaとなる。

(2)より，大気圧＝水の柱の圧力＋Bの圧力な
ので，Bの圧力は，次のようになる。

$$1013\text{hPa} - 980\text{hPa} = 33\text{hPa}$$

---

066 (1) A…1.5cm　　B…6cm
　　(2) ① A…4.5cm　　B…0cm
　　　　② 6cm
　　(3) 0.25　　(4) 1.5cm

解説 (1) ゴムをたばねて1本にした場合（A：並
列につないだ場合）は，おもりの重さがゴムに半
分ずつつかかる。したがって伸びは半分になる。ゴ
ムをつぎ足して1本にした場合（B：直列につな
いだ場合）は，それぞれのゴムにおもりの重さが
かかるから，それぞれのゴムが3cm伸びる，つ
まり合計6cm伸びることになる。

⊕ 得点アップ

▶ばねの直列つなぎと並列つなぎ
この並列につないだ場合と直列につないだ場
合の問題は頻出である。それぞれの特徴をしっ
かりとつかんでおきたい。特に直列の場合は，
それぞれにおもりの重さがそのままかかること
は重要である。

(2) ① Aはおもり3つを支えている。したがって，
(1)の伸びの3倍になる。Bには力は加わらない
から伸びはない。
② この場合，Bに加えた力と同じ大きさの力が
Aにもかかる。すなわち，AにはBに加えた
力と，おもり3個分の重さが加わることになる。
同じ大きさの力が加わったときのAとBの伸

びの比は(1)から1:4であるから，Aの伸びを x〔cm〕とするとBの伸びは $4x$〔cm〕であり，さらにAはおもり3個分の4.5cm伸びるから，Aの伸びは合計 $x + 4.5$cm となる。これがBの伸び $4x$ と等しいのであるから，

$$x + 4.5\text{cm} = 4x$$

これより $x = 1.5$cm となるから，伸びは6cmとなる。

(3) おもりにはたらく力は，重力（W とする），ゴムひもAが引く力（f_A とする），ゴムひもBが引く力（f_B とする）の3つである。

この3力がつり合っているので，f_A と f_B の合力（f_{AB} とする）が，重力 W とつり合っていることになる。よって，合力 f_{AB} の向きは真上の向きとなる。また，Aの伸びとBの伸びが等しいので，f_A の大きさは f_B の4倍となる。

これらのことから，力の矢印を使って表すと，右図のようになる。

このとき，求める値は図の $\dfrac{Q'R'}{PQ'}$ となる。ここで，△PQR と △PQ'R' は相似なので，求める値は，

$$\frac{Q'R'}{PQ'} = \frac{QR}{PQ} = \frac{1}{4} = 0.25 \text{ となる。}$$

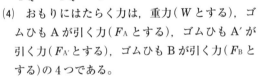

(4) おもりにはたらく力は，重力（W とする），ゴムひもAが引く力（F_A とする），ゴムひもA'が引く力（$F_{A'}$ とする），ゴムひもBが引く力（F_B とする）の4つである。

図4より，F_A の向きは真上の向きなので，F_A と重力 W の合力（F_{AW} とする）の向きは真上か真下かになる。ここで，$F_{A'}$ と F_B がどちらも斜め下向きなので，F_{AW} の向きは真上の向きとわかる。

さらに，残る $F_{A'}$ と F_B の合力を $F_{A'B}$ とすると，F_{AW} と $F_{A'B}$ がつり合っていることになるので，$F_{A'B}$ の向きは真下となる。

ここで，右図のように，$F_{A'B}$ が真下の向きになるのは，$F_{A'}$ と F_B の大きさが等しい場合であり，このとき F_A，F_B と $F_{A'B}$ の大きさは等しくなる。

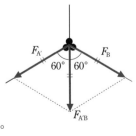

W，F_A，$F_{A'B}$ は一直線上にはたらくので，F_A $= W + F_{A'B} = W + F_{A'}$ が成り立つ。また，F_A

と F_B の伸びが等しいので，$F_A = 4F_B = 4F_{A'}$ という関係がある。

これらの2式を連立させて解くと $F_{A'} = \dfrac{1}{3}W$ なので，A'の伸びは(2)①のAの長さの $\dfrac{1}{3}$ 倍となる。

---

067 (1) 1倍
(2) ア
(3) ① 80N　② $\sqrt{3}$ 倍

解説 (1) ケイコさん，マナブ君ともに引く力の大きさは等しい。その力の大きさを F とする。それぞれの鉛直線との角度が $60°$ のときの2つの力の合力を求めると，力の矢印をもとにかいた平行四辺形は正三角形を2つ合わせたものになり，合力の大きさも F となる。

1人で持つ場合の力の大きさは荷物にはたらく重力そのものの80Nであるから，この場合の力は1倍（同じ）になる。

(2) 角度 a が小さいほど加える力の鉛直方向の分力は大きくなるから，小さい力ですむ。

(3) ①2人の加える力の合力と，荷物の重さがつり合っているので，求める合力の大きさは80N。

②2人が加える力の合力の矢印は右図のようになる。図の△ABC と △BAD は合同で，どちらも正三角形を半分にした形なので，それぞれの辺の比は図の赤○で示したようになる。この辺の長さの比が，それぞれの力の大きさの比となる。

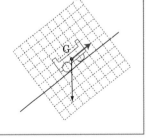

---

068 (1) 右図
(2) A点…2m
　　力…3N
(3) ウ

解説 (1) 台車にはたらく重力の斜面に平行な方向の分力と同じ大きさの力で引けばよいから，解答の図のようになる。

(2) 動滑車を1m引き上げればよい。そのためにはA点では2倍の2m引き上げることが必要になる。台車を引き上げるのに必要な力は，台車に

はたらく重力の斜面に平行な方向の分力の大きさである。それは図の斜面の長さより相似比を用いて $\frac{1.2}{2} \times 10 = 6\,\mathrm{N}$ である。動滑車のはたらきにより，その半分の大きさの力を A 点に加えればよい。

(3) 斜面の傾きを大きくすると，斜面に平行な方向の分力は大きくなるが，垂直な方向の分力は小さくなる。

---

069 (1) イ　　(2) メスシリンダー
　　　(3) エ　　(4) イ

解説 (1) 物体が水に沈むとき，密度は 1 より大きい。

(2) あふれた水の量をはかるには，メスシリンダーが適している。この方法は，形が複雑な物体で，水に沈む物体について用いることができる。水に沈まない物体では，水位の上昇がわからないので，この方法は使えない。

(3) この原理はアルキメデスの原理とよばれる。

(4) この物体の質量は
$$600 - 500 = 100\,\mathrm{g}$$
である。
押しのけた水が $160\,\mathrm{g}$ なので，物体の体積は $160\,\mathrm{cm}^3$ となる。物体の密度を $x\,[\mathrm{g/cm}^3]$ とすると，
$$160\,x = 100$$
となる。これを解くと，$x = 0.625$ となる。選択肢のうち，最も近いのはイである。

---

070 (1) 5N　(2) 6cm　(3) 2N
　　　(4) 50cm²

解説 (1) おもりをつるしたときのばねの長さは $20\,\mathrm{cm}$ になっている。自然長が $10\,\mathrm{cm}$ なので，ばねは $10\,\mathrm{cm}$ 伸びたことになる。$0.5\,\mathrm{N}$ で $1\,\mathrm{cm}$ 伸びるので，物体の重さは $5\,\mathrm{N}$ となる。

(2) グラフより，5 分後におもりが水につかりはじめることがわかる。よって，5 分後の水深を求めればよい。5 分間で入る水は
$$300\,\mathrm{cm}^3 \times 5 = 1500\,\mathrm{cm}^3$$
で，水槽の底面積は $250\,\mathrm{cm}^2$ である。よって，このときの水深は，
$$1500 \div 250 = 6\,\mathrm{cm}$$
となる。

(3) おもりが完全に水につかっているとき，ばねの長さは $16\,\mathrm{cm}$ なので，ばねは $6\,\mathrm{cm}$ 伸びていると

わかる。このときばねを引く力は $3\,\mathrm{N}$ なので，浮力は
$$5 - 3 = 2\,\mathrm{N}$$
となる。

(4) おもりには $2\,\mathrm{N}$（$200\,\mathrm{g}$ にはたらく重力と同じ大きさ）の浮力がはたらいているので，その体積は $200\,\mathrm{cm}^3$ である。体積＝底面積×高さより，底面積＝体積÷高さとなる。求める底面積は，
$$200\,\mathrm{cm}^3 \div 4\,\mathrm{cm} = 50\,\mathrm{cm}^2$$
となる。

---

071 (1) 0.4N　　(2) 大きくなる。
　　　(3) 変わらない。　　(4) 大きくなる。
　　　(5) 80cm³　　(6) 40Pa

解説 (1) グラフより，おもりを水につける直前のばねばかりの読みは $1.6\,\mathrm{N}$ である。これが空気中での重さになる。おもりの下面が水面から $4\,\mathrm{cm}$ のとき，ばねばかりの読みは $1.2\,\mathrm{N}$ である。よって浮力は，
$$1.6 - 1.2 = 0.4\,\mathrm{N}$$
となる。

(2) グラフより，ばねばかりの目盛りの数字がどんどん小さくなっていることがわかる。浮力＝空気中での重さ－水中での重さなので，水中での重さが小さくなっていくにつれて，浮力は大きくなる。

(3) 重力は，地球が物体を引く力なので，大きさは変わらない。

(4) 水圧は，水面からの深さに比例する。よって，深くなるにつれて，水圧は大きくなる。

(5) おもりを完全に沈めると，ばねばかりの読みは $0.8\,\mathrm{N}$ になる。このとき，おもりは重さ $0.8\,\mathrm{N}$ 分の水を押しのけている。押しのけた水の質量は $80\,\mathrm{g}$ となり，体積は
$$80\,\mathrm{g} \div 1\,\mathrm{g/cm}^3 = 80\,\mathrm{cm}^3$$
となる。

(6) $1\,\mathrm{m}^2 = 10000\,\mathrm{cm}^2$ より，$200\,\mathrm{cm}^2 = 0.02\,\mathrm{m}^2$ となる。おもりの浮力の分だけ，底面にかかる力が増えているので，求める圧力は
$$0.8\,\mathrm{N} \div 0.02\,\mathrm{m}^2 = 40\,\mathrm{N/m}^2$$
となる。よって，$40\,\mathrm{Pa}$ である。

2 運動と力

072 (1) イ

(2) a…0.1　　b…18

(3) 11.0cm　　(4) ア

解説 (1) 紙テープの長さがだんだん短くなっているから，逆向きの力がはたらいていることがわかる。

(2) a…1枚の紙テープには5打点の記録があるから，時間は
$$\frac{1}{50} \times 5 = \frac{1}{10} = 0.1s$$
間である。

b…$\frac{1.8}{0.1} = 18$cm/s となる。

(3) 2.0 + 1.8 + 1.6 + 1.4 + 1.2 + 1.0 + 0.8 + 0.6 + 0.4 + 0.2 = 11.0cm

(4) 扇風機の数を減らすと，運動の向きと逆向きの力が小さくなるから，打点間の長さは長くなる。

073 (1) イ，エ　　(2) オ

(3) オ　　(4) ウ

解説 (1) グラフが水平になっている区間である。

(2) 1500m/分で4分間走ったから，6000m走った。

(3) 12.3kmを12分間で走った。

(4) 最も速く走っているのは1500m/分のときであるから，時速に直すと90km/hである。

074 (1) 50cm/s　　(2) E

(3) エ　　(4) ウ

解説 (1) 各区間は0.1秒間に台車が移動した距離である。区間Bではこの間に5.0cm移動しているから，平均の速さは
$$\frac{5.0}{0.1} = 50 \text{cm/s}$$

(2) おもりが床についた後は台車は等速直線運動となるから，打点間隔は等しくなる。

(3) おもりが床についた後は台車を引く力の大きさは0となる。

(4) I〜LはA〜Dよりテープの長さが長いから，台車の動く速さは速くなる。すなわち，おもりの重さは重くなった。また，おもりが床につくのが実験1のときより早いので，高さは低くした。

075 (1) イ　　(2) 9cm

(3) 70cm/s　　(4) ウ

解説 (1) 紙テープの長さが一定である，すなわち台車の速さが変化していないから，おもりが台車を引く力はない。したがって，台車にはたらく重力と机が台車を支える力のみがはたらいている。

(2) 0.1秒で5打点されるから，0.3秒間では15打点である。

したがって，A，B，Cの長さの和で，
1 + 3 + 5 = 9cm

(3) 7 ÷ 0.1 = 70cm/s

(4) 台車のされる仕事が大きくなるので，台車の速さが100cm/sになるまでの時間は0.5秒より短くなり，おもりが床に達するまでの時間も0.5秒より短くなる。そして床に達する直前の速さは100cm/sより大きくなる。

⑦ 得点アップ

▶等速直線運動

力がはたらかないときは物体の動く速さは0と勘違いしやすいが，そうではない。動いている物体にはたらく力が0になると，物体の速さは一定のままである。

076 (1) 62cm/s

(2) ウ

(3) エ

解説 (1) $\frac{6.2}{0.1} = 62$cm/s

(2) 台車にはたらく斜面方向の力の大きさは，斜面の傾きが大きいほど大きくなる。

(3) 速さが一定となるから，水平方向の力ははたらかない。

077 (1) イ

(2) 慣性

(3) ア

解説 (1) 小球が転がっているとき，地球から重力をうけている。また，垂直抗力を斜面からうけている。これは重力の斜面に垂直な方向の分力とつり合う力である。

(2) 物体は運動中に力をうけていないか，うけていてもつり合っているとき，等速直線運動を続けよ

うとする慣性をもつ。なお，止まっている物体は，慣性により止まり続けようとする。

(3) 表より，小球を転がした斜面の長さが15cmから30cmになると，水平なレールにおける小球の速さは0.50m/s速くなっている。同様に，30cmから45cmになると0.39m/s，45cmから60cmになると0.32m/s速くなっている。

078 (1) 下図
(2) 下図

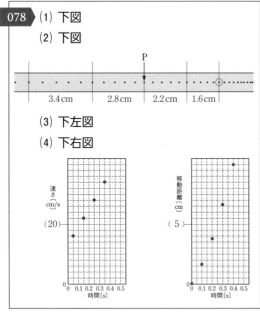

3.4 cm 2.8 cm 2.2 cm 1.6 cm

(3) 下左図
(4) 下右図

解説 (1) 斜面を下る力学台車は加速する。よって，記録テープの打点の間隔は広くなっていくので，記録テープの右側がはじめの打点である。50Hzの記録タイマーは1秒間に50回打点するので，

$$50 \times 0.2 = 10$$

より，点Oは打点Pの右に10個目の打点である。

(2) 同様に，

$$50 \times 0.1 = 5$$

より，区切り線は打点5個ごとになる。

(3) 時間0s〜0.1sでの平均の速さは，(2)の区切った長さを使って，

$$\frac{1.6}{0.1} = 16 \,\text{cm/s}$$

この速さは時間0s〜0.1sの中間点である0.05sでの瞬間の速さに等しいので，●点は0.05sにかく。同様に，0.1s〜0.2sでの平均の速さは22cm/s，0.2s〜0.3sでの平均の速さは28cm/s，0.3s〜0.4sでの平均の速さは34cm/sとなり，●点は各区間の中間点0.15s，0.25s，0.35sにかく。

(4) 時間0.2sでの移動距離は，

$$1.6 + 2.2 = 3.8 \,\text{cm}$$

同様に，時間0.3sでの移動距離は6.6cm，時間0.4s

での移動距離は10.0cmとなる。

079 (1) 200N (2) 400N
(3) 4cm (4) 200N
(5) 2cm (6) 300N
(7) 1100N

解説 (1) A君がひもを200Nの力で下向きに引けば，ひももA君を200Nの力で引くことになる（作用・反作用の法則）。

したがって，400 − 200 = 200N

(2) ひもは，滑車を通してB君を200Nの力で引いているから，

600 − 200 = 400N

(3) A君とB君がそれぞれ200Nの力でひもを引いているから，ばねばかりにかかる力の大きさは，

200 + 200 = 400N

したがって，ばねの伸びは，

400 ÷ 100 = 4cm

(4) ばねXが8cm伸びているから，大きな滑車全体には

100 × 8 = 800N

の力がかかっている。したがって，大きな滑車のひもにはそれぞれ400Nの力がかかっている。同じように考えると，小さな滑車のひもには200Nの力がかかることがわかる。

(5) 200 ÷ 100 = 2cm

(6) ひもを引く力は200Nであるから，浮力は

500 − 200 = 300N

(7) 浮力の反作用で，下向きの力300Nをうけるから，800 + 300 = 1100Nとなる。

080 (1) イ (2) ウ
(3) イ (4) イ
(5) ア (6) ア
(7) イ

解説 (1) 重力だけがはたらいている。

(2) バットがボールに与えた力と同じ大きさで逆向きの力をボールがバットに与える。

(3) 摩擦がないから，慣性の法則が成り立つ。

(4) 台車の動く向きに力がはたらくから，台車はしだいに速くなる。

(5) 摩擦力は動いている（動こうとする）向きと逆向きにはたらく。たとえば台車を右向きに引いたと

き，台車が物体からうける摩擦力は左向きになる。物体が台車からうける摩擦力はこの反作用なので，右向き，つまり台車の動く向きと同じになる。

(6) 静止している物体に力を加えると，物体は力の向きに動きはじめる。

---

081 (1) (a) 選手C　　(b) 選手D

(2) 1人に抜かれる，誰も追い越さなかった。

(3) ウ

(4) ア

解説 (1) 40mのラップタイムが最も短いのは5.18秒のCである。30 ～ 40mのスプリットタイムが最も短いのは0.96秒のDである。

(2) 20mでの順位はC，B，A，E，D。30 ～ 60mでの順位はC，A，B，E，D。70 ～ 80mでの順位はA，C，B，E，D。したがって，選手Aに抜かされるだけである。

(3) 選手Eは60 ～ 100mで一定のスプリットタイムであるから，速くなっていない。

(4) 選手Dのスプリットタイムは11.05秒のうち前半の約5秒（0 ～ 30m）で大きく減少し，後半は0.96秒から0.92秒で少しずつ減少しているもののほとんど同じであるから，速さはスタートから約半分までの時間で大きく増加し，後半はほぼ一定のグラフとなる。

---

3 力学的エネルギー

082 (1) 下図

重力	垂直抗力
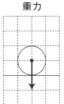	

(2) 60J

(3) 力…10N

　　仕事率…5.0W

(4) オ

(5) ① ウ　　② オ

解説 (2) $20 \times 3.0 = 60$J

(3) 所要時間は $\dfrac{6.0}{0.50} = 12$s である。

　　求める力を F〔N〕とすると仕事の原理より，

　　$6.0F = 60$　　　よって，$F = 10$N

　　仕事率は $\dfrac{60}{12} = 5.0$W

(4) BC間，DE間は等速直線運動であるから，グラフが横軸と平行になることに気づくことがポイント。AB間は加速，CD間は摩擦力のために減速であることを考えると，DE間の速さはBC間よりは遅いことにも注意を払いたい。

(5) ① 斜面の傾きを変えても，C点での小球の運動エネルギーは変わらないから，速さも同じである。

② 摩擦力がはたらくと力学的エネルギーは減少する。その減少分は熱となって失われる。②では，摩擦力がはたらく区間の長さが半分になっているから，減少する力学的エネルギーは実験2の場合よりも小さい。

---

⑦得点アップ

▶仕事の単位

エネルギーの単位も同じ。

〔J〕を用いるときには，力の単位は〔N〕でなければならない。

---

083 I. (1) 1.2m/s

(2) イ

Ⅱ．(1) 下図

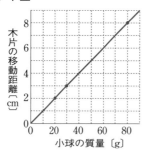

(2) 比例

(3) 2.5cm

(4) 1.25m/s

(5) 質量

解説 Ⅰ．(1) 単位に注意。答えは〔m/s〕で答える。問題の長さは cm になっていて，36cm を 0.3 秒で動いている。これから速さを求めて m/s に換算することが大切である。

(2) 斜面では速さは速くなる。速さは時間に比例して速くなっていることがわかる。

Ⅱ．(1) 高さが 8cm のとき，小球の質量と木片の移動距離は比例していることが読み取れるから，グラフは原点を通る直線になる。

(4) 図 3 から，木片の移動距離は 3cm と読み取れるから，図 4 で 1.25m/s と読み取れる。

084 (1) 2秒　　(2) イ　　(3) ア

(4) ① イ　　② ア

解説 (1) おもりがAからCまで移動するのにかかった時間は

$$\frac{1}{6} \times 6 = 1s$$

1往復であるからこの2倍の2秒である。

(2) おもりの高さが低いところほどおもりの速さは大きくなる。(力学的エネルギーの保存)

(3) Pからおもりを放す場合，Pでは運動エネルギーが0(おもりの速さが0だから)であるから，Pでの位置エネルギーがおもりの力学的エネルギーとなる。したがって，Pでは運動エネルギーは0で，それから増加していくことになり，Bでは図3の運動エネルギーの半分になる。

085 (1) a　　(2) b

(3) イ　　(4) エ

解説 (1) 位置エネルギーは高さに比例する。

(2) 力学的エネルギーの保存により，位置エネルギーが増加した分，運動エネルギーは減少する。

(3) ① 斜面の傾きが変わらないので，一定の割合で速さは増加していき，最初は速さ0であるため，台車の速さは時間に比例する。つまり，グラフa。

② 速さが大きくなるにつれ，1秒あたりの移動距離は増えるので，時間がたつほど高さの減り方は大きくなる。つまり，グラフc。

(4) ① 高さと時間の関係は，(3)②の通りグラフc。位置エネルギーは高さに比例するので，位置エネルギーと時間の関係も同様にグラフcとなる。

② 台車の力学的エネルギーは保存されるから，位置エネルギーが減少した分，運動エネルギーは増加する。つまり，グラフf。

086 (1) りきがくてき

(2) エ

(3) 最も速い点…B

最も遅い点…F

解説 (1) 位置エネルギーと運動エネルギーの和を力学的エネルギーという。

(2) 位置エネルギーは基準面からの高さによってのみ決まる。区間がA～Hではなく，A～Gであるため，グラフの右端はAと同じ高さにならない。

(3) B・C・Fは位置エネルギーが同じであるが，摩擦力や空気抵抗をうける距離(時間)が長いほど力学的エネルギー以外のエネルギーに多く移り変わってしまうので，運動エネルギーは，Bが最も大きく，Fが最も小さい。

087 (1) ① ウ　　② オ　　③ キ

(2) ア　　(3) ア

解説 (1) ① 速さは時間に比例して速くなる。

② 移動距離は時間の2乗に比例して大きくなる。

③ 位置エネルギーは②のグラフと逆の関係にある(力学的エネルギーが保存されるから)。

(2) ABの傾きを小さくすると，Bを通過するときの速さは遅くなり，Cに達するまでの時間が長くなる。

(3) Eに達したとき，水平方向に速さをもっているのであるから，Eでは運動エネルギーは0ではな

い。したがって，力学的エネルギーの保存から，Eでの位置エネルギーはAより小さい，すなわちEの高さhはAの高さHより小さい。

⊘ **得点アップ**

▶**最高点での運動エネルギー**

放物運動の最高点では，水平方向に動いているので運動エネルギーは０ではないことに注意する。

---

088 (1) 27：100

(2) 1.92m/s

(3) ①エ ②エ ③イ ④エ ⑤イ

(4) 1.73倍

解説 (1) よく用いられる直角三角形の辺の長さを考えると，解答の方針にあるようにBの高さは$1-\dfrac{\sqrt{3}}{2}$，Cの高さは$\dfrac{1}{2}$となる。$\sqrt{3}=1.73$として計算する。

$$\left(1-\frac{\sqrt{3}}{2}\right):\frac{1}{2}=(2-\sqrt{3}):1$$
$$=0.27:1=27:100$$

(2) 高さの比が27：100であるから，速さの比はその平方根から$3\sqrt{3}:10$となる。

(3) ① 糸の長さが２倍だから，高さも２倍である。

② 糸の長さが２倍だから，最上点からの高さの減少も２倍になる。

③ 高さの減少分が２倍だから，速さは$\sqrt{2}$倍。

④ 道のりは，半径が２倍で角度が等しいから，扇形の弧の長さの特徴から２倍である。

⑤ ③と④より，
$$\frac{2}{\sqrt{2}}=\sqrt{2} \text{ 倍。}$$

(4) ふりこの動きと同様に考えて(3)の⑤より，滑走台を下るまでの時間および上るまでの時間は$\sqrt{3}$倍。下りはじめるところの高さが３倍だから最下点に達したときの速さは$\sqrt{3}$倍。この速さで３倍の距離を移動するから所要時間は$\sqrt{3}$倍。これらより全体として$\sqrt{3}$倍。

---

089 (1) ア (2) エ (3) ア

(4) コ (5) ケ (6) ケ

解説 (1) ふりこの１往復に要する時間（周期）は一定である。

---

(2) ふりこが最下点に来たときに速さが最大になり，最高点では速さは０になる。

(3) 図４から，Bが床に達するまでの時間は，Aをはなす高さが変わっても一定になる。

(4) 図２から，Aをはなす高さが４倍になると点PでのAの速さは２倍になるから，Bが床に達した点までの水平距離も２倍になる。

(5) 図２から，衝突直後の速さが２倍になると，最高点の高さは４倍になる。

(6) 図６より，ばねKを縮めた長さとCの速さは比例するから，ばねKを縮めた長さが２倍になると，Aの最高点の高さは４倍になる。

---

090 (1) エ (2) イ (3) ウ

(4) 98cm/s (5) イ (6) ア

(7) オ

(8) ①エ ②セ

解説 (1) tが２倍，３倍となると，yは４倍，９倍となっている。

(2) tの２乗に比例するから，$y=at^2$

(3) $a=\dfrac{y}{t^2}$に数値を代入する。

(4) $\dfrac{7.06-3.13}{0.12-0.08}\fallingdotseq98$cm/sが平均の速さである。

(5)(6) 速さは時間に比例する。

(7) $b=\dfrac{v}{t}$に代入する。ただし，時間は中間の値を用いること。

(8) 力学的エネルギーは空気抵抗があるために常に減少している。

---

091 (1) 2.0J

(2) 3.3J

(3) AとBは相対的な位置を変えずに自由落下する。

(4) 20N

(5) 下図

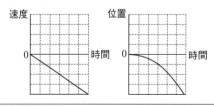

解説 (1) おもりAとおもりBの位置エネルギーの変化は等しい。おもりAは１秒間に基準の位置よりも0.10m上昇したので，

$$20\,\text{N} \times 0.10\,\text{m} = 2.0\,\text{J}$$

(2) 力学的エネルギーが保存されるので，位置エネルギーの減少した分，運動エネルギーが増加する。位置エネルギーについて，おもりＡは

$$20\,\text{N} \times 0.50\,\text{m} = 10\,\text{J}$$

増加しているが，おもりＢ・Ｃはそれぞれ10Jずつ計20J減少している。つまり，3つのおもり全体で10J位置エネルギーが減少し，その分，運動エネルギーが増加した。3つのおもりは質量が等しく，ひもでつながれているので速さも等しいため，運動エネルギーは等しいから，1つあたり，

$$10 \div 3 = 3.33\cdots \fallingdotseq 3.3\,\text{J}$$

(3) 自由落下する。質量によらず地球の重力によって速度が変化する割合は一定なので，互いの位置は変わらない。

(4) Ｂの重さが20Nなので，おもりＢが糸を引く力は20N。動滑車は2本の糸で支えられているので，

$$20 \times 2 = 40\,\text{N}$$

の力でおもりＡと動滑車は支えられている。おもりＡは20Nなので，動滑車の重さは，

$$40 - 20 = 20\,\text{N}$$

(5) 自由落下する。質量によらず地球の重力によって速度が変化する割合は一定なので，速度や位置は両者で変わらない。

第3回 実力テスト

1 ① 2　　② 20　　③ 10　　④ 20
　　⑤ 10　　⑥ 10　　⑦ 上

解説 ① 深さ20cm，面積10cm^{2}なので，面Ｓの真上にある水の体積は，

$$10\,\text{cm}^2 \times 20\,\text{cm} = 200\,\text{cm}^3$$

となる。水の密度は1g/cm^{3}なので，この水の質量は200gである。よって，この水の重さは2Nとなる。

② 1m^2 = 10000cm^{2}より，10cm^2 = 0.001m^{2}となる。よって，面Ｓが水からうける圧力は次のようになる。

$$2\,\text{N} \div 0.001\,\text{m}^2 = 2000\,\text{N/m}^2$$

よって，2000Paとなる。1hPa = 100Paより，2000Pa = 20hPaとなる。

③ 面S′の真上にある水の体積は

$$10\,\text{cm}^2 \times 10\,\text{cm} = 100\,\text{cm}^3$$

となるので，質量は100gである。重さが1Nなので，圧力は次のようになる。

$$1\,\text{N} \div 0.001\,\text{m}^2 = 1000\,\text{N/m}^2$$

よって，圧力は10hPaとなる。

④ 20hPa = 2000Pa = 2000N/m^{2}である。100cm^2 = 0.01m^{2}より，面Ｆがうける力は次のようになる。

$$2000\,\text{N/m}^2 \times 0.01\,\text{m}^2 = 20\,\text{N}$$

⑤ ④と同様にして求めると，次のようになる。

$$1000\,\text{N/m}^2 \times 0.01\,\text{m}^2 = 10\,\text{N}$$

⑥⑦ 面Ｅは下向き，面Ｆは上向きの力をうけている。よって，この物体がうけている力の大きさは，この2つの面がうけている力の差である。よって，次のようになる。

$$20 - 10 = 10\,\text{N}$$

上向きの力のほうが大きいので，この物体は上向きの力をうけていることになる。

---

2 (1) Ｃ点

(2) 記号…ア　　距離…60cm

(3) Ｃ点では，Ａ点，またはＳ点での位置エネルギーがすべて運動エネルギーになるから，位置エネルギーの大きいＳ点からのほうがＣ点での

> 運動エネルギーが大きくなり，速さ
> が速くなる。

解説 (1) 位置エネルギーが最も小さいところが運
動エネルギーが最も大きくなる。A点〜D点の
中では，C点の位置エネルギーが0で最小である。

(2) 鉄球には重力と電線用カバー（モール）から垂直
抗力がはたらいている。鉄球が移動した距離は，
速さが200cm/sで一定だから，
$$200 × 0.3 = 60 cm$$

---

3 A.① エ　② ウ　③ ク　④ カ
　　B.① エ　② ウ　③ キ　④ オ

解説 A.① 投げられた後のボールにはたらく力は
下向きの重力だけであるから，上向きには力は
はたらかない。

② ①の理由から，下向きには常に一定の大きさ
の重力がはたらいている。

③ ボールの速さは時間に比例して小さくなって
いく。したがって，運動エネルギーは時間の2
乗に比例して小さくなっていき，最高点では0
になる。

④ 力学的エネルギーは一定であるから，運動エ
ネルギーの変化と位置エネルギーの変化は逆に
なる。それゆえ，③のグラフと逆になっている
ものを探せばよい。

B.①② Aの①②とまったく同じ理由である。

③ Aの③とまったく同じで，運動エネルギーは
時間の2乗に比例して大きくなっていく。

④ Aの④とまったく同じである。

---

4 (1) 2J
　　(2) 5N，0.4m
　　(3) 8N
　　(4) ウ
　　(5) ア，エ，オ
　　(6) 1：2：4
　　(7) A＝B＝C
　　(8) ウ
　　(9) A＜B＜C

解説 (1) 仕事〔J〕＝力〔N〕×移動距離〔m〕より，
$$10 N × 0.2 m = 2 J$$

(2) 定滑車は力の向きを逆にするだけで，力の大き

さと移動距離は変化しない。動滑車は質量を考え
なくてよいとき，1個用いると力が半分に，移動
距離が2倍になる。

(3) 仕事の原理より，斜面にそっておもりを引き上
げる仕事の大きさは，垂直におもりを引き上げる
仕事と等しい。ひもに加わる力をx〔N〕とすると，
$$x〔N〕× 0.5 m = 20 N × 0.2 m$$
より，$x = 8N$

(4) 月面上では重力が地球の約6分の1になる。
　ア…移動距離が変わらず，力（重力）だけ小さく
なるので，その積である仕事の大きさは小さくな
る。　イ…最下点からhの高さに持ち上げる仕
事が小さくなるため，位置エネルギーが小さくな
る。その結果，最下点に達したときの運動エネル
ギーも小さくなる。　ウ…月面上でもふりこが静
止するのは，反対側の位置エネルギーの等しい点
である。つまり，高さhまでふれるので，地上
と同じ結果になる。　エ…イで最下点での運動エ
ネルギーが小さくなるように，全体として地上よ
りふりこの速さが遅くなり，もとの位置にもどっ
てくるまでの時間は長くなる。

(5) ア…水平面では重力と垂直抗力はつり合う。
イ…2m/sの速さに達してからの物体Bには前進さ
せる力ははたらいておらず，摩擦力が運動の反対向
きにはたらいたため端に達する前に止まった。　ウ
…斜面では，重力の斜面に垂直な分力と垂直抗力
がつり合う。つまり，重力が垂直抗力より大きい。
　エ…静止しているため，力はつり合っている。
具体的には，板Yは垂直抗力と摩擦力を物体B
に与えており，その合力が，物体Bの重力とつ
り合っている。　オ…初速のまま等速直線運動を
しているので，力はつり合っている。具体的には，
板Yは垂直抗力と摩擦力を物体Cに与えており，
その合力が，物体Cの重力とつり合っている。
物体Cは慣性により等速直線運動をしている。

(6) 動滑車1つ分のためAはBの半分の力，動滑
車2つ分のためAはCの半分の半分，すなわち
4分の1の力になる。よって，A：B：C＝1：2：4。

(7) 実験1，2より，板Xには摩擦がなく，板Yに
は摩擦がある。実験3で，一度上向きにすべらせ
たところ，どの物体も同じ位置で速さが一度0に
なっている。基準面から同じ高さのものを，落下
させたり，摩擦のない面をすべらせたりしたとき
には，質量によらず基準面での速さは変わらない。

(8) 実験2より，水平面で止まるまでの移動距離の

比は物体Bと物体Cで5：3である。これは運動エネルギーが，摩擦力と移動距離の積で求められる仕事に変換されたことを意味する。実験4では斜面を上るにつれて，運動エネルギーは位置エネルギーにも変換している。つまり，Bが静止したとき，最初の運動エネルギーは「Bの摩擦力×0.5m」と「下端から0.5mの位置エネルギー」に変換された。Cが下端から0.3mの位置に達したとき，運動エネルギーは，「Cの摩擦力×0.3m」と「下端から0.3mの位置エネルギー」に変換されている。実験2から「Bの摩擦力×0.5m」＝「Cの摩擦力×0.3m」であるが，「下端から0.3mの位置エネルギー」は「下端から0.5mの位置エネルギー」より小さい分，Cが下端から0.3mの位置に達したとき，運動エネルギーがわずかに残る。そのため，Cが静止する位置は5：3の移動距離0.3mよりも長く，Bの移動距離0.5mよりは短くなる。

(9) 実験2より，物体A，B，Cにはたらく摩擦力の関係はA＜B＜Cである。実験5で，最も摩擦力の大きいCが下端に達していることから，A，Bも下端に達する。つまり，斜面上の移動距離はすべて等しいため，摩擦力がした仕事の関係は，A＜B＜Cである。上端での位置エネルギーと初めの速さ2m/sによる運動エネルギーの和は，下端に達したとき，摩擦力がした仕事と運動エネルギーの和に変換されている。そのため，下端での速さの関係は，A＞B＞Cである。よって，斜面を同じ距離すべって下端に達するまでの時間の関係は，A＜B＜Cとなる。

4編　地球と宇宙

1 天体の1日の動き

092 (1) ① ウ　　② イ　　③ エ
(2) ウ
(3) 日周運動

解説 (1) ① 点Yが日の入りである。図2では1時間に4cmずれるから，12.0cmのずれは3時間分に相当する。したがって，午後4時の3時間後となる。
② 夏至の日の南中高度は，90°−（緯度−23.4°）で求められるから，およそ北緯35°となる。
③ 地点Pの南中時刻のほうが地点Qよりも20分早いのであるから，日の入りも地点Pのほうが20分早いといえる。
(2) 赤道上では太陽は南や北に傾かずまっすぐにのぼり，まっすぐに地平線に入る。（日本の）夏至の日には東と西を結ぶ線より北寄りを通る。

⊘得点アップ
▶夏至の日の南中高度
90°−（緯度−23.4°）
で求められる。23.4°は地軸の傾きである。

093 (1) 北極星は，地軸のほぼ延長上にあり，地軸を中心にして地球が自転しているから。
(2) 15°
(3) ① 午後8時　　② エ
(4) 夏至のころ，星Bは太陽と同じ方向になるから。

解説 (2) 地球は24時間で1回転，すなわち360°回転しているから，1時間あたりでは，
360°÷24 = 15°
(3) ① 同じ時刻に見える恒星の位置は1か月に30°回転する。また，恒星の位置は1時間に15°回転するから，1か月後に同じ位置に見えるのは2時間前の午後8時となる。
② 3か月後の午後10時には90°回転している。

094 (1) イ　(2) ア
(3) ① 南中高度
　　② 12時12分　③ エ

解説 (3) ② P から記録した点までの長さは 2 時間で 5 cm ずつ長くなっている。したがって，11 時の点から Q までは 3 cm であるから，
$$2 \times \frac{3}{5} = \frac{6}{5}〔時間〕 = 1〔時間〕12〔分〕$$
③ 緯度が低いほど南中高度は高くなるから，最も南に位置する市を選ぶ。

095 (1) 日周運動
(2) X…ウ　Y…ア
(3) 向き…B　角度…5°
(4) 日の入りの時刻…19時10分
　　冬至の日の昼の長さ…9時間

解説 (1) 地球が西から東へ自転しながら太陽のまわりを公転しているために見られる見かけの動きである。
(2) 秋分の日は太陽が真東から出て，真西に沈む。またこの日から冬至の日にかけて南中高度は低くなっていき，冬至の日から春分の日にかけて徐々に高くなっていく。そして春分の日にはまた太陽が真東から出て，真西に沈む。
(3) 図 II の右側が北で左側が南であることから，太陽は手前側の東から，奥側の西へと B の向きに 24 時間で 360° 移動する。よって，11 時 40 分から 12 時までの 20 分間で動いた角度は，
$$360° \times \frac{20 分}{60 分 \times 24 時間} = 5°$$
となり，B の方向へ 5° 回転させればよい。
(4) 日の出から南中時刻まで 7 時間 30 分かかったことから，日の入りまでも 7 時間 30 分かかり，日の出から南中時刻から日の入りまで 15 時間であったことがわかる。また，冬至の日の昼の長さと夏至の日の夜の長さはおおよそ等しくなるため，
　24 − 15 = 9 時間
となる。

096 (1) ウ　(2) 45°　(3) ア
(4) 夏…イ　秋…エ

解説 (2) 南中高度は AO と RO のつくる角である。天球の ARC の弧の長さは 32 cm である。また，弧 AR は 8 cm であり，弧の長さと中心角の大き

さは比例するから，
　南中高度：180° = 8 : 32
　これより，南中高度 = 45° となる。
(3) 紙テープの長さは昼間の長さを示している。したがって，春分の日は 2 月のある日よりも昼間は長い。

097 イ

解説 北の空の星は，北極星を中心として反時計回りに回転する。南の空の星は大きな弧を描いて時計回り（東から西）に回転する。

098 (1) 34°　(2) 32.6°　(3) 32°
(4) イ　(5) ス　(6) ニ
(7) イ
(8) 回転の角度…26.5°
　　回転の向き…反時計[左]

解説 (1) 北極星の高度は，K 空港の緯度に等しい。
(2) 北半球での冬至の日の太陽の南中高度は，
　90° −（緯度 + 23.4°）
　= 90° −（34° + 23.4°）
　= 32.6°
(3) A 空港は南緯 24° だから，星 X の高度は
　90° −（34° + 24°）= 32°
(4) 天頂の星 X は北極星を中心に反時計回り（左回り）に動く。
(5) 星 Y も北極星を中心に反時計回りに動く。1 日（24 時間）で 360° 動くから，12 時間後にはアから 180° のスの位置に見える。
(6) L 空港は K 空港から東経で −135° の位置にあるので，星 Y は北極星を中心にスの位置から時計回りに 135° のニの位置に見える。
(7) J 空港は西経 75° にあり，星 Y は 1 時間に 15° 反時計回りに動いているから，星 Y は北極星を中心にスの位置から時計回りに（135° + 75°）− 15° = 195° 西の位置イに見える。
(8) 星 Y は，K 空港ではアの位置，J 空港ではイの位置に見えるので，K 空港から J 空港まで 360° − 15° = 345° 動くように見える。所要時間は 13 時間であるから，1 時間に
　345° ÷ 13 ≒ 26.5°
反時計回りに回転して見える。

099 (1) 右図
(2) ウ
(3) ア
(4) ① ウ　　② イ

解説 (4)　① 北緯 $x°$ とすると，
$$90° - x° + 23.4° = 90°$$
より，$x° = 23.4°$

2 天体の 1 年の動き

100 (1) ウ
(2) 年周
(3) 天球
(4) エ
(5) オ

解説 (1)　地球が太陽のまわりを 1 年間で 1 回反時計回りに公転するため，星座は 1 日 1°ずつ東から西へ動くように見える。また太陽や星座は動かないため，地球が公転すると太陽が星座の間を西から東へ移動していくように見える。

(2)　年周運動は日周運動と同じく，北の空では北極星を中心にして反時計回り，東から南，西の空では東から西に向かって動くように見える。

(3)　黄道は地球の公転に伴う太陽の年周運動によるため，地球の公転の軌道と重なる。

(4)　東から南，西の空に見える星座は太陽と同じように東から出て西に沈む。図 2 中のいて座も点 A に向かって沈もうとしているため，西の方位である。また，図 1 より，いて座は 1 月の太陽と同じ方向にあることから，いて座は 1 年を通して冬至の日の太陽に近い動きをすると考えられる。

⊘ 得点アップ

▶年周運動
　星座などは同じ時刻でも，1 年のなかで北の方位では北極星を中心に反時計回りに，南の方位では東から西へ移動している。
　1 年で 360°を 1 周するため 1 か月あたりの移動する角度は，
$$\frac{360°}{12\,か月} = 30°$$
となる。

101 (1) B　　(2) F
(3) 記号…
　　イ
　　方位…
　　東
(4) 右図

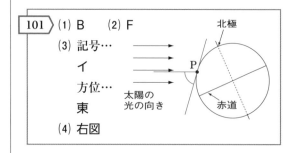

解説 (1) 太陽は東の地平線から昇るから，東は B である。

(2) 地球から見て，太陽と反対側にある星座が真夜中に南中する。

(3) 地球の位置は G であるとわかる。3 か月後は H の位置にある。

---

102 (1) D

(2) 46.8°

(3) 記号…c　理由…一定面積のうける太陽の光の量が大きくなる

解説 (1) 図 1 の A は，地軸の北極側が太陽の方向へ傾いているため，より南中高度が高くなる夏至の日を示している。そこから反時計回りに公転していることから，B が秋分の日，C が冬至の日，D が春分の日である。

(2) 北緯 35° の地点における夏至の日の南中高度は，
$$90° - (35° - 23.4°) = 78.4°$$
となり，対して冬至の日の南中高度は，
$$90° - (35° + 23.4°) = 31.6°$$
となる。冬至の日と夏至の日の南中高度の差は，
$$78.4° - 31.6° = 46.8°$$
となる。

(3) 北緯 35° の地点における春分の日の南中高度は，
$$90 - 35 = 55°$$
となる。表面温度が最も高くなるのは太陽の光が最も多く当たるとき，つまり，下図のように黒い紙を太陽の光に対して垂直に当てたときであり，南中高度が 55° で太陽の光が黒い紙に対して垂直に当たるときの角度は，
$$180 - (55 + 90) = 35[°]$$
であり，最も近いものは c の 30° となる。

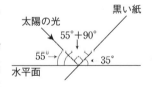

---

103 (1) ① 自転

② 日周

(2) ① 12.0 cm

② 右図

(3) $\dfrac{X - Y}{2}$

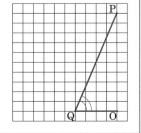

解説 (2) ① 太陽が南中したときに棒の影は OE

にできているから 12.0 cm。

② 図の 1 目盛は 3 cm であるから，O から 4 目盛り分のところに Q がくる。

(3) 夏至の日の太陽の南中高度と冬至の日の太陽の南中高度の差は地軸の傾きの 2 倍に等しくなっている。

---

104 イ

解説 星座は北極星を中心に 1 時間に 15°，同じ時刻に見える星座は 1 か月に同じく北極星を中心に 30° 回転するから，2 時間後と 1 か月後の 10 時には B の位置に見える。

---

105 (1) エ　(2) ウ　(3) イ

解説 (2) 春分の日から 3 か月後は夏至で，太陽の動く道筋は全体的に北寄りになる。

(3) 同じ時刻に見える星座は東から西に移るのでイかウ。夏至の日の真夜中に西の空に見えるのはしし座なのでウは誤り。

---

106 ① イ

② B

解説 ① 東から南，西の空では星座などの天体を同じ時刻に観察すると 1 ヶ月で 30° ずつ西へ動く年周運動が見られる。

② 北の空では北極星を中心にして反時計回りに年周運動と日周運動が見られる。そのため，A の位置に見られた北斗七星の同じ時刻の 3 か月後の位置は，
$$30° \times 3 = 90°$$
反時計回りに移動した位置である。
3 時間前の位置は，
$$15° \times 3 = 45°$$
時計回りに移動した位置である。

---

107 (1) ① イ　② ア

(2) 南中高度…76.4°

南中高度の差…46.8°

(3) 500 km

解説 (1) 北極の上から地球を見ると反時計回りに回転している。

(2) 夏至の日の南中高度は，90° － (緯度 － 23.4°) で

ある。

(3) 地点 O と経度が同じである地点 P は，地点 O の 76.4° − 71.9° = 4.5° 北にある。

したがって，比例配分で

$$40000 \times \frac{4.5}{360} = 500\,\text{km}$$

---

108 (1) 記号…イ

原因…地球が北極のほうから見て反時計回りに公転しているから。

(2) エ→ア→イ→ウ

解説 (2) 黄道付近の星座が真夜中に見えるのは，その星座が太陽と反対方向にあるときである。

---

109 (1) ① a   ② d

(2) イ   (3) オ

(4) イ   (5) ウ

(6) C   (7) 2月と10月   (8) エ

解説 (1) 北極側から見た場合，地球の自転も公転も反時計回り。

(3) 同じ時刻に観測される星の位置は1か月におよそ 30° 西に動くように見える。

(5) 地球，太陽，星座が一直線に並んだとき，その星座の方向に太陽が見えるから，太陽の近くに見える星座は地球から見て太陽の後ろにある星座である。

(6) 日の出の位置が最も南になるのは冬至の日であり，その日は太陽の南中高度が最も低い日である。

(7) 棒の長さと棒の影の長さが等しくなるのは南中高度が 45° のときであるから，**図2**から読み取る。

(8) 夏至の日に太陽が真上を通る（南中高度 90°）ように見えるのは緯度が地軸の傾きと等しくなるところである。

---

3 太陽と月

110 (1) 衛星   (2) C   (3) エ

解説 (2) 午後6時には太陽は西の地平線近くにあるので，月は C の位置になる。

(3) 月が同じ位置に見えるのは毎日およそ50分ずつ遅くなっていくから，同じ時刻では毎日東に移動していく。

---

111 (1) ① コロナ

② 目を保護するため。

(2) ① 天球   ② 15 時間   ③ D

④ イ

解説 (1) ② 望遠鏡で太陽を直接見てはいけない。

(2) ② 太陽は透明半球上を1時間に 2.7 cm 進む。日の出から日の入りまでの太陽の動く経路の長さは 40.5 cm だから，昼の長さは

40.5 ÷ 2.7 = 15 時間

③ 9月になると，太陽は南寄りの経路を動くように見える。また，日の出の時間が遅くなるために，見える位置は6月よりも下になる。

④ 緯度が同じなら南中高度も同じである。しかし経度が異なると南中時刻が異なってくる。

---

112 (1) ア   (2) ウ

解説 (2) 太陽の黒点とは，太陽表面を観測したときに暗く見える部分のことである。黒点が暗いのは，その温度が太陽表面の他の部分に比べて低いためである。黒点は太陽の自転とともに東から西へ移動する。

---

113 (1) ア…日周   イ…西   ウ…東

(2) イ   (3) エ

(4) ウ   (5) 0.27 倍

解説 (3) 135° − 90° = 45°

(5) $\frac{109}{400} ≒ 0.27$ 倍

114 (1) ① 部分　② 皆既
　　　③ コロナ　④ 多
　　　⑤ かぐや
　(2) ウ
　(3) 右図
　(4) オ，ク，
　　　イ，ケ，
　　　ウ
　(5) (i)ア
　　　(ii)エ
　　　(iii)カ
　　　オ…414
　(6) 記号…ウ
　　　理由…地球の大気が太陽光で輝くから。

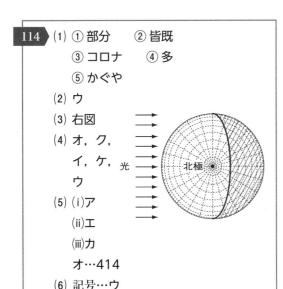

光

北極

解説 (2) 月の影を表す円が久留米市に最も近づくときが，日食が最大になる時刻である。それは図より 01：56UT 頃になる。世界時に 9 時間を加えて日本時間にすると，10 時 56 分頃になる。

(3) 太陽光に対して垂直な面に対する地軸の傾きを x〔°〕とすると，
$$90° - 緯度 + x = 77°$$
$$x = 77° - 90° + 33.3°$$
であるから，$x = 20.3°$ となる。したがって，地軸が 20.3° 傾いているときの影をかく。

(4) 最大食分が 0.9 であるから，アは誤り。欠け方として考えられないのはエ，カ，キ，コである。これ以外の 5 つを選び順に並べればよい。月は図から左から右に移動しているから，太陽は右のほうから欠けはじめる。

(5) オ：太陽の大きさは月の大きさの
$$3.8 × 109 = 414.2 倍$$

4 太陽系と恒星

115 (1) ウ　(2) ア
　(3) ベテルギウスは非常に遠くにあるから。
　(4) イ

解説 (2) 星は 1 か月でおよそ 30° 動いて見える。ある星が同じ位置に見える時刻は 1 か月でおよそ 2 時間早くなる。

(4) 金星の公転の向きは左回り（反時計回り）である。金星は地球に近づいてくるので，大きくなり，欠け方も大きい。

116 (1) ① 土星　② エ
　(2) A…ア　　B…エ
　(3) 太陽系外縁天体
　(4) ウ

解説 (1) ① 観察された環は氷の粒が集まってできたものである。

② 星は地球の公転により，同じ時刻でも日によって少しずつ移動する年周運動が見られる。さそり座が見られるような南の空では，見かけ上 1 日に 1° ずつ西へ移動し，1 か月で約 30° 移動するように見える。

(2) A のグループは赤道半径が小さいが，平均密度は大きい。これはその表面が主に岩石でできているためであり，地球型惑星の特徴である。対して B のグループは赤道半径が地球より大きいが，平均密度は小さい。これはその表面が水素やヘリウムなどのガスでできているためで，木星型惑星の特徴である。

(3) 表面が氷などでおおわれており，めい王星やエリスなどがこれにあたる。

(4) ほうき星とも呼ばれ，太陽に近づくことで凍っていたものが融けてガス化するため，尾を引いて見える。アの衛星は惑星のまわりを公転している天体で，月やイオなどである。イの小惑星は主に火星と木星の間を公転する小さい天体である。エの流星は宇宙空間に漂うちりなどのうち，地球の引力に引かれて大気中に飛び込んできたものである。大気との間に強い摩擦を起こすことで，光を発しながら落下する。

117 (1) エ　　(2) ①

(3) 金星と地球の距離が変化するから。

(4) 衛星

(5) 木星，地球，金星，水星

解説 (1) 6月6日よりさらに北側に沈む。

(2)(3) 太陽の光が当たっている部分が明るく見える。右半分が明るく見える位置は①で，金星が地球に近づくにつれ左側が欠けた大きな三日月形に見える。

(5) 公転周期は太陽からの距離が大きくなるほど大きくなる。

118 (1) ア，ウ，エ，キ

(2) ウ

(3) 方角…ア　　位置関係…ク

解説 (1) 火星はその表面にクレーターがあり，太陽系最大の火山であるオリンポス山なども見られる。公転の回転方向は地球と同じで，フォボスとダイモスという衛星をもつ。イの火星の表面はうすい大気におおわれており，主な成分は二酸化炭素からなる。オの表面温度は−100℃〜数℃程度で，平均で−40℃ほどである。地球より外側を公転する外惑星のなかでは最も小さく，地球の約0.53倍ほどである。

(2) 金属がさびるのは，ゆるやかに起こる酸化で，酸素を含んだ空気などが存在する必要がある。

(3) 夜7時頃に確認される金星はよいの明星と呼ばれる，西の空に確認することができる。また火星が金星の近くで観察できたとあるため，火星も同じように西の空にある。選択肢オ〜クの図のうち，よいの明星が見られるのは地球から見て太陽の左側にあるとき，すなわち，オカクの位置に金星があるときである。また夜7時頃に火星が確認できるのはクの位置にあるときであり，西の空となる。

⑦ 得点アップ

▶外惑星の見かけの動き

　火星を含む外惑星は地球の外側の軌道を公転しているため，天球上を西から東へ動く順行が見られ，地球の公転の速さが外惑星を追い抜いたときには東から西へ動く逆行が見られる。また，外惑星が地球を挟んで太陽の反対側に来た時には一晩中観察することができる。

119 (1) ウ

(2) エ

(3) 東向き

(4) イ

(5) 2月1日…イ　　6月1日…オ

解説 (1) 金星などの惑星は自ら光を発していない。また金星と地球の距離は周期的に変化するために大きさも変化して見える。

(2) 地球から見ると，金星は太陽の左側にあり，日の入り後の西の空に見える。

(3) 通常金星は星座の中を西から東に移動していく。

(4) 金星が通常と逆向きに動くように見える逆行は，地球と金星の距離が最も近くなる内合の頃に起こる。金星の公転周期は0.62年の226日であるから，1日に1.6°の速さで公転する。それに対して地球は1日におよそ1°であるから，図の98°の差があるときからx日後に追いつくとすると，

　　$x + 98 = 1.6x$

　これより，$x = 163$日後となる。1月1日から163日後は6月12日頃である。

(5) 金星の右側が輝いているときは地球から見て金星は太陽の左側にある，すなわち6月中旬以前である。金星の左側が輝いているのは太陽の右側に金星があるときで，6月中旬以降になる。また地球との距離が近いほど金星は大きく見えるから，2月はイ，4月はウ，6月はオ，8月はエ，10月はアとなる。

120 (1) エ

(2) イ

解説 (1) 月と太陽の見かけの大きさがほぼ同じであることから皆既日食が起こる。

(2) 各惑星の公転の速さは，太陽からの距離÷公転周期で求まる値で比較することができる。内側を公転する惑星ほど値が大きくなることから，公転の速さが速いといえる。

第4回 実力テスト

1 Ⅰ. (1) 向き…X　　位置…イ
　　(2) ウ
　Ⅱ. (1) イ，エ
　　(2) イ
　Ⅲ. 銀河

解説 Ⅰ.(2)　金星は地球よりも内側を公転しているから，地球から見て太陽と反対側に位置することはない。

2 (1) ① 日周運動　　② ウ
　(2) ウ
　(3) エ
　(4) ア

解説 (1)　① 地球が西から東へ自転しているために見られる見かけの動きである。
② 北の空で見られる日周運動は，北極星を中心にして周辺にある星が反時計回りに動くように見える。24時間で一周するため，1時間で移動する角度は
　　$360° ÷ 24 = 15°$
となり，3時間で移動する角度は
　　$15° × 3 = 45°$
となる。
(2)　火星は外惑星と呼ばれ，地球より外側の軌道を公転する。また外惑星は満ち欠けがほとんど見られず，地球からの距離によって見かけの大きさが変化する。
(3)　図3より，太陽が西の空にあるときに南の空に見える星座はてんびん座である。
(4)　東から南，西の空では星座などの天体が同じ時刻でも1日で1°ずつ西へずれる年周運動が見られる。そのため8月31日午前0時頃には，8月1日午前0時頃と比べて西に30°ずれた位置にやぎ座を観察することができる。また日周運動によって1時間に15°ずつ西にずれるため，8月1日午前0時頃と同じ位置にやぎ座を観察できるのは，
　　$30° ÷ 15° = 2$
となり，2時間前の8月30日午後10時頃となる。

3 (1) 自転
　(2) 午前4時56分
　(3) イ
　(4) ア
　(5) ウ

解説 (2)　太陽は1時間に2.5cmずつ半球上を動いているから，日の出（X）から6.0cm，つまり2時間24分動いて午前7時20分のAに達した。これより逆算する。
(3)　太陽が南に動くと影は北に動く。また太陽の高度が高くなると影は短くなる。

4 (1) イ
　(2) ウ

解説 (1)　黒点は周囲より温度が低くなっている。
(2)　太陽が自転する向きは地球の公転と同じ，地球の北極側から見て反時計回りであるが，地球の公転周期（約365日）より短い25～27日程度で1周する（太陽の緯度によって異なる）ため黒点は地球から見て東から西へ移動して見える。よってウが答えでエは誤り。
　太陽は球形をしているため黒点は太陽の中央近くに見えるときは周辺部にあるときより幅が広く見えるが，問題文でこの観測中は形があまり変化していないとあるのでアは除外する。

5編 自然・科学技術と人間

1 生物どうしのつながり

121 (1) オ
(2) ① 生産者　② 分解者

解説 (1)　大気中の気体Xは二酸化炭素である。これがAに行く矢印は光合成で，Aは光合成を行う生産者の緑色植物（種子植物，シダ植物，コケ植物など）で，これを食べるBは草食動物（消費者），Bを食べるCは肉食動物（消費者）である。これらの生物から出る矢印の先のDは遺体・排出物で，これは菌類・細菌類などの分解者により分解されるが，一部は石炭・石油などの化石燃料（E）になる。

(2)　① 光合成を行う生産者である。生産者も呼吸を行って二酸化炭素を大気中に出している点に注意する。

② 分解者も広い意味では消費者と同じ（光合成ができないという意味で）だが，死がいや排出物を専門に分解するという役割をもっている。

⏎得点アップ

▶分解者

　分解者は光合成を行わない。この点では消費者の動物と同じく，有機物を取り入れて呼吸を行って二酸化炭素を排出している。

　分解者は広い意味の消費者に含まれ，死がいや排出物から養分を得る菌類や細菌類などの微生物，土中の小動物などをいう。

122 Eさん

解説 Eさんの話ではこれらの動物（カエル，カメ，コガネムシ）が海を泳いで渡ったり，空を飛んだりするということだが，カエルやカメは陸上や真水（淡水）に生息し，海を渡ることはできない。またコガネムシは飛ぶことはできるが，沖縄から東南アジアや中国大陸までのような長距離は飛べない。話題になっている動物が，大型の蝶や，鳥，海の魚などの場合にはEさんの話も正しい場合がある。

　Aさんの「人間による開発」，Bさんの「事故」，Cさんの「害獣による捕食」，Dさんの「密猟・密売」はいずれも正しいことを述べている。

123 (1) 生産者
(2) 多い
(3) ア→エ→イ→ウ

解説 (1)　光合成を行うのは，種子植物（被子植物，裸子植物），シダ植物，コケ植物などである。

(2)　生物の数量的関係は，一般に　植物＞草食動物＞肉食動物である。この関係が成り立つ理由は2つある。

　1つ目は，草食動物はある土地にいる植物を全部食べきれず，肉食動物は同じく草食動物を全部食べ切れないことである。

　2つ目は，草食動物は食べた植物の一部を使って呼吸をして自分が生きるために使うので，食べた植物の有機物がすべて肉食動物へ渡ることがないということである。

(3)　ア…草食動物がふえる。

→エ…植物は草食動物に食べられて減り，肉食動物は草食動物を食べてふえる。

→イ…肉食動物がふえると草食動物は食べられて減り，食べられる草も減る。また肉食動物自身もえさの草食動物が減ってくるのでやはり減る。

→ウ…草食動物が減ると植物は草食動物に食べられないのでふえ，えさの草食動物が少なくなる肉食動物も減る。

124 エ

解説 エのように外来種の魚（ブルーギル，オオクチバスなど）を放流すると，在来種が駆逐されるなどの影響を生態系に与える。

　アのカイヅカイブキは，ヒノキのなかまの裸子植物で生け垣などに使われる。

　イの水生生物は，ヤゴ（トンボの幼虫），カゲロウやトビケラの幼虫などが一般的。

125 (1) 食物連鎖
(2) ウ
(3) 分解者

解説 (1)　生物Aは肉食動物，生物Bは草食動物でどちらも消費者である。

(2)　Bが減ると，Aはえさが少なくなって減り，植

物はBに食べられなくなってふえる。

(3) 分解者は菌類（カビ，キノコなど），細菌類や土の中にいる小さな動物などで，死がいや排出物の有機物を分解して無機物に変える。

---

126 (1) エ

(2) イ

(3) 気候や気象条件の変動による，被食者のエサの量の変動

解説 (1) 被食者（エサ）となる生物がふえたあとに，捕食者となる生物の個体数はふえる。イ・オは周期の山と谷が一致しているので不適切，ア・ウは，周期がずれ過ぎて，エサが減少する期にそれを食う者が増加する点が不適切である。

(2) 微生物Bは捕食者である。それを食う生物が容器内にいない以上，隠れる場所があってもなくても，個体数に影響はないと考えられる。

(3) 本問では「被食者Aは捕食者Bが存在しなければ，無限にふえる」仮定を設定しているが，野外では被食者のエサやすむ場所は有限であり，それらの変動も考えられる。

---

127 (1) ア

(2) ① 消費者［分解者］　② 有機物

(3) 植物が生育するには，土の中の水に溶けている無機物が必要で，腐葉土には枯れ葉などが分解してできた無機物が多く含まれている。また腐葉土中には菌類や細菌類が多く生活しており，これらの生物の分解作用により新しく無機物がつくられているから。

解説 (1) 観察するもの（試料）が動かせるときは，ルーペを目に近づけて持ったまま，試料のほうを動かしてピントを合わせる。これとは逆に，ルーペのほうを試料に近づけてしまうと，見える範囲（視野）が狭くなって，観察がしづらい。

(2) ① 土の中の食物連鎖に着目すると，ミミズやダンゴムシは落ち葉などの植物を食べる消費者である。なお，自然界の物質の循環のなかではミミズやダンゴムシなどの土の中の小動物は落ち葉などを食べて分解するはたらきに関わるので，分解者ともいえる。

② 落ち葉や枯れ枝はもともとは植物のからだだったが，死んで土をつくる物質になった。どちらも生物起源の物質で，炭素を含む有機物である。

(3) 新しい落ち葉だけを入れた土の場合は，まだ菌類や細菌類による分解が進んでいないので，植物が根から吸収して利用する無機物の養分がほとんど含まれていない。

---

128 (1) ① 食物連鎖

② 無機物［二酸化炭素］

③ 生産者

④ 消費者

(2) エ

(3) 死滅させる［殺す］

(4) エ

(5) 麦芽糖［ブドウ糖］

(6) 分解者

解説 (1) ①④ 落ち葉（植物）が生産者，ミミズは草食動物（一次消費者），モグラは肉食動物（二次消費者）。ミミズは分解者として扱われることもあるが，ここではミミズを草食動物（消費者）としている。

②③ 光合成とは，二酸化炭素と水（どちらも無機物）からデンプンなどの有機物を，光エネルギーを使ってつくること。

(2) トビムシは土の中に生息する昆虫（ただし羽はない）で，草食動物。ア～ウはどれも肉食動物（カニムシは広い意味のクモのなかまで，はさみをもっている）。

(3) 土の中に含まれる分解者（菌類，細菌類）を死滅させた。

(4) 空気中には菌類の胞子（ふえるための小さい細胞）や，細菌類などが浮遊している。ふたをしないでいると，2日間にこれらの生物が落ちてきて増殖し，沸騰させた意味がなくなる。

(5) デンプン（ヨウ素液で青紫色になる）が分解すると麦芽糖やブドウ糖など（ベネジクト液を入れて加熱すると赤かっ色の沈殿ができる）になる。

(6) 分解者は死がいや排出物の有機物を無機物に変える。

129 (1) ① 分解者 ② 生態系
③ 光合成 ④ 食物連鎖
⑤ 食物網
(2) イ，オ

解説 (1) ① 分解者は，菌類と細菌類。
② 無生物的要素とは，光・水・温度・土壌などで，これと生物を含めた全体を生態系という。
③ 光合成により二酸化炭素(無機物)がデンプンなどの有機物に変えられる。
④ 食物連鎖とは，食べる－食べられるの関係を1本の鎖のようにつなげたもの。
⑤ 生物はいろいろな生物に食べられ，また自分もいろいろな生物を食べるので，食物連鎖が複雑にからまって全体としては網の目状の食物網となる。
(2) ナズナは，ずっと昔にムギ栽培とともに渡来した植物だが，こういう古い時代に渡来したものは外来生物種とはいわない。ビワマスは滋賀県の琵琶湖に生息する在来種の魚である。残りのものは外来生物種で，ヒメジョオンとセイタカアワダチソウは北アメリカ原産の双子葉類，ブルーギル，オオクチバスは北アメリカ原産の淡水魚である。

⑦ 得点アップ

▶食物連鎖
食べる(捕食者)－食べられる(被食者)の関係でつながった一連の生物の関係である。食物連鎖の特徴は次のようである。
① 食物連鎖の最初には，必ず植物などの生産者がくる。
② 食物連鎖の段階が進むと，生物量がしだいに少なくなる。
③ 分解者は食物連鎖には含めない。
④ 実際の生態系では，途中で枝分かれした食物網になる。

130 (1) ① 食物連鎖
② クモのえさとなるトビムシがクモに食べられて減るので，クモもえさが少なくなって減る。
(2) ウ

(3) 下図

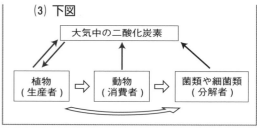

解説 (1) ① トビムシははねがない昆虫で，大きさは1mm以下。足を使ってよく跳ねる。
② 食物連鎖の関係でつながった生物のうち，真ん中の生物(ふつうは草食動物)の数は，肉食動物に食べられて減ることと，植物を食べてふえることの2つの面があり，解答にはこの後者に関する内容を書く。
(2) Aは分解者の微生物によりデンプンが分解されて二酸化炭素がつくられ，石灰水が白くにごった。デンプンは分解されたのでヨウ素反応はなかった。
Bは分解者が沸騰により死滅したので，デンプンは分解されず二酸化炭素はつくられなかった。デンプンは分解されなかったので残った。
(3) 植物に入る光合成の矢印1本と，植物と動物からそれぞれ出る呼吸の矢印2本をかく。

地中の菌類・細菌類によって分解される生分解性
プラスチックや燃やしても有毒な気体が出ないプ
ラスチックが開発されている。また燃やすときに，
排出された熱を利用する工夫も行われている。

133 (1) ① 温室　　② 地球温暖化
　　③ フロン
(2) アルゴン，メタン，水蒸気，ヘリウム，
一酸化炭素などから1つ。

解説 (1) 二酸化炭素は，地球が放射する熱を吸収
して，気温を上昇させる効果のある気体である。
近年，化石燃料の利用，熱帯雨林の伐採による光
合成量の減少などによって，大気中の二酸化炭素
の濃度が増加している。フロンは，不燃性で安全
であることから，エアコンや冷蔵庫の冷媒，スプ
レーの噴射剤など広く利用されてきた。ところが，
地球を取り囲んでいるオゾン層を破壊することが
わかり，使用が禁止された気体である。オゾンに
は，太陽光線の中の紫外線を吸収するはたらきが
ある。オゾン層が破壊され，地表に達する紫外線
がふえると，生物に重大な影響を与える。

得点アップ

▶温室効果
　地球からの熱を逃がさないはたらき。温室効
果は，ちょうど「ふとん」をかけると熱が逃げず
に暖かいように，適正な気温を保つには必要な
ことである。しかし温室効果が進みすぎると，
生態系にさまざまな影響を与える。
① 温室効果を起こす気体を温室効果ガスとい
い，二酸化炭素やメタンがある。
② 温室効果ガスは，地球に入ってくる太陽か
らの光はそのまま通し，地表から放射され
る熱を吸収するので，宇宙空間に逃げる熱
を減らす。

134 (1) ア，ウ
(2) エ
(3) ⓐ イ　　ⓑ ア
(4) ウ

解説 (1) 乳酸菌など多くの細菌類，アメーバ，ミ
カヅキモ，ゾウリムシ，ミドリムシなどが頻出の

---

2 **環境保全・自然と災害**

131 (1) 地球が大気の層でおおわれている，
地球が1日に1回自転している，
などから1つ。
(2) 分解者が分解しきれない有機物が水
の中に残っているから。
(3) ウ
(4) エ

解説 (1) 地球は太陽から適度に離れていて，まわ
りが大気で包まれているため，地表付近は平均
15℃という生物に適した温度になっている。また，
大気は，宇宙からの有害な放射線や紫外線を弱め
ている。地表の面積の約70%を占める海は，大
気とともに地表の温度変化を和らげるはたらきを
している。また，地球の引力は，大気を引き止め
ておくのに適した大きさになっている。
(2) 有機物の量が多すぎると，分解者の浄化作用が
追いつかなくなる。
(3) 大気中の二酸化硫黄や窒素酸化物が原因である。
(4) 昆虫は小形の鳥に食べられて減少する。大形の
鳥はえさの小形の鳥がふえるので，増加する。

132 (1) ① ウ
② 森林の伐採が減る，大気中の二
酸化炭素濃度の増加を抑えるこ
とができる，などから1つ。
(2) 分解者
(3) 微生物に分解されやすいプラスチッ
クをつくる，プラスチックを燃やし
て熱を利用する，ペットボトルから
化学製品や衣料品をつくる，などか
ら1つ。

解説 (1) 紙の原料は木材である。紙の使用の増加
は各地で森林が急激に減少する原因の1つとなる。
(3) プラスチックの原料は石油である。プラスチッ
クは，軽くて加工しやすいので，さまざまなとこ
ろで利用されている。しかし，プラスチックを燃
やすと有毒な気体が出る。また，自然のなかでは
ふつうプラスチックは分解されない。そうすると，
ごみとして蓄積してしまう。しかし，最近では，

単細胞生物である。

(2) ナミウズムシはきれいな水にすむ指標生物である。

(3) ⓐ仮説1が正しい場合には，空気中から溶け込む酸素に向かって集まるので，水面付近に集まるはずである。ⓑ仮説2が正しい場合には，重力に逆らって集まるので，水面に関係なく上の方に集まるはずである。

(4) ナミウズムシは光を当てるとその場所から遠ざかる行動をとったことから，昼間でも光の当たりにくい場所を好むと考えられる。

---

135 (1) A…在来　B…交雑[交配]
(2) カ，サ
(3) コ

解説 (1) 在来生物は在来種ともいう。

(2) コイはもともと中央アジアや中国が原産でアメリカなどの各国では見られなかったが，観賞用として各国で輸入され，湖などで繁殖している。また，ワカメは北米などに広まって大繁殖している。
　アマミノクロウサギ，オガサワラシジミは，絶滅のおそれが生じている絶滅危惧種である。

(3) ヤンバルクイナは鳥類に属し，沖縄だけに生息が確認されている固有種(限られた地域のみに生息する生物)である。マングースはハブの駆除を目的として導入されたが，ヤンバルクイナやアマミノクロウサギといった希少な小動物の個体数を減らす結果になってしまった。

---

3 エネルギーと科学技術の発展

136 あ…電気　　い…化石燃料

解説 電気エネルギーをどのようにして他のエネルギーからつくる(変換する)かという基本的な問題。現在の主流は石油や石炭などの化石燃料を使う火力発電である。

---

137 (1) ぼろぼろになっている。
(2) イ
(3) 発電時にできるのは水だけなので，大気汚染を引きおこさないから。

解説 (3) 燃料電池は水素と酸素を化学反応させて電気エネルギーを取り出すので，発電の際に排出するのは水だけである。

---

138 (1) a…ア　　b…ウ
(2) 気体P…H_2　　気体Q…Cl_2

解説 (1) 水酸化ナトリウムを生成するため，左下の水からOH^-を，右下の濃い食塩水からNa^+を得て，左側に集める必要がある。Na^+は，陽イオンなので，電極Xを陰極にすることで，引き寄せる。また，Na^+はイオン交換膜を通過しないと右側から左側に移動できないので，陽イオンだけを通す陽イオン交換膜を用いればよい。

(2) 気体P…左側で$H_2O → H^+ + OH^-$という電離が起き，OH^-は水酸化ナトリウムとなって出ていくので，残ったH^+が陰極で電子をうけ取り，水素原子となり，2つ集まり水素分子H_2となる。
気体Q…右側で$NaCl → Na^+ + Cl^-$という電離が起き，Na^+は陰極Xに引き寄せられ左側へ移動するので，残ったCl^-が陽極で電子を放出し，塩素原子となり，2つ集まり塩素分子Cl_2となる。

---

139 自然のエネルギー[太陽光]を利用して燃料となる水素をつくり出しており，それを燃焼させても水になるだけで二酸化炭素などの温室効果ガスを排出しない。

解説 太陽が存在する限り太陽光は枯れることがな

く，それを用いて燃料の水素をつくり出している。また燃料の水素を使用したときに発生するのは水だけで，地球温暖化や大気汚染のもとになるものを排出しないなど，環境に優しいということを理解しておきたい。

140 ⟩ (1) ① エ　　② イ
(2) ア
(3) ア

解説 ▶ (1)　ボイラーで発生させた水蒸気を吹きつけてタービンを回し，熱エネルギーを運動エネルギーに変えている。そして発電機を回し電気エネルギーを発生させている。
(3)　1年間に削減できるエネルギー量は
$126 \times 9 \times 169\,kJ$
二酸化炭素量にすると，
$126 \times 9 \times 169 \times \dfrac{0.39}{3600}$
$= \dfrac{126 \times 9 \times 169 \times 0.39}{3600}$
より，アとなる。

141 ⟩ ア…電気　　イ…400　　ウ…位置
エ…0　　オ…運動

解説 ▶ イ…おもりの質量が大きいほど引き上げにかかった時間が長く，消費された電気エネルギーは大きい。

142 ⟩ (1) 化石燃料
(2) Ⅰ…菌類　　Ⅱ…細菌類
(3) 再生可能な有機物をエネルギーとして利用できること。
(4) ① エ　　② 12000kJ

解説 ▶ (4)　② 利用される電気エネルギーは全体の30%で4500kWである。これと熱エネルギーの合計は電気エネルギーの$\dfrac{80}{30}$倍になるから，1秒間では
$4500\,kW \times \dfrac{80}{30} \times 1\,s = 12000\,kJ$

143 ⟩ (1) エ
(2) エ
(3) イ

解説 ▶ (1)　エアコンを利用することにより室外の気

温が上がり，さらにエアコンを使うということが起こる。
(2)　風力発電では台風のような一時的な強い風よりも安定して吹き続ける風がおもに利用される。
(3)　水素は酸素と結びついて反応するのであり，水素だけでは爆発は起こらない。

144 ⟩ (1) A
(2) ウ

解説 ▶ 気体Xは二酸化炭素で，グラフのギザギザは1年周期の季節による変化である。ハワイでは植物が繁茂するが，南極には植物はほとんどない。植物は光合成により二酸化炭素を吸収するので，植物が多い地域では夏季は光合成がさかんになるため二酸化炭素濃度は若干低くなる。
　二酸化炭素濃度は，北半球のほうが人間の活動がさかんなため南半球より高く，陸地が多い分，植物の光合成量も多いため1年間の増減も激しい。

145 ⟩ (1) 化石燃料
(2) エ
(3) 森林
(4) 温室効果
(5) ア
(6) b…光合成　　c…呼吸
(7) ウ

解説 ▶ (1)　石油や天然ガスは海にいた微小なプランクトンが，石炭は木になるシダ植物（木生シダ）が，それぞれ変化してできた化石燃料である。
(2)　火力発電は燃料を燃やしたときの熱でつくられた水蒸気の，水力発電は高い位置の水が落ちるときの，風力発電は風が風車を回すときの，それぞれの運動エネルギーで発電機のタービンを回す。いずれも元をたどれば太陽のエネルギーである。その理由は，
・燃料←太陽の光エネルギーで光合成によりつくられた。
・高い位置の水←太陽の光エネルギーで蒸発した。
・風←太陽が地表を部分的に温め，温まった土地とそうでない土地の間に風が吹く。
　原子力発電は，核物質の核反応により生じる熱で水蒸気をつくる点では火力発電と同じだが，核物質のエネルギーは物質内部に閉じこめられてい

たもので, 太陽が起源ではない。

(3) 長い年月でみると二酸化炭素濃度は上昇している。この原因は, 化石燃料の燃焼と, 森林の伐採による植物の減少で光合成による二酸化炭素吸収量が減ったことであると考えられている。

(4) 温室効果ガスは, 地表から放射する赤外線を吸収して熱に変える。

(5) 石油1gで40×0.4kJの電気エネルギーを得る。1人あたりの石油消費量では80000÷(40×0.4)gとなる。これにより発生する二酸化炭素を求めるには3をかければよい。

計算するとこの値は15kgである。ただし, 私たちが使う電気はすべて火力発電からではなく, 水力, 原子力, 風力発電も含まれているので, 火力発電だけによる量は実際には15kgよりは少なくなる。

(6) bはトウモロコシの光合成, cはトウモロコシの呼吸, dはバイオプラスチックの燃焼である。

(7) バイオプラスチックはトウモロコシの植物体に由来する有機物なので, 燃焼により出る二酸化炭素は, トウモロコシの光合成で吸収されたものである。したがって, 空気中の二酸化炭素量の増加にはつながらない。

第5回 実力テスト

1 (1) ① イ　　② エ
(2) 水質階級…Ⅱ　　合計点…3点
(3) ア

解説 (1) ① 酸素を使うことで効率よく有機物を分解する。これは呼吸である。

② 細菌も酸素を使って有機物を分解するものが多いので, 多量の有機物がある汚れた川や湖では, 細菌の分解作用によって水中に溶けている酸素の量が少なくなる。

(2) 問題文にあげられているA地点は, 水質階級Ⅱに生息する生物しかいない。そこでA地点の水質階級はⅡで, その点数は2点×2＝4点である。

B地点では, Ⅱ, Ⅲ, Ⅳの3つの水質階級に生物がいる。それぞれの点数は,

Ⅱ：1点＋2点＝3点
Ⅲ：2点
Ⅳ：1点×2＝2点

Ⅱの点数が最も高いのでB地点の水質階級はⅡである。

(3) 肉食動物(Y)は草食動物(X)のすべてを食べることができず, Yは食べたXの物質のなかの一部を自分のために使うので, Yの個体数はXより少ない。

2 (1) ① 位置エネルギー
② 運動エネルギー
(2) 化石燃料を燃やして発生した熱で水を水蒸気に変化させ, そのいきおいでタービンを回す。
(3) しゅう曲
(4) 地球の温暖化, 酸性雨などから1つ
(5) 太陽光発電, 風力発電, 地熱発電などから1つ

解説 (1) 水のもっている位置エネルギーを運動エネルギーに変えて, タービンを回して発電する。

(4) 地球の温暖化とは, 温室効果ガスによって地球の平均気温が上昇する現象のことである。温室効果ガスは何種類かあるが, 最も影響が大きいのが二酸化炭素であると考えられている。二酸化炭素

は化石燃料を燃やすと出てくる。火力発電のときにも化石燃料を燃やすので，二酸化炭素が出る。19世紀以降，工業がさかんになって化石燃料がたくさん使われるようになり，二酸化炭素の排出量が急速にふえた。そのため地球温暖化が問題になってきたのである。

　また，工場から出る煙や自動車の排気ガスには，硫黄酸化物や窒素酸化物が含まれている。空気中で硫黄酸化物は硫酸に，窒素酸化物は硝酸に変化する。この硫酸や硝酸は雨などに取り込まれて地上に降ってくる。この雨が酸性雨である。硫酸や硝酸は酸性なので，雨も酸性になるのである。酸性雨によって森林の木が枯れ，湖や沼に生物がすめなくなることが起こっている。

(5)　最近注目されているのが燃料電池である。燃料電池は，水素と酸素から水をつくる反応を利用して電気を取り出すしくみになっている。燃料電池だと，化石燃料を燃やすわけではないので，硫黄酸化物や窒素酸化物などの有害な排ガスが出ない。また，植物や動物が生産・排出する有機物から得られるエネルギー（バイオマスエネルギー）の利用も研究されている。

---

3 (1) 生産者

(2) 消費者

(3) 第2層…イ，ウ，カ

　　第3層…ア，エ

　　第4層…オ

(4) 第1層…ア

　　第3層…ウ

(5) えさの第1層が減り，第3層の動物に食べられるから。（25字）

(6) e

(7) 呼吸量

(8) ① 2　② 267

解説 (1)　生産者は光合成により有機物をつくり出す。

(2)　直接的に取り込む消費者とは，植物を食べる動物。間接的に取り込む消費者とは，植物が生産した有機物を草食動物を食べることによって吸収する動物である。

(3)　図の第1層は生産者で植物が入る。第2層は植物を食べる草食動物（一次消費者），第3層は第2層の動物を食べる肉食動物（二次消費者），第4層は第3層の動物を食べる肉食動物（三次消費者）である。

(4)　第1層の植物は食べられて減る（ア）。第3層の肉食動物はえさが多くなるのでふえる（ウ）。

(5)　生態系ではふえすぎると減り，減りすぎるとふえるというようなバランス調節機構がはたらいている。

(6)　分解者は，死がいや排出物の有機物を分解して，二酸化炭素として大気中に出す。

(7)　Rは二酸化炭素を排出しているので呼吸である。

(8)　① 第1層の1000のうち第2層に食べられるのは

$$1000 \times 0.2（図のCの量。20\%）= 200$$

この200のうち第3層に食べられるのは

$$200 \times 0.1 = 20$$

この20のうち第4層に食べられるのは

$$20 \times 0.1 = 2$$

② それぞれのDの値を合計する。

第1層：$1000 \times 0.2 = 200$

第2層：$1000 \times 0.2 \times 0.3 = 60$

第3層：$1000 \times 0.2 \times 0.1 \times 0.3 = 6$

第4層：$1000 \times 0.2 \times 0.1 \times 0.1 \times 0.5 = 1$

$$200 + 60 + 6 + 1 = 267$$

---

4 (1) 生産者

(2) エ

(3) ア

解説 (1)　有機物をつくり出すのは光合成のはたらきである。

(2)　植物が減ると，まず植物を食べるD（草食動物）のえさが少なくなって減る。そうするとDを食べるC（肉食動物）のえさが少なくなって，…のように順番に減っていく。

(3)　(2)とは逆のことが起こり，D → C → B → Aの順に数がふえていく。